マイクロバイオームの世界

あなたの中と表面と周りにいる何兆もの微生物たち

ロブ・デサール&スーザン・L.パーキンズ［著］
パトリシア・J.ウィン［本文イラスト］
斉藤隆央［訳］

WELCOME TO THE MICROBIOME

Getting to Know the Trillions of Bacteria and Other Microbes In, On, and Around You

Rob DeSalle & Susan L. Perkins
Illustrated by Patricia J. Wynne

紀伊國屋書店

マイクロバイオームの世界

あなたの中と表面と周りにいる何兆もの微生物たち

ロブ・デサール & スーザン・L. パーキンズ
パトリシア・J. ウィン 本文イラスト
斉藤隆央 訳

WELCOME TO THE MICROBIOME
GETTING TO KNOW THE TRILLIONS OF BACTERIA
AND OTHER MICROBES IN, ON, AND AROUND YOU
by Rob DeSalle and Susan L. Perkins

Originally published by Yale University Press
Japanese translation published by arrangement
with Yale Representation Limited
through The English Agency (Japan) Ltd.

マイクロバイオームの世界

目次

◎本文中の〔　〕は訳者による注を示す。
◎初出時に＊のついている語は、巻末の用語集に収録されていることを示す。

はじめに

これは私たちについての本である——私たち人間の体、なかでもそのあらゆる場所の内部と表面に棲みついている微生物についての本だ。人間は誕生以来ずっと、微生物とスローダンスを踊りつづけてきた。人間と微生物を含むあらゆる細胞生命の共通祖先は、およそ三五億年前、遺伝物質を収める核膜をもたない単細胞の微生物として現れた。一〇億年前までにこの祖先は核膜を手に入れ、地球上に棲むほかのすべての単細胞生物と進化*の袂《たもと》を分かった。それから何百万年かのあいだに、多細胞の生命が栄えて多様化し、やがて多くの系統が途絶えたが、私たちの祖先を含むいくつかの系統は生き残った。その期間、私たちの共通祖先とともに、多細胞で外見上それまでになく複雑になった動物や植物もたくさん生きていた。だが、一点だけ変わらなかったことがある。それは単細胞の微生物が多細胞生物とずっと関係を続けていたことであり、そうした多細胞生物のひとつがのちにホモ・サピエンス（ヒト）となる。

一億年前、小さな哺乳類だった私たちの祖先は、恐竜、昆虫の群れ、多様な植物など、種々の生物と一緒に暮らしていた。一方、この祖先は多くの微生物とも共生しており、きっと頭からつま先まで微生物にまみれていたにちがいない。時代は進んで一〇〇〇万年前、私たちの祖先はずっと大きな霊長類となり、やはり腸内、体のすき間や空洞、毛むくじゃらの体表に棲むたくさんの微生物と共存し、共進化していた。さらにあとの一〇〇万年前になると、直立歩行をして毛が少なくなっていたが、相変わらず体にはおびただしい数の微生物が棲みついていた。当時は六種ものヒトが地球上を歩きまわっており、それぞれユニークな構成の微生物群と共進化していた可能性が高い。

一〇万年前の祖先は、自分の住む世界について考えたり、それを全体の環境のなかに位置づけたりできるようになっていたが、微生物のことは何も知らなかった。自分の体にときおり悪さをして病気に罹《かか》らせるものが周囲にあることは、おそらくわかっていただろう。病気の原因は、植物の毒だった場合もあるが、微生物が腐らせた食べ物や微生物に汚染された水だった場合も多く、きっとそれを避けるようになったにちがいない。そして一万年前、ホモ・サピエンスの集団が、狩猟採集からもっと個別に特化したやりかたへと生活様式を大きく変えだした。この変化によって人々は村や都市に住むようになり、微生物との新たなやりとりも増えた。

この時点でもまだ、下痢、発熱、傷の感染症といった病気の原因は知られていなかった。つい千年ほど前の暗黒時代（ルネッサンス以前の中世）でも、微生物が引き起こす病気は、ヒトが種としての歩みを始めたころと少しも変わらず謎に包まれていた。微生物が病原の黒死病《ペスト》は、科学よりもっぱら形而上学の文脈で扱われた。非ヨーロッパ圏の文化でも、微生物とのかかわりを形而上学的、超自然的にとらえていた形跡は多く見られる。

一〇〇年ほど前になると、それまで見えなかった微生物の世界がようやくわかりはじめた。このころまでにアントニ・ファン・レーウェンフックが顕微鏡を発明し、それによって微生物が見えるようになり、いくつかの病気のワクチン*ができた。ルイ・パストゥールは微生物の滅菌*法を考案し、ロベルト・コッホは感染症を引き起こす微生物を明らかにするための原則を提示した。微生物の世界に迫る高度な科学的手法の基礎が確立されたのだ。

　わずか一〇年ほど前、二一世紀に入ったころから、このパストゥールとコッホの遺産は、本格的な科学分野へ発展を遂げた。抗生物質や抗ウイルス剤、それに微生物の詳細な臨床分析手段が出揃《でそろ》い、ＤＮＡ*の構造と遺伝コードが解き明かされて、微生物の全ゲノム配列が初めて決定された。研究者は新たなテクノロジーを用いて微生物の大いなる多様性を把握しだしていた。一世紀前のパストゥールとコッホの遺産は現代の微生物学に深く根を張っており、一部の病気はその一世紀前の見方をもとに抑え込まれているのである。

　そしておよそ一年前まで一気に時計を進めると、微生物の多様性の程度と、それと生態系やヒトの健康とのかかわりが解明されだしたのを機に、微生物の世界に対する私たちの見方は大きな転換点を迎える。私たちの「マイクロバイオーム*（microbiome）」――私たちの体の内部や表面のほか、家庭や学校などの生活の場のそれぞれに存在する微生物の集まり――の影響を考慮するというのは、いまや当たり前のこととなっている。現に「ヒトマイクロバイオーム計画」がかなり進行中であり、私たちは、単一の微生物が疾患を引き起こしていると一面的にとらえるのでなく、複数の微生物が人体や人間の生活環境と複雑に相互作用しているととらえはじめている。

　本書は、微生物の世界に対するそうした近年の見方の変化もテーマにしている。この変化を理解するには、まず生命とは何か、そしてこの惑星で生命がどのように組織されているのかを理解する必要がある。生命の歴史は、おおむねチャールズ・ダーウィンが最初に提示したような分岐のパターンに従っている。この一般的な分岐を、微生物は「遺伝子の水平移動*（水平伝播）」と呼ばれる手法で遺伝子*をやりとりすることによって乱すのだが、それでも、生物が数十億年かけて分岐し多様化してきた痕跡を見つけ出すことはできる。

　ダーウィンが『種の起源』（渡辺政隆訳、光文社古典新訳文庫ほか）で構想した生命の系統樹が、過去三五億年の地球上の生命進化を語るうえで見事な土台になっているのは間違いない。だが三〇年ほど前まで、この惑星には基本的に二種類の細胞生命――原核生物*（核膜のない生物）と真核生物*（核膜のある生物）――しかいないと科学者は思い込んでいた。一九八〇年代になって初めて、実際には大きく分けて古細菌、真核生物、細菌*の三種類いることが確かめられたのだ。また、二〇〇〇年以前には七〇〇〇種ほどの細菌と古細菌が分類記載されているにすぎなかったが、一九九〇年代から二〇〇〇年代初めにかけて、地球上にきっと数千万種の細菌がいるはずで、ひょっとしたら一億種を超えるかもしれないことが明らかにされた。共通祖先を通じて特異な分岐の出来事を知ることで、今日医療や微生物研究で用いられているさまざまな技術や手法も生み出された。つまり、私たちをしばしば病気にする生物と自分たちが共通の祖先をもっと知ることで、多様な環境とかかわりながら健康を維持するやりかたが新たに見えてきたのだ。

　単独の病原生物に注目することから、人体の内部や表面に棲む生物のコミュニティ（群集）を理解する方向へと見方が変化したのは、技術革新によって人体の内部や表面の小さなニッチにおける微生物の多様性の程度を「見る」ことが可能になったからだ。詳しくは第2章に譲るが、この技術では、微生物のDNA配列をそれぞれの種の標識あるいは「バーコード」として利用する。この先見ていくように、私たちの体の表面や内部には何千種もの細菌が棲みついており、その大半は私たちと片利《へんり》または相利《そうり》の共生関係を築いている。体表に棲む微生物は年齢とともに変わり、性別によっても違い、居住している場所や旅行先、飼い犬の有無、活動の程度など、無数の環境因子の影響を受ける。この技術のもうひとつの重要な点は、ヒトの体にどれほど細菌の遺伝子があふれかえっているかを明らかにしたことだ。その遺伝子は、宿主であるヒトのDNAの複製プロセスと並行して、自身のタンパク質*の転写や翻訳にいそしんでいる。微生物の活動の規模をつかむには、ヒトゲノムには二万個あまりの遺伝子があるのに対し、人体の内部と表面にいる一万種の細菌のゲノムには、それぞれ平均二〇〇〇個の遺伝子があることを考えてみればいい。すると、人体には細菌の遺伝子がおよそ二〇〇〇～四〇〇〇万個は存在し、あなたの体でたった今タンパク質に転写・翻訳されている遺伝子のうち、ほんの〇・一パーセント程度があなた自身の遺伝子ということになる。この状況についても第2章で詳しく考察する。

第3章と第4章では、人体にいくつもある生態的ニッチと、微生物がそうしたニッチにどう棲み着き、どう棲みかを移り、そのニッチのなかでどう棲みかを利用しているかについて語る。これらの章で、人体は微生物にまみれているが、微生物が人の健康を損なうのではなく、概して人体の自然な生態系が崩れることで病気になる、という考えが補強されるはずだ。言い換えると、人体の細胞と人体に棲む何兆個もの微生物との共進化による生態的均衡が崩れたときに初めて、病原性が生じるのである。

第5章では、病原性とは何か、微生物はどうやって私たちを病気にするのかを論じる。膨大な数の種の微生物が私たちと共生していることがわかった今、病原性についても新たな解釈のしかたが求められている。感染症は単一の微生物が引き起こすのではなく、複数の種が共働して引き起こすという可能性を、いまや考えなくてはならない。さらに忘れてならないのは、人体は微生物と共存しながら共進化した結果、病原となりうる微生物に対するなんらかの防御機能を発達させたと思われることだ。つまり、細菌と人体の細胞との生態的均衡に対するこの新しい見方は、ヒトの細胞や体が感染を防ぐ仕組みによって受け入れやすくもなるのである。そこでこの章では、免疫系*についても考察し、私たちが何百万年もかけて微生物と共進化するなかで、ヒトの細胞や体が感染を防ぐ力がいかに変化を遂げたかについても検討する。

私たちの内部や表面に棲む微生物の多様性を知るだけでなく、私たちと微生物との生態的または地球的な規模での相互作用を理解することも同じぐらい大切だ。実のところ、病原微生物と闘うために開発された治療法の多くは、人体における微生物の生態系についてきわめて限定的な理解にもとづいている。現代科学は、この種の限定的な情報をもとに環境に働きかけることについて、すでに厳しい教訓を示してくれている。たとえば、害虫や害獣を抑え込むのに生物学で一般的な方策のひとつとして、何かを使って駆除するというものがある。除草剤のような化学的な手段のほか、生物的な手段もあり、世界の一部の地域ではマングースをもち込んでラットの繁殖を抑えている。ところがこうした手段に頼ると、薬剤耐性をもつ害虫が増えるなど、必ずと言っていいほど意図せぬ結果がもたらされる。二次被害をもたらさずに病原を抑え込みたければ、その病原の棲みか――人体――を支配している生態系を調べて把握する新しい手段が必要になる。この問題を複雑にするのは、すべての人間で微生物の構成が同じではないという事実だ。むしろ微生物のコミュニティが多様な混成体として私たちとやりとりしているので、人体をよりよく理解するためには、人口や文化的要素のほか、それらが私たちのもつ多様な生態的コミュニティに及ぼす影響について考える必要があるだろう。

第6章では、健康や病気とはどういうことかについて掘り下げる。ここでの病気の定義は、微生物と人間とのやりとりについてもっと明確なイメージが描ければよく理解できる。微生物とのやりとりの多くは私たちを病気にしないし、私たちを病気にするやりとりには、さらに病気にすることでしか抑え込めないものも多い。また、微生物がもたらす病気の多くをまとめた現在のデータによれば、病原を排除しても、二次的な疾患やほかの予測のつかない病原性反応を引き起こすことがある。第6章で訴えたいのは、適切なモデル系を用いて、よく考え抜かれた実験をおこなえば、病原微生物が引き起こす疾患の治療法の開発に向けていくらかでも前進できるということだ。こうした議論をもとに、あなたが自分の体について、また人体と微生物がどのようにやりとりするかについて理解を深め、この見えざる住人が人間の健康と幸福感にいかに寄与しているかを実感し、みずからのマイクロバイオームと身体の健康についてきちんと情報を得たうえで判断を下せるようになれば幸いである。

それでは、ごゆっくり。あなたの体の内部や表面や周囲に棲んでいる何兆もの生物を紹介していこう。

謝辞

マイクロバイオームの大型展示会の企画を見事に進めてくれたアメリカ自然史博物館の展示スタッフ、とくにデイヴィッド・ハーヴェイに感謝したい。ローリ・ハルダーマン率いる部門の創意に富む原稿作成スタッフと、とくにマーティン・シュワバッハーにも、この展示会を催す当初のアイデアの実現に尽力してくれたことに感謝する。

初期の草稿を読んでくれた同僚のヴィヴィアン・シュウォーツとジョージ・アマート、用語集を提案してくれたスティーヴン・ゴーフランにも感謝したい。イェール大学出版局の編集者ジーン・トムソン・ブラックの熟練した編集作業と、サマンサ・オストロウスキーの巧みな専門的支援に対しても、お礼を申し上げる。

私たちの書いたものの質を高め、文章に精彩を与えてくれる線画をすべて用意してくれたパトリシア・ウィンにも、心から大いに謝意を表する。

最後に、ロブ・デサールは、妻のエリン・デサールが支えてくれたことに感謝している。彼女の励ましがなければ、本書は日の目を見なかっただろう。

第 1 章　生命とは何か？

あなたは、あなたが思っているようなあなたではない。鏡を見たときにあなたを見返すその姿ではなく、あなたが考えるべきは、自分の体がたくさんの動的な生態系の集まりであり、それが、とても小さくて、とても多様な生物で構成されているということだ。そうした生物の大半は、多様で動的に変化する環境の世界に生きている。たとえばあなたの脇の下は、空調の効いた部屋でじっとしていたら、サラサラでわりと温度の低い生態系かもしれないが、運動したら、この生息環境*はジメジメして温度が高くなる。人は、自分の体に棲みつき、頼って生きている多くの生物を敵と思いがちだが、知識を深めるほど、この態度は見当違いで、自分の健康を害しさえするおそれがあると気づくようになる。

まずは、微生物（microbe）——小さすぎてなんらかの顕微鏡を使わないと見えない生物——の多くの通称を区別してみよう。一番一般的で、きっと一番なじみのある名前は「ばい菌（germ）」だろうが、ほんの少数の微生物しか病気を引き起こさないので、これは不正確に見える。「バグ（bug）」も、微生物を昆虫の（雑につけられた）俗称と混同させるので、良い呼び名とは言えない。「bacteria」〔一般に日本語では細菌と訳されるが、ここでは後述のように異なる意味をもつ場合があるので英語のみ表示しておく〕だと思っている人もいるかもしれないが、そうした人は一部は正しい。「bacteria」と小文字で表せば、微生物全般を指すからだ。ところがこの言葉の先頭を大文字にする（Bacteria）と、地球にいるほかのあらゆる生命のものとは違うひと組の共通の特質と祖先をもつ、単細胞生物の大きなグループ――生物学ではドメインという――を意味する。

なぜそんなに細かい話をするのか？　生物のドメインで、この細菌（Bacteria）の共通祖先とは異なる祖先をもつためにそうは呼ばれていないものが、ほかにふたつあるからだ。古細菌（Archaea）という単細胞微生物のドメインと、真核生物（Eukarya）という単細胞か多細胞の生物のドメインである。すると、これらが今までに地球上で見つかっている生物の三大グループとなる。本書では、微生物という言葉を、細菌や古細菌や真核生物のドメインに属する単細胞生物について一般に語る際に使うことにしよう。細菌や古細菌という言葉を使う場合は、核*をもたない単細胞生物の特定の分類群*ふたつを指している。核とは膜に包まれた構造のことで、そこには生物の染色体*が収められている。細菌のメンバーで一番よく知られているのは、大腸菌（*Escherichia coli* あるいは略して *E. coli*）という種かもしれない。この種は、たいていは私たちの腸内で快適に暮らしている。古細菌は細菌に比べるとあまり知られていないが、このドメインのメンバーには話題になるものもいくつかあり、ハロクアドラトゥム・ワルスビイ（*Haloquadratum walsbyi*）という奇妙な四角形の生物などがそうだ。

もっとつぶさに見る

私たちのマイクロバイオームの重要性を考えれば、人間の健康状態を知ることは、生物多様性の専門家にとっての問題と見なせる。彼らが踏む最初のステップは、私たちがもつ微生物の生態系に何が存在するのかを説明することとなる。生物学者のE・O・ウィルソンは、前にこう言った。「一匹のアリ、一羽の鳥、一本の木だけを見たとしても、それら全体を見たことにはならない」。私たちは、人体という生態系を知るために、体の内部や表面やすき間に何が棲んでいるのかを詳しく調べる必要があるのだ。

ではどこから調査を始めるべきだろう？　一番小さく、一番細かいレベル――素粒子のスケールだ。かつて天文学者のカール・セーガンは、私たちやまわりの何もかもが「星の材料」なのだと言い、宇宙物理学者のニール・ドグラース・タイソンは、「われわれは比喩的にではなく文字どおり星くずなのである」と述べた。地球上の何もかもが星くずでできており、星くずは粒子で構成され、その粒子には、非常に小さいもの――分子や原子――のほか、タキオンなど、まだ仮説上の存在でしかないものもいくつかある。粒子の配置のしかたやくっつきかたこそが、私たちを私たちたらしめ、微生物を微生物たらしめ、街灯を街灯たらしめているのだ。

こうした粒子はどうやってこの地球にやってきたのだろう？　ほとんどの素粒子物理学者は、この地球、それどころかこの宇宙のあらゆる生物および無生物のあいだには宇宙規模のつながりがある、と言うはずだ。すべての物質は、およそ一三五億年前に起こったビッグバンという出来事とともに生まれた。どうしてそれがわかるのか、その結果何が生まれたのかについては、宇宙論の講義をまるごと全部必要とするテーマだ。ここでは、その出来事が小さな粒子を生み、それがまた、地球上の生命を理解するうえできわめて重要な元素の数々を生み出したと言っておけば十分だろう。そして宇宙生物学者と自認する科学者たちには、ほかの恒星系や銀河でも元素の構成が同じだと考える傾向が強い。

名の知れた野球選手で自前の哲学をもっていたヨギ・ベラは、かつてこんなことを言った。「分かれ道に来たら、とにかく進め」。この一見したところおかしなアドバイスは、世界での現象に対《に》する私たちの見方を明らかにしている。人は物事に名前をつけたがる。そうしながら、私たちは二分《ぶん》あるいは分岐という観点から考えを進めている。あるものを「オンク」とでも呼んだら、オンクでないものは何かほかの名前で呼ばなければならない、などといったように。これは、世界について考えて理解するきわめて論理的な方法と言える。私たちが物事に名前をつけたがるのは、名前（名詞）が地球上のどの言語にもあるからだ。しかも、地球上で私たちだけがそうした命名をしているわけではない。たとえばアフリカのベルベットモンキーは、近くにいるのが猛禽かヒョウかヘビかによって異なる声を発する。プレーリードッグは、きわめて特殊な、名詞を用いるやりかたでコミュニケーションを図る。さらに細菌さえ、クオラムセンシング（定足数感知）というプロセスを用いて、「名詞的な」やりかたで互いにコミュニケーションを図るのだ〔第4章参照〕。

筆者ふたりの同僚で、インディアナ・ジョーンズにちょっとかぶれた古生物学者は、生物が外界とやりとりする手だてのおおもとには必ず分岐が組み込まれている、と指摘した。第一の、最も基本的な分岐は、「この生物は私を殺すか、それとも殺さないか？」だ。次の命名にかかわる認識の段階は、「それが私を殺すことはないとしたら、私がそれを食べることはできるか？」である。そして第三のコミュニケーションの段階は、「私がそれを食べられなければ、それと生殖活動をすることはできるか？」となる。命名にかかわるほかの判断はすべて、この三つの問いに答えたあとでなされる。

ヒトは、きわめて複雑な命名のしかたを発展させてきた。これこそ、私たちの文化とともに進化を続ける言語のすばらしい点だ。じっさい、地球上のさまざまな生物を分類するという仕事のために、私たちは考えられる種々のレベルの複雑さに対応するいくつもの名前を作り出した。だからたとえば、宇宙のあらゆるものが素粒子でできていても、素粒子の名前は、そうした素粒子で構成される原子の名前とはほとんど関係ない。また、一一五種類の元素の名前も、岩石や生物のようなものの名前とはほとんど関係ない。そして、カール・フォン・リンネ〔カロルス・リンナエウスというラテン名でも知られる〕というスウェーデンの科学者のおかげで、生物の名前は、自然界できわめて重要な分岐を示す、きれいに区別されたグループに分類されている。このリンネの二名法から、彼の考えにもとづく段階的分類について、いくつもの覚えかたが編み出されている。その一例が、「Dear King Philip come over for good soup〔敬愛する王フィリップがおいしいスープを求めてやってくる、という意味〕」（それぞれ「domain（ドメイン）、kingdom（界）、phylum（門）、class（綱）、order（目）、family（科）、genus（属）、species（種）」に対応している）だ。

たとえば私たちは、ホモ（*Homo*）という属、サピエンス（*sapience*［ラテン語で「賢い」を意味する］）という種に属している。ホモ属には、ホモ・ネアンデルターレンシス（*Homo neanderthalensis*）やホモ・エレクトゥス（*Homo erectus*）やホモ・エルガステル（*Homo ergaster*）など、すでに絶滅した種も多く含まれている。私たちの属と近縁だが私たちとは違う属はすべて、ヒト科（*Hominidae*）の一部で、大型類人猿と呼ばれる。ゴリラ属（*Gorilla*）、チンパンジー属（*Pan*）、オランウータン属（*Pongo*）、およびいくつかの絶滅種がそうだ。この命名のプロセスは、もういくつかの段階でも続けられ、ついにはひとつの生物にいくつも続く名前が与えられる。それで、ほかの人間（とくに生物学の好きな人間）に対し、人間とは何者であるかを伝えられるようになるのだ。そのため私たちのフルネームは、真核生物ドメイン、動物界、左右相称動物、新口動物上門、有羊膜類、脊索動物門、哺乳綱、霊長目、ヒト科、ホモ・サピエンスとなる。こうして並べたそれぞれの名前は、厳密な取り決めと規則に従って当てはめられ、名前を耳にしたり目にしたりする人に、その生物の起源についていくらかの情報を伝えてくれる。

本書で見ていく細菌の場合、命名の規約は、私たちヒトで用いられるものとはかなり異なる。たとえば食物をきちんと消化するのに利用している大腸菌（*E. coli*）のフルネームは、細菌ドメイン、プロテオバクテリア門、γ《ガンマ》プロテオバクテリア綱、腸内細菌目、腸内細菌科、エスケリキア・コリだ。この名前のほうがヒトの名前よりやや単純で、段階が少ないことに注意してもらいたいが、その理由は、ひとつには細菌の系統分岐は哺乳類や真核生物に比べ、あまりよくわかっていないからである。いろいろな細菌の際立った特徴をもっと正確に見分け、そうした特徴を利用して細菌を分岐にもとづいて分類することができれば、細菌の種についても、私たちの場合と同じぐらい長い名前をつけやすくなるだろう。実を言うと、細菌の種に対して名前が短い理由のひとつは、真核生物では一七〇万種以上も命名されているのに、これまでに命名されている細菌は七〇〇〇種しかないためだ。この差がなぜ重要なのか？　それは、将来の科学者が、微生物と人体の生態系との相互作用のしかたにどう取り組むことになるかという話と大いに関係してくる。

換字コード

私たちの周囲にある物体は、ほとんどが何もない空間で満たされている。物体を構成する原子が小さな粒子からなり、それらは核というもののなかにかたまっているからだ。核の周囲では、電子というさらに小さな粒子がかなり離れた場所を回っている。たいていの場合、核とそれを周回する電子とのあいだにある空間には、何もない。ふたつの原子はいくつものメカニズムでくっつくことができ、とりわけ一般的なメカニズムは、周回する粒子を共有するというものである。もしも原子同士がくっつかなければ、今私たちの周囲に存在する無数の形態の生物や無生物ではなく、さまざまな数の粒子でできたさまざまな原子で構成されるだけの、単純な宇宙となっているはずだ。

原子のなかには、くっついて格子やかたまりを形成しやすいものがある。たとえばナトリウム原子は、塩素原子と一対一の比でくっついて、一般には食塩として知られる塩化ナトリウムの結晶格子を形成する。一方、炭素、リン、水素、窒素、酸素の原子はもっと線状にくっつきやすい。この五種類の原子がある形に配置されると、地球上の生命に共通するヌクレオチド*というものができる。そうしたヌクレオチドは、窒素含有塩基の構造によって五種類ある。グアニン（G）、アデニン（A）、チミン（T）、シトシン（C）、ウラシル（U）だ。デオキシリボ核酸（DNA）は、デオキシリボース（糖）、リン酸、四つの塩基（グアニン（G）、アデニン（A）、チミン（T）、シトシン（C））をもつヌクレオチドが線状の配置をとったものだ。リボ核酸（RNA）*は、リボース、リン酸、四つの塩基（グアニン（G）、アデニン（A）、チミン（T）、ウラシル（U））をもつヌクレオチドが線状の配置をとったものである。酸素、水素、炭素、窒素、硫黄がヌクレオチドを形成する場合とは違う、決まった形で組み合わさると、アミノ酸*ができる。アミノ酸を形成するこうした原子の配置は二〇種類ある（実際にはもういくつかあるが、私たちや微生物の細胞で主に使われているのは二〇種類）。二〇種類のアミノ酸をアルファベットで示した略号は以下のとおりだ。

グリシン＝G　ヒスチジン＝H
アラニン＝A　アルギニン＝R
バリン＝V　アスパラギン＝N
ロイシン＝L　グルタミン＝Q
イソロイシン＝I　グルタミン酸＝E

セリン＝S　アスパラギン酸＝D
トレオニン＝T　フェニルアラニン＝F
システイン＝C　トリプトファン＝W
メチオニン＝M　チロシン＝Y
プロリン＝P　リジン＝K

自然はRNAを、遺伝物質（DNA）と、アミノ酸でできた細胞内の作業場――タンパク質という――のあいだをとりもつ存在とするように進化を遂げた。DNAとRNAは同じ基本要素（どちらもGとAとCをもち、DNAにはTがある代わりに、RNAにはUが含まれている）をもっているので、DNAはRNAに「転写」できる――つまり書き換えられる――と言われる。また、アミノ酸の言語はヌクレオチドの言語とは異なるため、RNAはアミノ酸に「翻訳」できると言われる。そのアミノ酸がタンパク質を構成するのだ。

するとタンパク質を作るには、遺伝情報の収める先を、DNAの四種類の文字からRNAの四種類の文字へ移す必要がある。この転写のステップはわかりやすい。単純な一対一の置換で、核酸の塩基対合《ついごう》則に従っているからだ。GはCと、T（またはU）はAと、対合するのである。唯一忘れられがちなのは、転写によってできたRNAが、遺伝子のDNAに対して「アンチパラレル（逆平行）で相補的」〔アンチパラレルとは、方向が逆で平行に並ぶ状態で、相補的とは、対をなす相手が決まっていて片方が決まればもう片方がそれを補うように決まること〕と言われることだ。しかしこの問題は、DNAとRNAの方向性を把握するという問題にすぎない。DNAをRNAに書きなおしたら、RNAをタンパク質に翻訳する必要がある。ここに、遺伝コードという自然界の手口が登場するのだ。

コード〔暗号〕と暗号技術は、何百年も前から、秘密を守るための重要な要素だった。あらゆるコードのなかでもとくに解読しやすいのは単純な換字コードで、これは単にある文字を別の文字に置き換えるだけでできるタイプのコードだ。オーソドックスなアメリカ映画『ア・クリスマス・ストーリー』〔日本未公開〕で主人公のラルフィーが、ラジオから聞こえる大事なメッセージらしきものをデコーダ・リング〔解読用指輪〕で解読するのに使っているタイプのコードである〔がっかりしたことに、解読したメッセージは「オヴァルティン〔粉末をとかして飲む麦芽入り栄養飲料〕を飲むのを忘れないように」なのだが〕。

タンパク質合成ではある種の換字コードを使ってRNAからタンパク質へ翻訳するが、これは単純な一対一の置換ではない。アミノ酸は二〇種なのに、核酸の塩基は四種類しかないからだ。二個の塩基でひとつのアミノ酸を表すことにしても、ダブレット〔文字のふたつ組〕がいくつか足りない。四種類の塩基では、一六種類のペア〔GA、GT、GC、GG、AT、AG、AC、AA、CT、CA、CG、CC、TA、TT、TC、TG〕しか作れないのだから。三個の塩基でひとつのアミノ酸をコードするようにすれば、コードの組み合わせは六四種類になるが、アミノ酸は二〇種なので、コードのトリプレット〔三つ組〕すなわちコドン*は多すぎてしまう。ところが一九五〇年代から六〇年代にかけて、研究者によって、自然はトリプレット・コードのシステムを利用していることが明らかにされた。驚いたのは、いくつかのアミノ酸が複数のトリプレットの「単語」でコードされていることだった。たとえば、CCC、CCT、CCG、CCAの四つのコドンはすべてプロリン（P）というアミノ酸のコードになっている。ひとつのアミノ酸に複数のコドンが使われていることを、遺伝コードの冗長性という。

すでに知られていることを例にとり、細菌ゲノムのなかでもとりわけ小さな遺伝子のひとつに注目しよう。それはblpCというミニタンパク質の遺伝子で、ストレプトコッカス・ミティス（*Streptococcus mitis*）という細菌種がもつものだ。その小さな遺伝子周辺のゲノム配列を図1・1に示す。環状のこの菌には一七〇万個ほどの塩基がある。そのため、ここに示した塩基は四〇個ほどだが、この細菌の染色体でblpC遺伝子以外の部分の巨大さを考えてみるといい。

DNAをRNAに転写するには、逆向きに考えながら、AとT、GとCのあいだで相補的に対応づける必要がある。

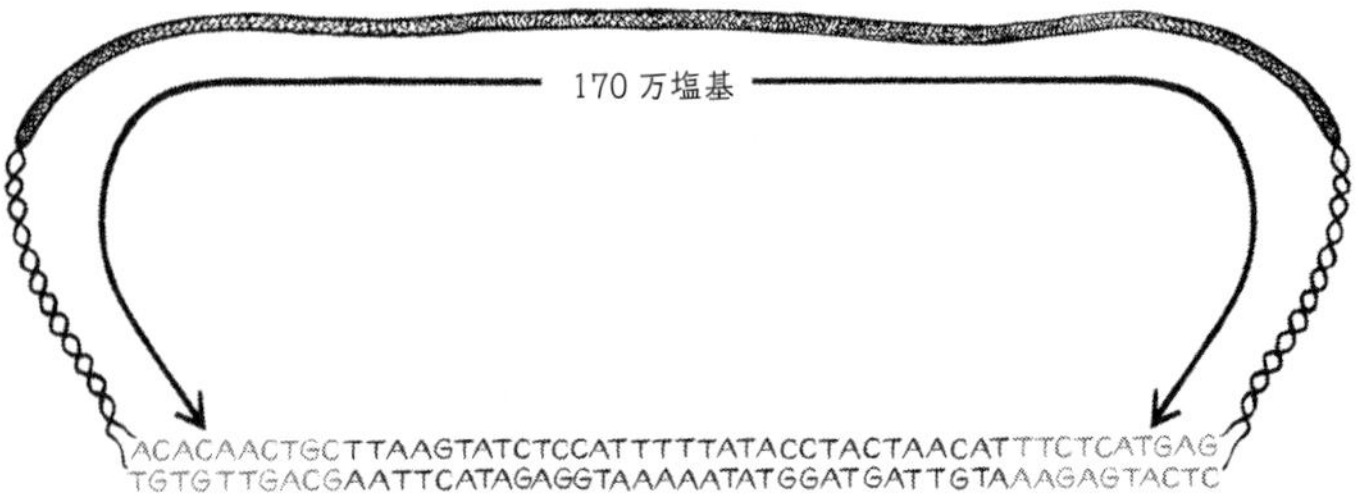

図 1.1　ストレプトコッカス・ミティスのゲノムに含まれる、blpC というミニタンパク質の遺伝子の配列を示す図。両端がらせん状になっている線は、およそ 170 万塩基対からなるこの菌のゲノムの全体を表している。blpC 遺伝子自体は、長さが 39 塩基対で、アミノ酸 12 個ぶんのミニタンパク質をコードしている。

まず配列を逆順にすると、

TTAGTATCTCCATTTTTATACCTACTAACATTTCTCAT

は、

TACTCTTTACAATCATCCATATTTTACCTCTATGAATT

になる。

さらに相補的な対応として、CをG、AをU、GをC、TをAに置き換えると、タンパク質をコードする次のようなRNA配列が得られる。

AUGAGAAAUGUUAGUAGGUAUAAAAAUGGAGAUACUUAA

先ほどリストアップしたとおりアミノ酸をアルファベット一文字で表せば、このRNAがコードしているアミノ酸の配列は、MRNVSRYKNGDT－であることがわかる。ここで「M」は塩基のトリプレット「AUG」、「R」は塩基のトリプレット「AGA」などといったように対応している。

この先話を続ける前に、RNAからタンパク質への翻訳について重要なことをいくつか指摘しておこう。まず、このタンパク質のアミノ酸配列はMで始まる。Mはメチオニンというアミノ酸を表すが、実は、ほぼすべてのタンパク質がMで始まる。タンパク質のアミノ酸配列を文にたとえれば、メチオニン（M）の存在は、文頭の大文字、すなわちタンパク質の最初を示すことになる。すべてのメチオニンがタンパク質の最初にあるわけではないので、注意する必要はあるが、Mの存在は、ごたごたしたゲノムの配列のなかで遺伝子を探すときに、ふつうは最初に見つけようとするものなのだ。メチオニン（M）は、それを表す三塩基からなるコドンがひとつしかない――AUG――という点で、遺伝コードにかんしてはかなりユニークなアミノ酸と言える。したがって、遺伝コードはメチオニンについては冗長ではない。次に、タンパク質の最後にダッシュ（—）がある点に注目しよう。これはタンパク質の終わりを示しており、実際にこのダッシュにあたる三文字のDNAコード（全部で三つある）は「終止コドン」と呼ばれる。blpCタンパク質の場合、終止コドンはUAAであり、このコドンは、RNAの残りの塩基配列から切り離される。

先ほどの文のたとえで言えば、三つの終止コドンは文末のピリオドを表すことになる。研究者は、ゲノムの配列から遺伝子を探すとき、たいてい最初に大文字のコドンにあたるMを探し、さらにその先の妥当な場所に終止コドンを見つけようとする。

ここで、塩基（GATC）が三九個あり、アミノ酸が一二個と終止コドンが一個なのでコドンの総数は一三個で、遺伝コードがトリプレットであることを示している点に注目しよう。第二のコドンはAGAで、アルギニンを示しており、アミノ酸としての略号はRだ。こうしてこのコドンは、

ＲＮＡの残りの配列とは別個のものになる。

ＤＮＡ分子は、何百万個も連なったヌクレオチドでできている。この長い鎖を染色体という。たとえば、ほとんどのストレプトコッカス・ミティスは環状の染色体を一個もっている。先ほどから注目しているこの菌の系統の場合、その一個の環状染色体におよそ一七〇万個のＧ、Ａ、Ｃ、Ｔがあり、これがこの系統の細菌のゲノムを構成している。ストレプトコッカス・ミティスには一九二二個の遺伝子があり、blpC はそのひとつだ。blpC はヌクレオチド三九個ぶんの長さにすぎないが、ほかの一九二一個の遺伝子は平均でおよそ七〇〇個ぶんの長さがある。

ここまで、ＤＮＡからＲＮＡへの転写やＲＮＡからタンパク質への翻訳を実行する、タンパク質と酵素と分子構造による複雑なシステムについては論じていない。このシステムは、基本的な生化学的現象を知るうえで欠かせないものでもある。細胞を形作るタンパク質の構成こそが、細胞を今ある状態にしているのだ。

なぜ太古の細菌が重要なのか？

地球上の生命がどうやって生まれたのかを明らかにするのは難しい。あまりにも難しくて、一部の科学者はあっさりあきらめ、生命は地球にぶつかった小惑星や彗星などの天体によって運ばれてきたのではないかと言っているほどだ。この考えを、パンスペルミア説という。ほかの研究者はもっと現実的な取り組みかたをして、核酸やアミノ酸などの複雑な分子も、ウイルス*や細胞も、進化のプロセスを経て地球上に生まれたと考えている。この方面ではある程度の進歩が見られた。それはひとつには、多くの研究者が、RNAは地球に生命が生まれる過程で重要な中間体であると考えているからだ。彼らは、RNAが君臨していた時期を「RNAワールド」と呼んでいる。RNAを複雑さの最初の段階と推定したのは、RNAについて生化学的にわかっていることがらにもとづいている。RNAは、触媒反応や自己複製など、生命に必要なたくさんのプロセスを単独で進められるように見える。RNAワールドの仮説を認めるとすれば、三五億年ほど前にRNAワールドが「DNA・RNA・タンパク質ワールド」へ移行したことになる。一方、パンスペルミア説を認めるとすれば、細胞は三五億年前、進化する能力を完全に備えて地球にやってきた可能性が高い。いずれにせよ、化石の証拠から、生命がこの惑星に今から三五億年ほど前、地球そのものができてわずか一〇億年ほどの時期に誕生したことは明らかなのだ。

微生物には、肉眼で見えるほど大きな種もいくつかあるが、大多数は顕微鏡でしか見えない。細菌の培養物をスライドガラスに塗りつければ、顕微鏡で観察することができる。細菌が生きたままなら、顕微鏡で見ると「泳ぎ」まわっていたり、すばやく走りまわっていたり、ただもぞもぞしていたりする。微生物を観察するもうひとつの方法は、殺して細胞内のプロセスを止め、小さな樹脂のブロックに埋め込むというものだ。すると研究者は、樹脂に埋まった細菌をスライスして非常に薄い切片にできる。樹脂を使うのは、細菌を固定でき、細菌に実によくくっつくからである。また半透明なので、切片をスライドガラスに載せ、下から光を当てて顕微鏡で観察することができる。この手法で、生きている微生物のきわめて微細な構造が明らかにできる。

細菌の化石は岩石に埋まっており、樹脂に埋まった細菌と少し似ている。しかし、岩石は樹脂よりはるかに硬いので、岩石に埋まっている細菌の薄片を切り出すのはとても難しい。それでも一九八〇年代、J・ウィリアム・ショップの率いるカリフォルニア大学の研究者らが、チャートという比較的軟らかい岩石を薄片に切り出し、顕微鏡で観察できるようにした。チャートはおよそ三五億年前のもので、細菌の細胞の遺物を含んでいることがわかっていた。それ以来、岩石の薄片が何百となく調べられ、多彩な細菌が一定の間隔をおいて化石記録に見つかっている。したがって、一九八〇年代に初めて見つかった三五億年前の細菌は例外ではなく、むしろ三五億年前から地球全体に散らばっている細菌の一例にすぎないのである。

イリノイ大学の生物学者カール・ウーズによる先駆的な研究のおかげで、今では地球上に大きく分けて三種類の細胞生命が存在することがわかっている。すでに、ヒトなどの真核生物と、細菌という一部の単細胞生物については述べた。だが、細菌とも真核生物とも違う、古細菌という単細胞生物のカテゴリーもあるのだ。この単細胞生物がそう名づけられているのは、圧力の極端に高い場所や、超高温でおそらく硫黄やメタンのような化学物質の濃度が高い状況など、原始の環境はそうだったと研究者が考えているところに棲んでいるように見えるからだ。じっさい、多くの古細菌は、そうした極端な環境――たとえば海洋底の熱水噴出孔や、アメリカのイエローストーン国立公園の温泉――に棲んでいるため、極限環境微生物と名づけられている。ところが、私たちの口など、それほど極端ではない場所に棲んでいる古細菌もいる。そこは、棲むにはずいぶんひどい場所のように見えるが、多くの微生物にとっては魅力的な環境なのだ。さらに、温泉のような極端な環境に棲んでいるが、古細菌ではない単細胞生物もいる。なかでも有名なのは、テルムス・アクアティクス（*Thermus aquaticus*）という細菌だ。この細菌種が作り出す酵素は、ポリメラーゼ連鎖反応（ＰＣＲ*）という科学的手法に用いられる重要な要素となっている。

それでも何か足りないとしたら、まだウイルスの話をしていない。ウイルスは本当に風変わりな存在だ。ウイルスのなかでもとりわけ小さなものとして、遺伝子が八個のインフルエンザウイルスや、やはり遺伝子が八個ほどのパピローマウイルス（子宮頸がんを引き起こすウイルス）がある。かなり大きなウイルスもいくつかあり、たとえばミミウイルスはほぼ一〇〇〇個の遺伝子をもつ。だが、これまで見つかったなかで最大のウイルスはパンドラウイルスで、二二〇〇個以上の遺伝子をもつ。このふたつのウイルスは、なんと一部の細菌や古細菌よりも多くの遺伝子をもっている。ウイルスは、自分が入り込んだ細胞（宿主細胞という）の正常なプロセスを阻害し、細胞の通常の複製機構を勝手に利用してみずからのコピーを作り出す。一般的なウイルスには、カプシドという、遺伝物質を保護するタンパク質の殻がある。カプシドの表面には、ウイルスが細胞にくっつくために用いる小さな分子がある。細胞にくっつくと、ウイルスは得意なことをする。宿主細胞の遺伝機構を乗っ取って、ウイルスを複製させるのだ（図１・２）。

多くの科学者は、ウイルスを生命に分類すべきだとは思っていない。このため、それにまたウイルスはほかの生物と共通の祖先をもっていないようなので、ふつうは生命の系統樹に含まれない。この考えには、ふたつの証拠がある。第一に、研究者は、なじみ深いウイルスの大半について遺伝子の名前と数と機能を知っているが、すべてのウイルスに見つかる遺伝子はひとつもない。近い関係にあるウイルスには似たような遺伝子があるが、機能も生息環境もまったく異なるウイルスには、共通の遺伝子がほとんどない。一方、一般的な細菌の遺伝子の少なくとも七パーセントは真核生物と共通しており、これははるか昔に共通祖先をたどれることを示している。

ふたつめの証拠は、現存するウイルスの種類や働きに大きな違いがある点にある。細胞の場合、遺伝物質を運ぶ核酸の種類はひとつしかない――

ウイルスの構造

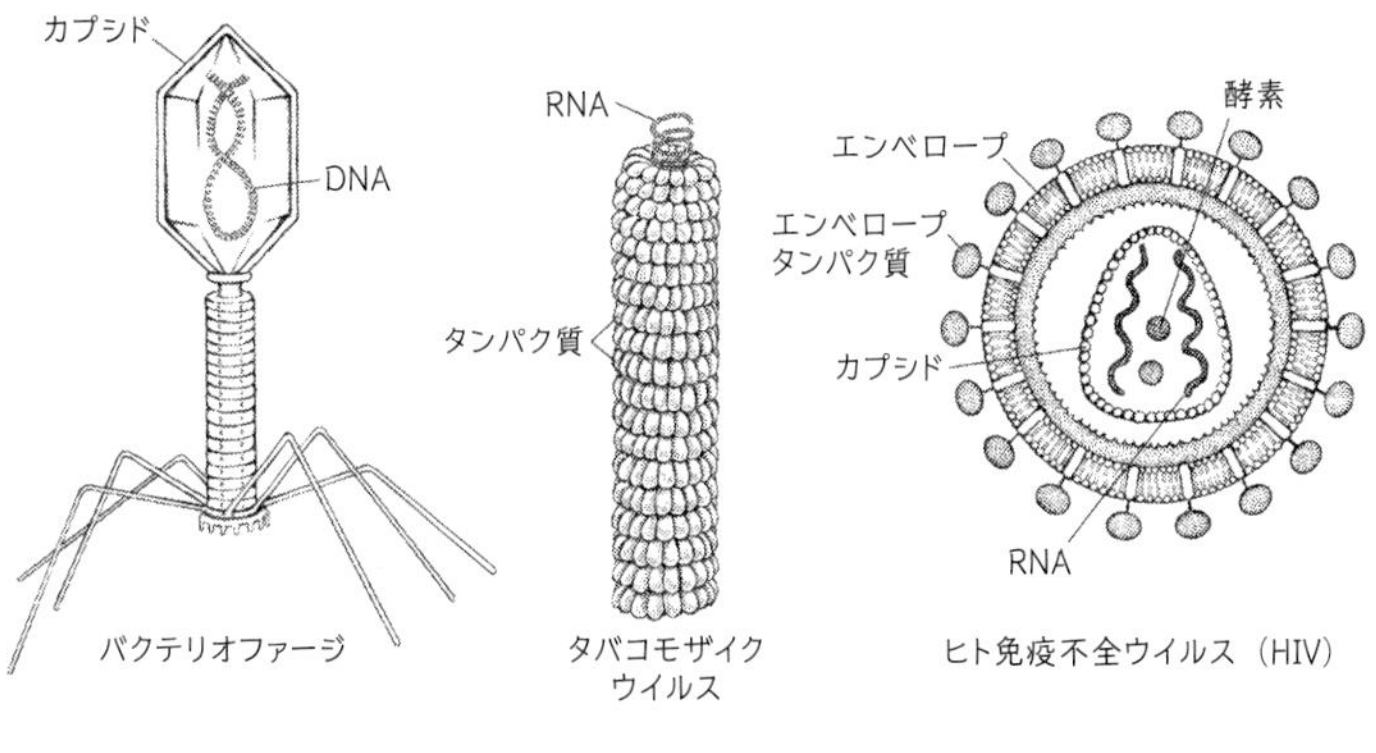

図1.2　一般的なファージやウイルスの模式図。左の図は、バクテリオファージ（細菌に感染するタイプのウイルスで、略してファージ）の頭部と尾部をもつ構造を示している。中央の図は、植物のタバコに感染するタバコモザイクウイルスの構造。右の図は、ヒト免疫不全ウイルス（HIV）の構造。

二本鎖のDNAだ。ところがウイルスには、遺伝物質を収める方法がいくつかある。確かに二本鎖のDNAを用いるウイルスもあるが、一本鎖のDNAを扱うウイルスも存在するのだ。これでもそんなに変ではないというのなら、遺伝物質の運び手としてRNAを利用するウイルスもいる。だめなはずがない。RNAはDNAと同じ対合のルールに従うので、必要な遺伝情報を運んで手渡すことができるのだ。それどころか、DNAウイルスに一本鎖と二本鎖があるように、RNAウイルスにも一本鎖と二本鎖がある。二本鎖のRNAウイルスには、さらにふたつのカテゴリーがある。RNAからタンパク質へ直接翻訳するのに二本鎖の一本を利用するカテゴリーと、タンパク質を作り出す前の中間段階としてRNAを合成する必要があるカテゴリーだ。遺伝情報を収めて運び、利用するこうした異なる方法の存在は、ウイルスの起源に大きな分断があることを示唆している。

だれもまだウイルスの化石を岩石に見つけてはいないが、微生物の化石がある岩石にウイルスの痕跡を探しつづけている研究者はいる。ウイルスや微生物の化石を見つける一手として考えられるのは、信じられないような話だが、それを無傷の状態で見つけることだ。二〇一四年におこなわれたシベリアの凍土からの発掘では、三万五〇〇〇年前のウイルスが蘇り、一九九五年にはカリフォルニア州立工芸大学の生物学者ラウル・カノが、数百万年前の琥珀のかけらから微生物を分離したと発表している。進化の長い期間にわたりウイルスが細菌に寄生してきたとしたら、昔の琥珀から分離した微生物にウイルスも含まれている可能性がある。だが知られているかぎり、こうした微生物からウイルスを取り出そうとした人はいない。

ウイルス古生物学者と呼ばれるゲノム科学者は、ウイルスがよく自分の遺伝子を宿主のゲノムに埋め込むという事実を利用して、ウイルスの進化史を読みほどく。ウイルスがこのようにして自分の遺伝子を埋め込むと、遺伝子は不活性の「冬眠状態」に入るが、なお宿主の染色体の一部として複製される。すると、岩石や琥珀ではなく、真核生物のゲノムにこうしたウイルスの遺伝子が埋め込まれることになる。ウイルス古生物学者は、埋め込まれているウイルスDNAを今いるウイルスのDNAと比べて、そうしたDNAが時間とともにどう変化したのかを知る。分子時計という手段を用いて、埋め込まれたウイルス遺伝子がどれだけ古いのかを推定するのだ。分子時計は、DNAが時計の針の動きや放射性同位体の崩壊のように一定の率で変異するという考えかたを利用している。ウイルス間の変異の数をかぞえることで、分子時計から、ウイルスがどれほど前から宿主のゲノムに埋め込まれているのかがわかる。ウイルスと細胞の緊密な結びつきや、一部のウイルスがRNAベースであることを考えると、ウイルスもまた相当古い可能性が高く、ひょっとしたら細胞と同じぐらい古い存在なのかもしれない。

ウイルスをめぐるこの議論は、この章のタイトルにある「生命とは何か？」という一般的な疑問をもたらす。前に述べたとおり、多くの研究者はウイルスを生物と見なそうとしていない。ならば、どうしたらウイルスを排除するように生命を定義できるのだろう？　ほとんどの研究者は、知ってか知らないかはともかく、単純な思考実験をもとに定義をおこなっている。細胞一個をいくらかの栄養とともに放置したとしよう。周囲にほかに細胞はない。すると細胞は、その壁の内側で生化学的プロセスを始動し、やがてはみずからを複製する可能性が高い。そうするための遺伝子と生化学的機構をもっているからだ。では、ウイルスを同じ状況に置いてみるとしよう——単独で栄養のプールのなかに置くのだ。何も起こらない。ウイルスの壁となるカプシドの内側で、ただのひとつも生化学的反応は生じないのである。それだけでは、みずからを複製することもできない。細胞は、単独で生化学的プロセスを実行でき、複製することもできるから、生きている。ウイルスは、どちらもできないから生きてはいない。これは、かなり説得力に富む客観的な「生命の定義」であり、この先本書全体を通じて利用するものとなる。それでも、ウイルスが生命の定義の境界線上に位置することは強調しておく必要がある。先ほどの思考実験において、生命であるかないかの定義をわずかに変えるだけで、ウイルスはいともたやすく「生きている」と見なせるようになるのだ。

ふたつに分かれたのか、三つに分かれたのか?

三つの形態の細胞生命が生じたプロセスは、たくさん考えられる。一番わかりやすいのは、あらゆる細胞の共通祖先が初期にふたつの系統に分かれ、のちに二度目の分岐があったというものだ。このプロセスは、ダーウィンが三つの種の分岐について考えたとおりだが、原始スープには多くの分岐が起きていたかもしれず、三つ以外の系統は絶滅し、現在見られる細胞生命の三大系統だけが残った可能性もある。さらに別の可能性は、アーサー・C・クラークの名作SF『宇宙のランデヴー』（南山宏訳、ハヤカワ文庫SF）を思い起こさせる。この小説では、何事も三つひと組で生じるのだ。つまり、細胞の三大系統へと初期に生じた枝分かれは、三つ叉の熊手のように一度に三つに分かれた可能性も考えるべきなのかもしれないのである。

この惑星に三大グループを生み出した重要な歴史的イベントを科学者がどうやって明らかにしたのかを知るには、生物の特徴とゲノムのことや、生物が過去にどう命名されていたかを知る必要がある。たとえば原核生物（Prokaryote）という名は多くの人になじみがあるのではなかろうか。ここで、英名の最初が大文字なので、ほかとは異なるひとつの共通祖先をもつ生物のグループを指すとされていることに注意してもらいたい。原核生物は、DNAを囲む膜のない単細胞生物からなるものとして想定されているグループだ。地球に実在する生物の世界では、これにはあらゆる細菌（Bacteria）とあらゆる古細菌（Archaea）がともに含まれる。この想定が正しければ、細胞の第三の大分類――DNAを囲む膜をもち真核生物と呼ばれるもの――は、これには含まれない。この考えは、大半の人が高校や大学で教わっており、細菌

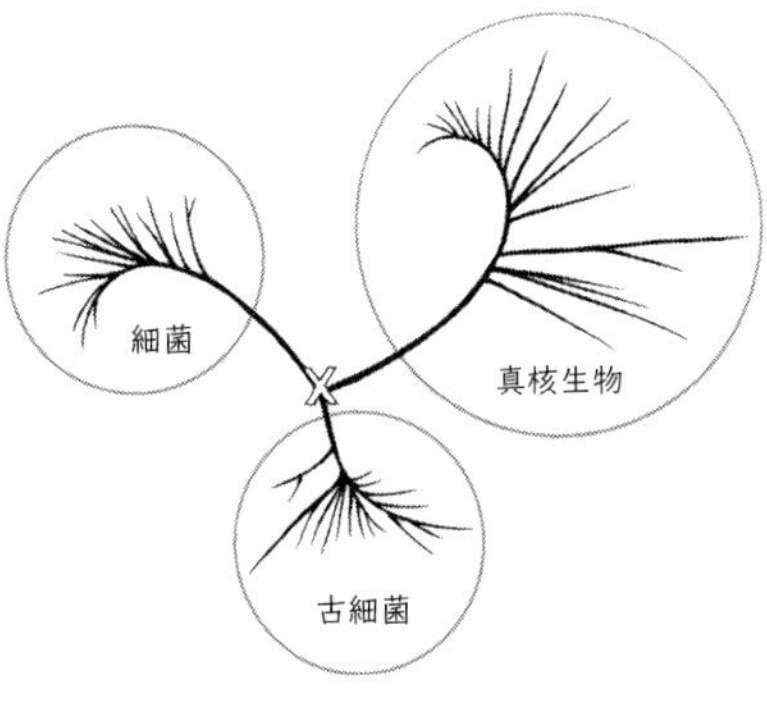

図1.3 生命の三大ドメイン（古細菌、真核生物、細菌）の関係を示す系統樹。Xは3つのドメインの接点にあたる。系統樹がXを「根とする」のなら、3つのドメインは互いに等しい近さの関係にある。

と古細菌と真核生物（Eukarya）の関係を把握することで検証できるものなのである。

この関係を理解するには、まず単純な描画の問題を解決する必要がある。三種の組み合わせの場合、そのうちのふたつの関係が、ふたつのそれぞれと第三の種との関係より近いのではないかと思えば、それをはっきりさせる外部の基準が必要になる。つまり、三種の「根」を明らかにできる必要があるのだ。根がわからないと、気になる三種の関係はどうしても図1・3の系統樹のようになってしまうからである。

真核生物とXのあいだが根とわかれば、細菌と古細菌の関係は真核生物より近いことになる。古細菌とXのあいだが根とわかれば、細菌と真核生物が互いに最も近い関係となる。そして細菌とXのあいだが根となれば、古細菌と真核生物が互いに最も近い関係になるのだ。ところでXとは何なのか？　言い換えれば、この系統樹の根を明らかにするには何を用いたらいいのだろうか？　すでに言ったとおり、地球上には現在この三種類の生細胞しかないので、根として用いられるものはない。微生物の「性生活」やDNAのやりとりのしかたを考えると、また別の分類上の問題が生じる。この問題を解決するには、地球上の生命のゲノムについてもう少しよく知る必要がある。

微生物のゲノム——共有と重複

こうした生細胞の分類作業を厄介にするもうひとつの問題が、微生物の「性生活」——というよりも遺伝子の交換――を考える場合に生じる。哀れな細菌と古細菌。彼らは性の営みをしない。一般に、みずからのＤＮＡを複製し、ふたつの娘《じょう》細胞に分裂することによって増殖する。羊のドリーや、ここ一〇年でクローンが作られた数百の動物はさておき、細菌は究極のクローンだ。しかし、いつも完璧なコピーを作ってばかりだと、新たな環境の試練に適応できない。適応するには、バリエーションが必要になるからだ。そして、バリエーションをもち込むのに抜群に効率の良い手だては、どこかからＤＮＡを取り込み、新たな環境に直面した際に細胞の助けになる可能性に期待することなのである。それには適度のバランスが必要になる。細胞がＤＮＡを吸い取りつづけたら、やがては吸収したＤＮＡが微生物の健康を損なうものとなってしまうのだから。

細菌や古細菌で「生命の系統樹」が存在するかどうかをめぐっては、あれこれ議論がある。議論が生じるのは、こうした大分類の細胞がどちらもＤＮＡのやりとりをかなり見境なくおこなうからだ。細菌は真核細胞のようなやりかたでは性の営みをおこなわないので、接合や形質転換や形質導入など、外部のＤＮＡを獲得するいくつかのメカニズムを進化させた。このように細菌や古細菌のさまざまな種へＤＮＡを移動させるやりかたを、遺伝子の水平移動という。見境がないと、生物間で遺伝子の水平移動が起き、そのＤＮＡの断片が本来明らかにする、生物の全体的な関係が乱されてしまうのである。微生物同士の関係を知るうえで遺伝子の水平移動が果たす役割から、一部の研究者は、ダーウィンのきっちり二叉に分かれていく生命の系統樹は終焉を迎えたと喧伝し、「生命の櫛《くし》」のほうがこのプロセスの見方としてふさわしいと訴えている。筆者たちはこの主張に賛同できない。細菌がどのように進化し、互いにどのような関係にあるかについて、科学者は確かにかなり良い考えをもっている。あきらめて櫛だと決めつけると、過去三五億年のあいだに地球で起きた出来事を――系統樹を再現できなくするものだと一部の研究者が考えるような遺伝子の水平移動という出来事さえも――整理する基準がなくなってしまう。

日本の科学者、大野乾《すすむ》が一九七〇年代初めに著した本『遺伝子重複による進化』（山岸秀夫・梁永弘訳、岩波書店）には、こうしたプロセスが詳しく説明されている。大野の主張をたどるために、生物のゲノムを構成するDNAの長いひもが、染色体という小さなかたまりに収められ、遺伝子というさらに小さなかけらに入っていることを思い出そう。遺伝子は、グアニン、アデニン、チミン、シトシンのさまざまな配置からなり、その違いが細胞内のタンパク質の違いを示すコードとなっている。微生物はタンパク質を合成する何十万種類もの遺伝子を進化させており、そうしたタンパク質にはまさしく何十万もの機能がある。だが、その遺伝子のなかには、すべての微生物に共通する「コア」遺伝子のセットがあり、それは細菌を生み出すのに最小限必要なセットなのだ。

微生物のコア遺伝子のセットを明らかにするひとつの手だては、大半の遺伝子を失った種を調べることだ。なぜ生物が遺伝子を失うのだろうか？　ときに寄生をおこなうからだ。たとえば細菌のブフネラ（*Buchnera*）属とウォルバキア（*Wolbachia*）属は、真核細胞に侵入して細胞質のなかで生きるように進化を遂げている。すると真核細胞は、細胞膜*の成分の合成など、細菌ゲノムの遺伝機能の多くをせしめるので、細菌は次々に遺伝子を失うのだ。そうした寄生性細菌のひとつがもつ遺伝子数の最少記録は一八二個で、ほかのいくつかの寄生性あるいは条件的寄生性の種もかなりそのサイズに近い。これまでに調べられている古細菌はすべて、遺伝子一四〇〇個以上のゲノムをもっているため、条件的寄生性の細菌と違って自分を切り詰めているようには見えない。それどころか、最大のゲノムをもつ古細菌はメタンを栄養源とするメタノサルキナ（*Methanosarcina*）で、四五四〇個の遺伝子をもち、この数は細菌ゲノムの平均的なサイズに近い。一方、細菌で最大のゲノムは、土壌微生物のクテドノバクテル（*Ktedonobacter*）に見つかっている。そのゲノムには遺伝子が一万一四〇〇個あり、ショウジョウバエのゲノムよりわずか二〇〇〇個少ないだけだ。

コア遺伝子のセットを明らかにするもうひとつの手だては、すべての細菌で重複する遺伝子を突き止めるというものである。まさにそれをおこなうべく考案した実験により、コア遺伝子はおよそ一八〇個であることが明らかになっている。それらが真にコア遺伝子であることのさらなる証拠として、その一八〇個の遺伝子で人工的に染色体を合成し、中身が空っぽの細菌細胞に入れると、なんとその人工細菌は単独で機能して増殖できることがわかっている。生物学におけるこの新領域（合成生物学という）で働く研究者にとって、究極の目標は、人工的な細胞膜を作り、空っぽの細菌細胞がなくてもそれと同じ役目を果たせるようにすることなのである。

大野の考えは、成功を収めた遺伝子セットが生じると、そうした遺伝子の総合的な機能はその生物の生活様式に適合しているはずだというものだった。だが、その生物がなんらかの新たな遺伝子の機能を必要とする新しい環境におびやかされれば、その環境に遺伝的に適応する必要があるはずだ。そこで大野は、生物が新しい環境で成功を収めるのに必要な新たな遺伝子を獲得できる最も簡単な方法は、既存の遺伝子を複製してから、できたコピーを適応させることではないかと言った。

大野は何もないところからこの重要な仮説を思いついたわけではない。彼の研究対象は主に魚類で、その生物群のなかにはほかよりはるかに多くの染色体をもつものがいる。それどころか、彼やほかの研究者は、植物を研究していて、近縁種がしばしば倍数の染色体をもつことに気づいていた。たとえば、ある種が染色体をふた組もっている場合、近縁種の染色体は四組、八組、さらには一六組もあることがある。染色体の倍数が多い種を、倍数体という。すると、生物のゲノムに含まれる遺伝子のなかに、それ自身のゲノムのなかで複製された遺伝子群よりも、ほかの種の遺伝子クラスター（「遺伝子ファミリー」）のほうによく似たパターンをもつものも出てくる。

そうなると、ゲノムはふたつの次元で進化を遂げる。第一の次元は、種分化だ。ふたつの種が分かれるとき、それらのゲノムの遺伝子も分かれる。第二の次元は、遺伝子重複だ。まずいことに、このふたつの次元が組み合わさると、進化史をたどるうえでいくつかきわめて複雑なパターンをもたらす。生命史において遺伝子重複のイベントがなければ、どのゲノムも歴史をたどるのはとても易しくなるはずだ。だがありがたいことに、この現象で先ほどの「根」の問題を解き明かすことができた。ひとつの遺伝子ファミリーのしるしが三大グループ（古細菌、真核生物、細菌）のすべての生物に見つかれば、遺伝子重複のイベントが地球の全生命の共通祖先で起きたと考えられ、ある生物の遺伝子が、ほかの生物の遺伝子にとっての根を明らかにするのに使える。ある遺伝子ファミリーの根（ルート）を近縁の遺伝子ファミリーによって明らかにすることを「パラログ・ルーティング」といい、これを最初に用いたのは、コネティカット大学のピーター・ゴガーテンと九州大学の岩部《いわべ》直之《なおゆき》だ。現時点で、このタイプの重複遺伝子の大多数は、細菌の足元を根とする考えを裏づけている。このアプローチによれば、古細菌と真核生物は、それぞれと細菌よりも互いに近い関係にあるらしい。

生命の系統樹の幹での進化についてあれこれ考える科学者は、異端の集まりだ。生命の系統樹の構築を議論する最初期の会合のいくつかは、アメリカの国立科学財団とヨーロッパの複数の資金提供機関から出資を受けていた。この会合は、生命の系統樹をどう構築すべきかについて合意し、科学者がその系統樹の具体的な部分について暫定的な結果を示すために開かれていたものだ。ギリシャのパトラで開かれたある会合では、出席者たちに、生命の系統樹における太古の分岐として最も支持できると思うシナリオを黒板に描かせた。初めに系統樹のアウトラインが描かれ、出席者が皆会合の始まりを待っていると、異端の科学者のひとりが部屋へ入ってくるなり、黒板の系統樹を見て、色チョークで描き加えだした。描き終わるころには、黒板はニューヨーク市の地下鉄路線図のようになり、十字交差の数々はたくさんの遺伝子の水平移動を示していた。この話は、私たち科学者が作るモデルがあくまで仮説であり、よく調べ、検証が重ねられることを物語っている。このようにして科学はうまく機能しているのだ。

やがて当然かもしれないが、「細菌が最初」仮説のこうした圧倒的と思える一連の証拠が定着してくると、それに異を唱える科学者も出てきた。彼らの主張は、おそらく古細菌と細菌の疑いようのない類似性によって広まった。「古細菌が最初」仮説を支持する科学者はほぼいないので、その説は無視できる。ところが、いくつかとても奇妙な原始的に見える細菌の存在により、系統樹の根に位置するなんらかの原始的な細菌があるのだろうかという疑問がもちあがった。つまり、この原始的な細菌は第四のドメインの一員で、これまで私たちはそのことに気づいていなかっただけなのかもしれないというのだ。そこで研究者たちは、生命の系統樹の根を見つけ出すほかの方法として、ゲノムをベースとする三つの新たな手だてを考案した。

第一の手だてでは、一部の種にあってほかの種にはない、「インデル」(「挿入欠失」の英語insertion-deletionの略語)というタンパク質中の短いアミノ酸配列の有無に注目する。ここで、そうしたインデルは、タンパク質中の単一のアミノ酸の変化よりも進化をよくたどれるものとなるはずだと推定できる。失ったものをまったく同じ場所で取り戻すことはありえないと考えられるからだ。この手の分析の結果は、いくらか議論の余地があるものの、やはり最初の最も原始的な系統として、細菌が根に位置することを示している。系統樹の根を突き止める第二の新たな手だてでは、遺伝コードの特徴をもとに、どの種がより原始的な要素を用いているのかを明らかにするというものだ。遺伝コードは、遺伝物質から細胞が作るタンパク質への情報の移動を強化する手段として進化を遂げた。いくつかの例では、あるアミノ酸のコドンがほかのアミノ酸のコドンより前に生じていたのだとわかっている。数百の細菌と古細菌のゲノム配列を観察した結果、すべての細菌はより原始的なコドンを用いていることが明らかになっており、これもやはり細菌がほかとは異なることを示している。

生命の系統樹をゲノムから明らかにする第三の手だては、遺伝子ファミリーのネットワークに注目するものだ。このアプローチでは、遺伝子が遺伝子ファミリーの一員として進化するプロセスを利用し、種々の遺伝子ファミリーを見わたして、なんらかの遺伝子や遺伝子配列が存在する（あるいはしない）のかどうかを明らかにする。五〇万を超える遺伝子ファミリーを調べた末、やはり研究者たちは、細菌の遺伝子ファミリーの一部がほかの分類群の生物のものよりも古いと結論づけた。この結論は、細菌が生命の系統樹のおおもとの根にあたるという考えを裏づけている。

これほど有力な証拠が集まっても、一部の研究者（会合で皆の描いた生命の系統樹に色チョークでけちをつけた研究者も含め）は、どこかほかの場所に根があると主張しつづけている。そのような主張の根拠は、主として細胞の構造にあり、この話題にこれから目を向けていこう。

共通祖先

細胞の特徴の違いに注目する興味深い一手として、細胞の構造特性の進化を検討するというものがある。この手段を進めるべく、まずは進化の過程でふたつに分岐する前の細胞がどんなものだったかを考えよう。この仮定上の細胞は、親しみを込めてＬＵＣＡ（「last universal common ancester（最後の共通祖先）」の略）と呼ばれ、細胞のきわめて基本的な特徴をいくつかもつと考えられている。とはいえ、LUCAがそうした特徴を完全に備えた状態でいきなり登場したというわけではない。そうした特徴もLUCAも進化を遂げなければならなかったし、LUCAに至る途中で現れた系統はすべて死に絶えたのだ。かりにLUCAが小惑星や彗星に乗って地球へやってきたのだとしたら、LUCAに至る進化は宇宙のどこかで起きていたことになる。一方、パンスペルミア説を受け入れなければ、LUCAを生み出す進化のイベントは地球で起きたことになる。だが、事はそう単純ではないかもしれない。たとえば、古細菌と真核生物が、この先Xと呼ぶ特徴をともに備えているが、細菌はそれを備えていないとしよう。

図1・4に示した系統樹で、その特徴Xが生まれたところを指し示すことができる。祖先の状態の特徴Xは、この系統樹の基部（つまり根）にはないとわかっているからだ。ではここで、第二の系統樹の図を見てみよう。この図は、細菌と古細菌の共通祖先の存在を示す、古典的な原核生物の仮説にもとづいている（図1・5）。

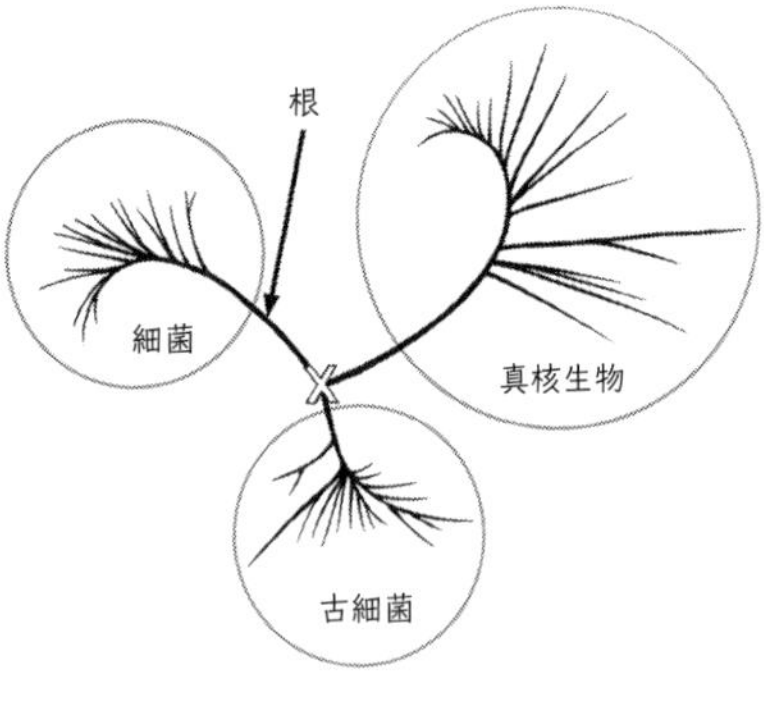

図 1.4　生命の三大ドメイン――古細菌、真核生物、細菌――の関係を、細菌につながる系統の途中に根がある場合について示す系統樹。この系統樹では、真核生物と古細菌が互いに最も近縁の関係にある。これは、生命の三大ドメインの関係について最も有望なシナリオとして、生物学者のあいだで受け入れられている。

この系統樹でも、特徴Xが生まれたところを指し示すことができる（ふたつのX）。この場合、その生まれかたはふた通り考えられる。ひとつは、特徴Xが古細菌で一度、真核生物で一度、合わせて二度生じたというものだ。このシナリオでは、特徴Xの進化は収斂進化と呼ばれるものとなる。なんらかの理由で、特徴Xは古細菌と真核生物の両方の系統の生活様式にとって有利だったり、さらには必要だったりして、選択された。特徴Xの生まれかたのふたつめは、全生命の共通祖先がその特徴を獲得し、のちに細菌でそれが失われたというものである。この第二のシナリオにもふたつのステップが必要だが、収斂進化は要らない。問題を簡単にするには、どちらかひとつを選ばなければならず、選ばれるものはすべてのデータを最もよく説明する系統樹だ。ひとつを選ぶことで、地球上で複雑な細胞が進化するあいだに変わった多くの細胞特性が理解できるのである。

この手順で、三本の大枝のすべてに共通する細胞特性について、それが必然的にLUCAにもあったにちがいないという仮定のもとで、探ることができる。ならば、LUCAはどのよう

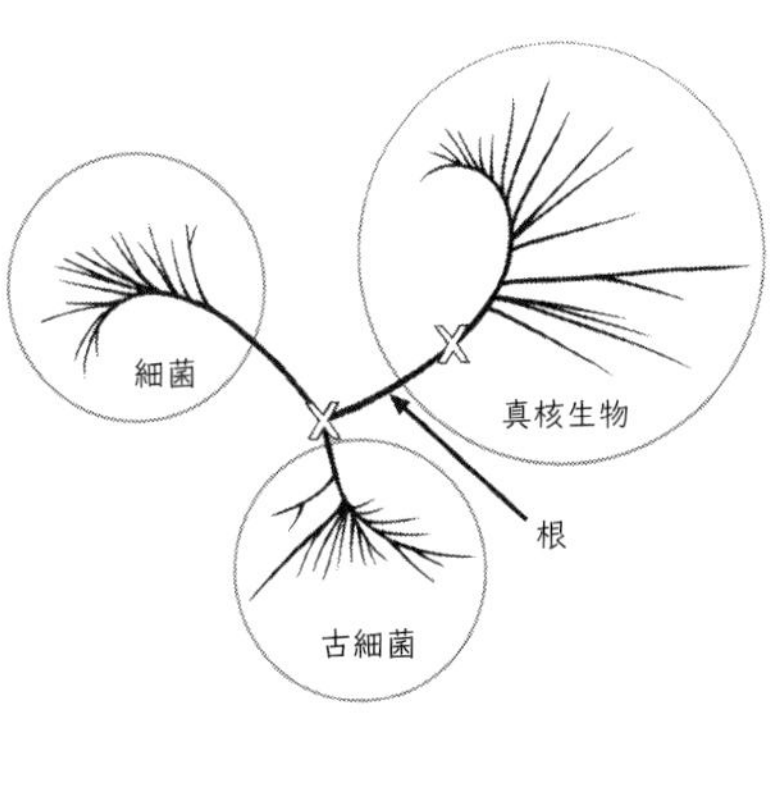

図1.5　生命の三大ドメイン──古細菌、真核生物、細菌──の関係を、真核生物につながる系統の途中に根がある場合について示す系統樹。この系統樹では、細菌と古細菌が互いに最も近縁の関係にあり、一般に原核生物として知られるグループを形成する。この図は今では間違いと考えられている。

なものだったのか？　そうした原始的な祖先ということを考えても、多くの特徴をもっていたはずだ。生命の三大ドメインのすべてが、遺伝とタンパク質について同じ基本的な構成要素、すなわち塩基とアミノ酸に由来する構成要素を用いているので、それらは必然的にＬＵＣＡにもあったと考えられる。じっさい、三本の大枝のすべてが、ＤＮＡではＡＴＧＣ、ＲＮＡではＡＵＧＣの塩基を用い、さらにタンパク質では基本的に同じ二〇種類のアミノ酸を用いている。

　また、細胞の三大系統はすべて、ほとんど同じ遺伝コードと冗長さのシステムを働かせるうえで、トリプレット（三つひと組の文字列）を利用している。ポリメラーゼ*（ＤＮＡを合成する酵素）を使ってＤＮＡを二本鎖に保ったり、特定の酵素（二重らせんをほどく酵素、ＤＮＡの小さな断片を継ぎ合わせる酵素、変異がたくさん蓄積したときにＤＮＡを修復する酵素）を使って細胞内のＤＮＡを保守したりするのも同じだ。ＬＵＣＡにもこの仕組みがあったのではなかろうか。

　ＬＵＣＡはまた、すべての系統の細胞で見られるのと同じやりかたを採用し、ＲＮＡを媒介としてＤＮＡからタンパク質を生み出していたはずだ。もっと具体的に言えば、リボソーム*という複雑な細胞小器官をもっていたにちがいない。リボソームは細胞の三系統のすべてでほぼ同じような働きをし、細胞の保守におよそ一〇〇個のタンパク質を使っている。それらのタンパク質は、ＬＵＣＡがみずから出会った脂肪や糖*などの低分子からエネルギーを獲得するために欠かせない。そうした仕事のできる化学反応が何百種類もあるなかで、ＬＵＣＡは、細胞の三系統へ導くきわめて限られた反応経路に落ち着いた。今日、糖代謝などの基本的な反応の経路は、三系統のすべてで本質的に変わらない。LUCAは、遺伝物質を倍にして二個の新たな娘細胞に分かれるという、きわめて限られたやりかたで複製もおこなっていただろう。真核生物はもっと複雑な方法を考え出したが、今も最初はこの基本的な仕組みの細胞分裂をおこなっている。

　LUCAは、なかのものを失わずに外部の環境から自分を守る、外層すなわち膜ももっていたはずだ。真核生物と古細菌と細菌でその膜は大きく異なるが、どれも起点となる基本的な分子は同じで、LUCAもそれをもって

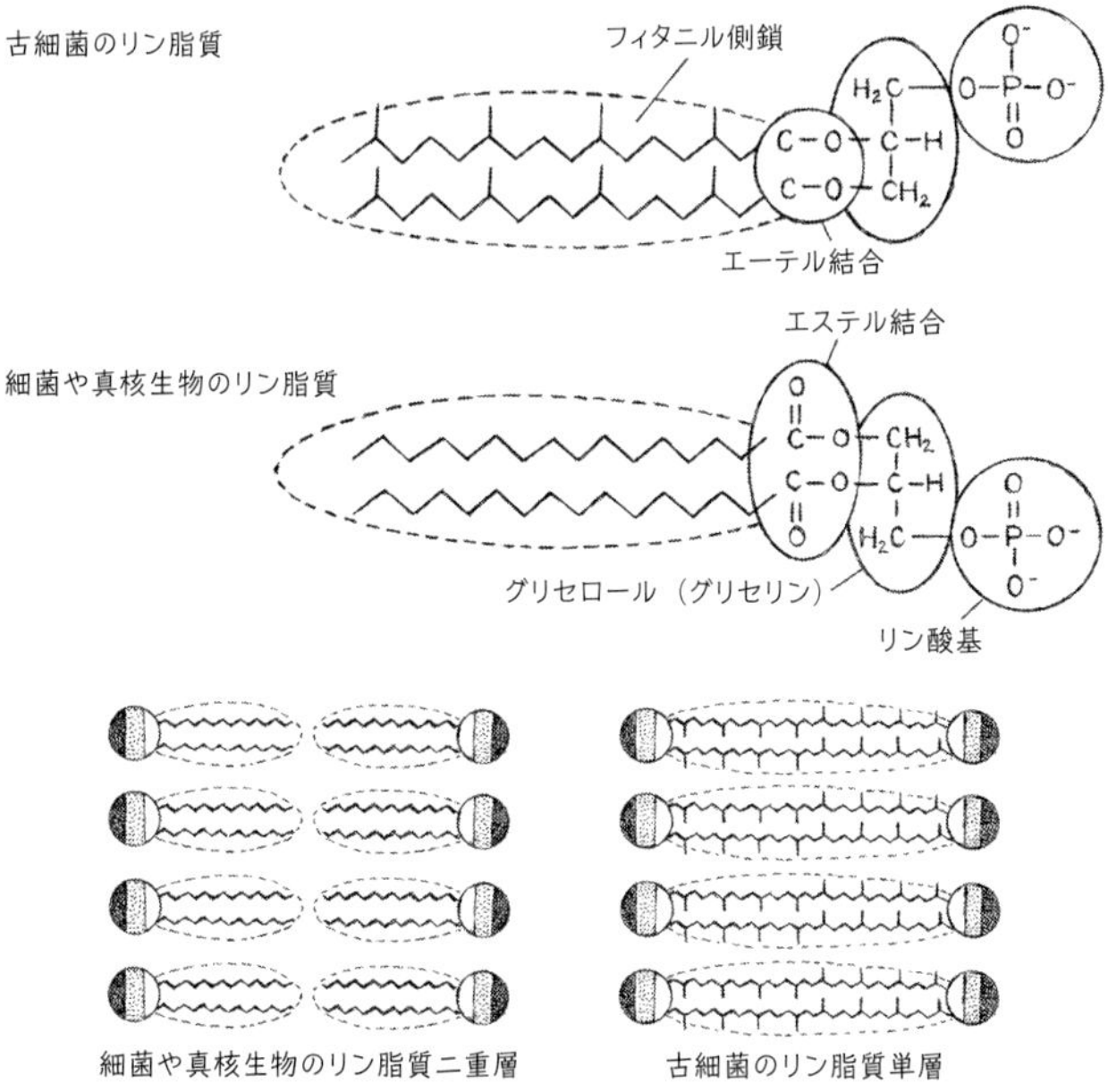

図 1.6　古細菌の脂質と、細菌や真核生物の脂質とで、化学的構造を比べた模式図（上）。細菌や真核生物の脂質二重層を左側、古細菌の脂質二重層を右側に示した図（下）。

いた可能性が高い。具体的に言えば、LUCAは脂質*というものを使って、外界に対するこの障壁を作り出した。脂質は長鎖の炭化水素分子で、その末端には鎖に極性を与える特殊な分子がついていて、片端は水を引き寄せ（つまり「親水性」をもつ）、もう片端は水を寄せつけない（「疎水性」をもつ）。このように脂質の鎖には水に対する好き／嫌いの関係があるので、二重層をなして並ぶ傾向がある。水を寄せつけない部分が層の内部になり、水を引き寄せる部分は水を満載した細胞内部とうるおいのある外部の両方に面するのだ。つまり、LUCAの基本的な脂質二重層の構造は図1・6のようなものだったのではなかろうか。

この二重層の膜のためにLUCAには内部と外部があったので、好きな分子は内部に維持し、嫌いな分子は締め出すこともできたのだろう。それどころかLUCAは、内部の環境と外部の環境を異なるようにする、きわめて特殊な一連の条件を確立していた可能性が高い。ナトリウム濃度はLUCAの内部よりも外部のほうが高くなるように保たれ、カリウム濃度についてはその逆になっていたのだ。LUCAはこれを、脂質二重層に埋め込まれた「イオンポンプ」というタンパク質を使っておこなった。この小さなタンパク質は、まさにポンプのように細胞からナトリウムを汲み出し、細胞にカリウムを吸い込む。LUCAはこのシステムを細胞生命の三大系統のすべてに受け継がせた。LUCAは、原始的と見なすにしても、実はかなり複雑な存在なのである。

残った生命

進化生物学者のスティーヴン・ジェイ・グールドはかつて、恐竜の時代も、哺乳類の時代も、人類の時代も皆、三五億年ほど昔から続いている細菌の時代にはかなわないと言った。ＬＵＣＡは、ほぼ微生物からなる生物圏へと進化の針路を定め、まずは細菌を確立して、生命の系統樹のどこかで枝分かれをさせて古細菌と真核生物というほかの二大系統の細胞を生み出した（図１・７）。今日生きている微生物は、数千万種にのぼるにちがいない。細菌と古細菌が地球上の生命の一般的なルールに従うとしたら、かつて生きていた微生物種の九九・九パーセントは絶滅していることになる。ならば、どこかの時点で数百億種もの細菌が生きていたのだろう。

細菌の特徴は途方もなく多様だ（図１・８）。細菌は、この惑星でほぼすべての生息可能な（そして一

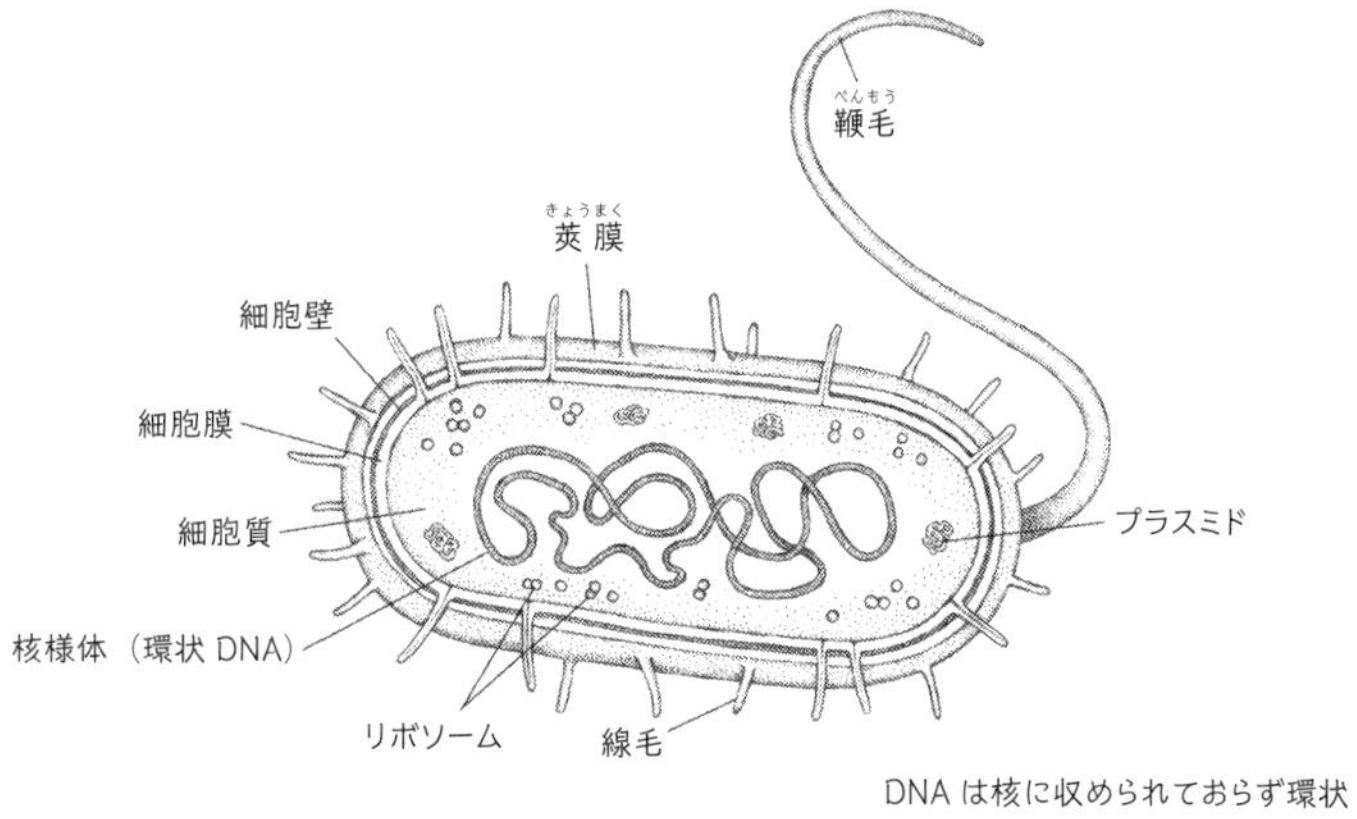

図 1.7　典型的な細菌を種々の構造も含めて描いた模式図

部のほぼ生息不可能な）場所に棲み着く手だてを見つけている。ヒトについて考える場合、私たちは環境にかなり適応できると思っている。事実、ヒトは七大陸のすべてに存在し、極度に乾燥した氷点下の温度の環境から、摂氏四〇度以上になるきわめて湿度の高い環境まで、幅広い条件の場所に住んでいる。ヒトの高地への適応はよく知られている。それに、さまざまな食物や液体への適応もだ。私たちは、ひょっとしたら地球上で極限環境にとりわけ柔軟に適応する哺乳類の一種かもしれない。それでも、私たちの適応性は、微生物が進化を遂げて世界で繁栄していったさまには比べるべくもない。

微生物の適応と進化

生物のグループが、空いている生態学的ニッチ

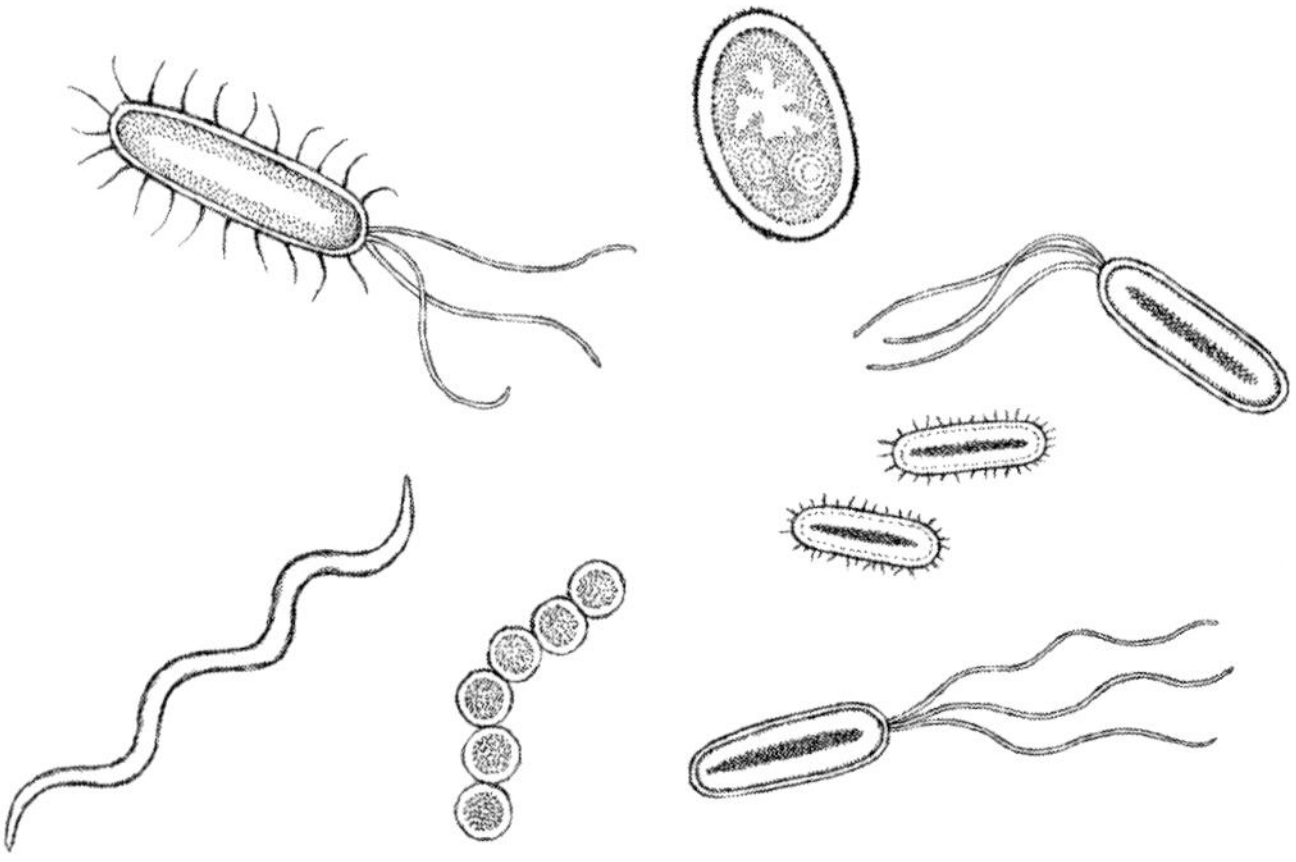

図 1.8　細菌ドメインの細胞がとるさまざまな形態のいくつかを示したもの

を満たして共通祖先から分岐しはじめると、祖先の特徴の一部は保存され、残りは遺伝子のＤＮＡ配列が変わるにつれ変化を遂げた。たとえば、ＬＵＣＡからいち早く枝分かれした細菌の大きな系統のひとつが、クロロフレクサス門だ。究極の生きた化石として、クロロフレクサスは途方もなく原始的な生物で、時を経てもほとんど変わっていないため、ＬＵＣＡの特徴の多くをもっている。ほかの風変わりな細菌のグループで、細菌の進化史において早期に枝分かれしたためやはり生きた化石と見なされているものに、デイノコックス属の種などがある。それらの種は、現存するＤＮＡ修復機構のなかでも最良のひとつを進化させており、これにより、おそろしく放射線量の高い環境に棲みながら、ふつうなら起こるはずのＤＮＡの変異を防いでいる。デイノコックスは、放射能汚染された空間を除染する目的で使われさえしている。

風変わりで原始的な特質をいくつかもつグループとして、シアノバクテリアもある。この細菌の門に属する生物は、植物のように光合成をおこなえる。それをおこなう酵素の一群をもっているからだ。シアノバクテリアとデイノコックスはどちらも、地面や水中をあてどなく滑って動きまわる。これは、ＬＵＣＡも同じようにして動いていた可能性を示している。その後、細菌は指向性をもって動けるように鞭毛《べんもう》を進化させたのだろう。鞭毛は文字どおり小さな鞭で、回転して泳動を起こす（鞭毛の起源は細胞進化のなかでも興味深いところだ。細菌と同様、古細菌や真核生物にも見られるからである）。

古細菌は細菌ほど変化に富んではいないが、やはりおそろしく多様な環境を占めるように進化を遂げている。古細菌が皆もっていて、ほかの種類の細胞とは異なる特徴はいくつかある。まずきわめて安定した鞭毛をもち、DNAの複製にかかわるタンパク質が異なり、また系統樹で細菌と分かれて以降、多くの遺伝子をゲノムから失った。だが、圧倒的に一番顕著な特徴は、膜に見られる。膜を形成するときには、右旋性《うせん》（D）という立体異性をもつ分子でできた構成要素を用いることも、左旋性《させん》（L）をもつ分子を用いることもできる。このふたつの構成要素は、鏡像の（キラルの）関係にある。片方の要素をもう片方のものに変えるのは、ただ裏返すような単純なことではない。あなたの両手は、そうしたキラリティーについて思いつく最良の例だ。両手を見れば、互いに鏡像であることがわかるだろう。しかしただ裏返すだけでは、片方の手をもう片方の手にすることはできない。やってみるといい。無理だ。LUCAの膜はD体で構成され、細菌と真核生物でもそれが維持されている。ところが古細菌は、L体を膜に利用するという変わった特性を進化させている。

膜にL体を用いるというこの特異な傾向（古細菌には、ほかのDNAやタンパク質などの分子にL体を用いる傾向はない）があるだけでなく、古細菌はまた、細菌や真核生物が使うのとはまったく違う種類の結合によって膜の脂質を作る。つまり、古細菌の膜を維持する酵素やタンパク質は、細菌や真核生物の膜を維持するものとはまるで違うのである。さらに、古細菌にも鞭毛はあるが、二〇一一年、古細菌の鞭毛が真核生物や細菌の鞭毛と同じタイプではないという研究結果が示された（両者の鞭毛は、収斂進化の結果生じた可能性が高い）。

真核生物には、古細菌や細菌と明らかに違う点がある。細胞の遺伝物質を覆っている核膜だ。真核細胞には、古細菌や細菌にはない要素もいくつかある。その細胞に特有の働きをする大型の細胞小器官、とくに、すべての真核生物にあるミトコンドリアと、藻類や緑色植物で光から食物を作り出している葉緑体である（図1・9）。

ミトコンドリアと葉緑体は、真核生物と細菌が今日どのように相互作用しているかについて、知見を与えてくれる。なぜか？　かつて、どちらも単独で存在し、環境のなかで自由に動きまわっていた細菌細胞だったからだ。すべての真核生物の共通祖先は、今から一五億年以上昔に生きていて、餌を取り囲んでのみ込んでいた。このため、比較的大きな要素がこの共通祖先の持ち物リストに加われるようになり、いくつかの細菌は腹を空かせた真核生物にのみ込まれた。すると、真核生物とそれにのみ込まれた細菌とのあいだに共

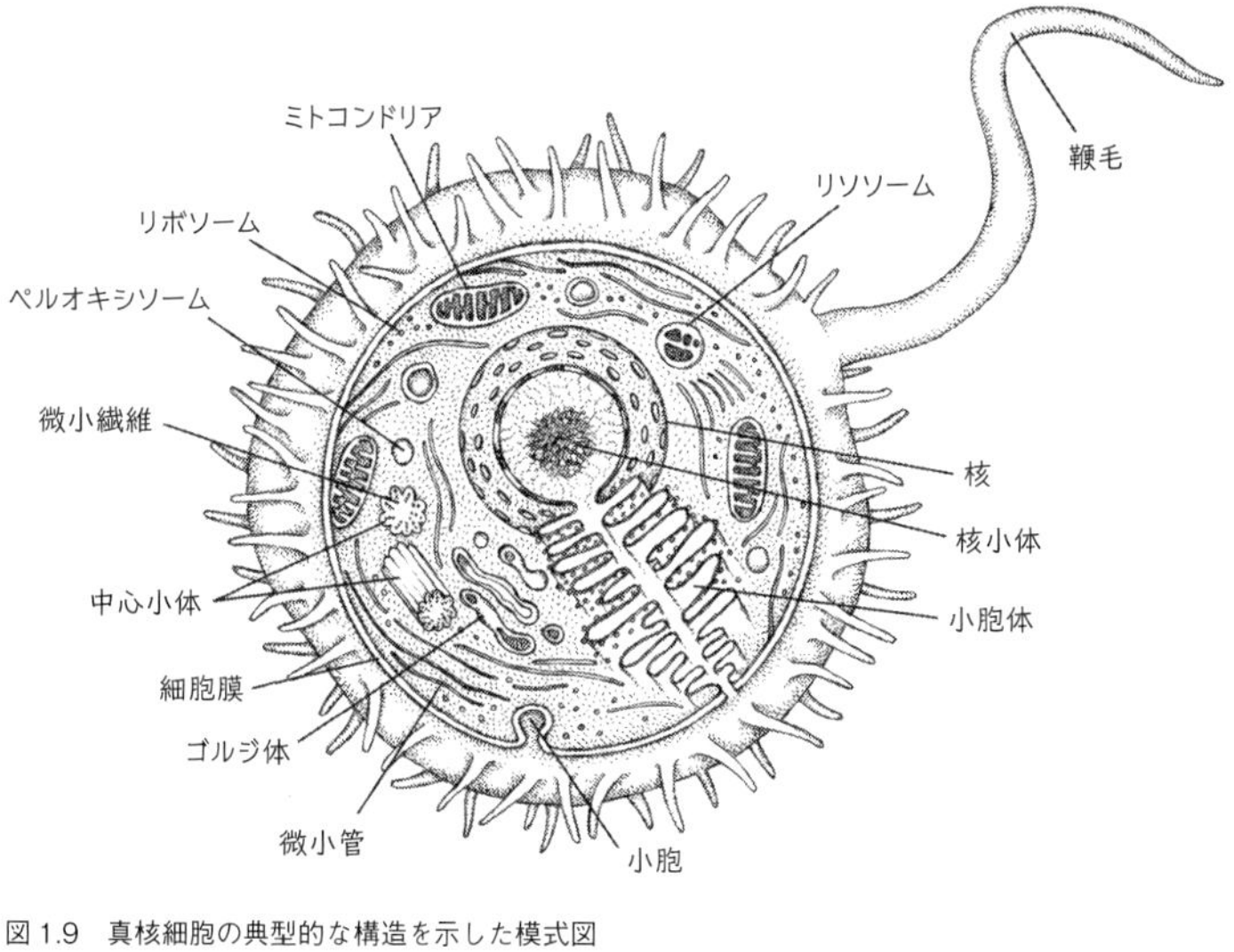

図1.9　真核細胞の典型的な構造を示した模式図

生関係が生まれ、細菌が単純な細胞の機能を真核細胞に依存していくにつれ、その関係は確固たるものとなって、真核細胞のほうは新たなエネルギー源を手に入れ、酸素呼吸をおこなったり、ほかのメリットを得たりできるようになった。やがて、のみ込まれた細菌のゲノムの中身が減って、今ではタンパク質の翻訳にかかわる（リボソームRNAと転移RNAにかかわる）遺伝子と、エネルギーの生成にかかわる遺伝子だけになっている。のみ込まれた細菌はおそらく、初めは一〇〇〇個以上の遺伝子をもっていたのだろう。ところが今日のミトコンドリアのゲノムには、タンパク質をコードする一三個の遺伝子と、ほかに三〇個ほどのRNA遺伝子しかない。葉緑体にしても似たようなものだ。植物の共通祖先は現在のシアノバクテリアに近い太古の種をのみ込んだようで、この共生関係が、植物や一部の単細胞生物の進化のあいだずっと維持されている（藻類のいくつかのグループも葉緑体をもっているが、この細胞小器官がどのように進化を遂げたのかは、はるかに複雑な話になる）。

これで、微生物がどこで生まれ、その遺伝子や特徴や機能が時とともにどのように変わってきたのかについて、おおまかにつかむことができた。だが、こうした生物と現代の私たちとのやりとりについては、この歴史が何を教えてくれるのだろうか？

第2章　マイクロバイオームとは何か？

私は何者か？　この古くからある疑問は、私たちが思考について考えられるようになってからずっと、人の心に浮かびつづけてきた。それでも、この疑問に対する答えがわかったのは、最近のことだ……ほぼ微生物なのである。微生物が私たちの内部や表面に棲んでいることは、かねてより知られていた。たとえば、にきびができたことのない人はいないだろう。にきびのなかの膿は、実は皮膚の表面の下に棲んでいる微生物の集まりだ。私たちの腸が微生物に満ちていて、そうした微生物がある種の食物をきちんと消化するために欠かせないことも、しばらく前から知られていた。微生物の侵入がどのように病気を引き起こすのかを知ろうとするのも、一世紀以上前から微生物学が主に努めてきたことだった。ところがここ一〇年で、研究者が開発した技術によって、人体の内部や表面にどんな微生物が棲んでいるかをより正確に知る調査ができるようになると、通常の健康な人間の体にある細胞のおそらくは九〇パーセントまでもが微生物で、私たちの体重の最大で三パーセントを侵入した微生物が占めていることも明らかになった（だから今度体重計に乗るときには体重からそのぶんを差し引いてしまえばいい）。私たちの体がヒトの細胞だけでできていて、ときおりやってくる侵入者を撃退しているという認識は覆され、微生物についての考えかたと、それが私たちの健康に及ぼす影響に対する考えかたに、革命をもたらしたのである。

現在の推定によれば、人体の内部や表面には一万種を超える微生物がいる——地球上に存在する

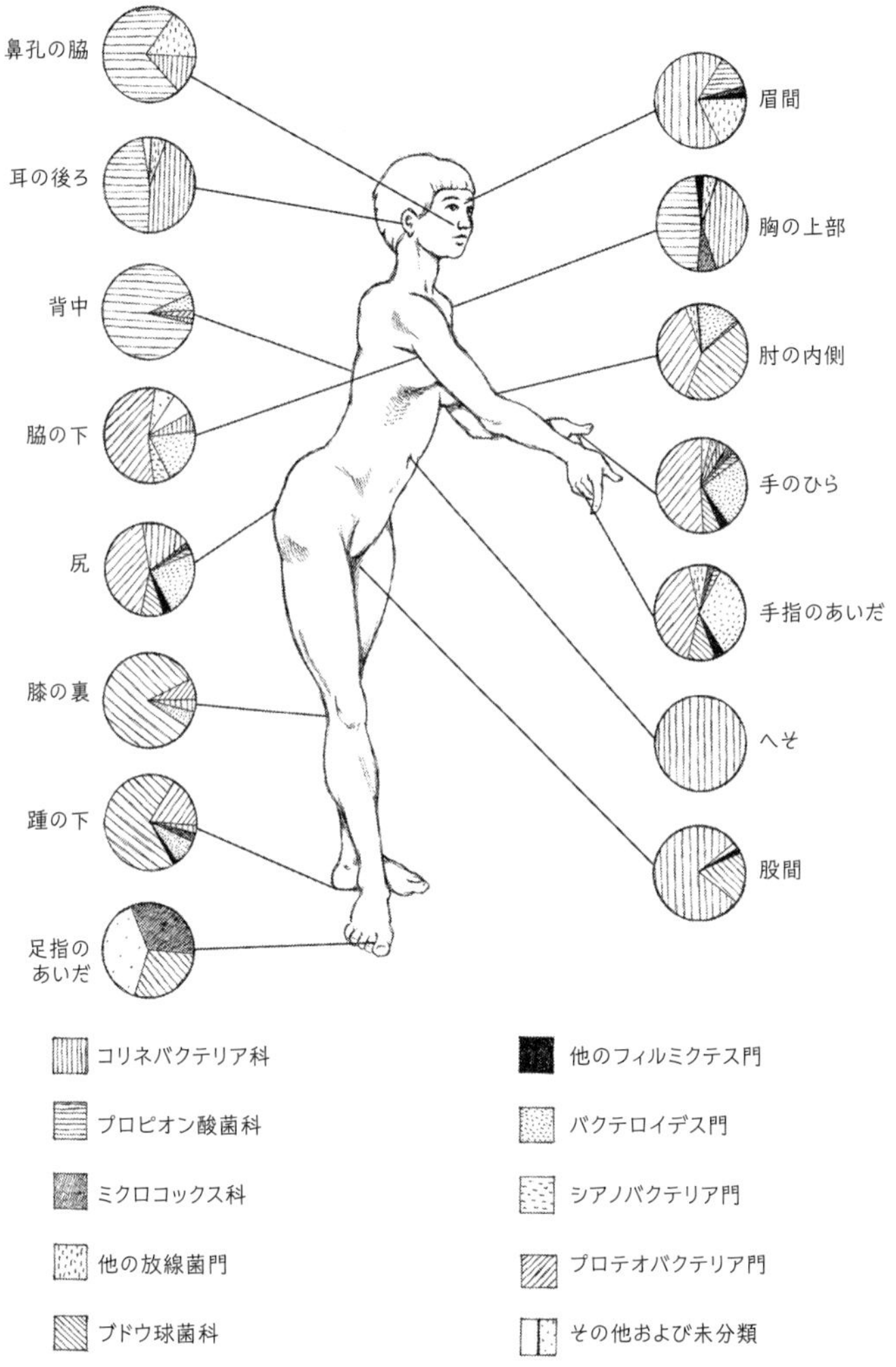

図2.1　人体と、人体においてヒトマイクロバイオーム計画で微生物群集が調べられた部位を示す図。身体の各部位に対する円グラフは、下に挙げた各種細菌の割合を示している。

鳥類の種の数とおおよそ同じだ（図2・1）。この微生物のすべてが人間の健康に有害なわけではない。それどころか、危害を及ぼすのはほんのわずかで、多くは人体と長きにわたり欠かせない関係を築いてきた。信じられないかもしれないが、私たちのゲノムはこうした微生物の住民に対処し、さらには彼らと協力しさえするように進化してきたのだ。

微生物の見つけかた

私たちの祖先のだれかが狩りのさなかに骨折したり戦いで負傷したりしたときには、苦痛のもとはさほど謎ではなかった。傷が痛みの原因だとすぐに思えたのである。しかし、当時生きていて、咳や鼻水が出たり、頭痛がしたり、ふしぶしがこわばって痛んだり、さらにまずいことに、ひどく歯が痛んだりして目が覚めたとしよう。その場合、苦痛のもとと見なせる明らかな傷はない。歯がひどく痛かったら、きっとかなり雑なやりかたで麻酔もなしに歯を抜いてもらっただろうが、根本（歯根だからというわけではないが）の原因は当時の暮らしにおける大半のものと同じように謎だった。このように苦痛のもとがわからなくても、私たちの祖先は微生物による感染の問題にまるで対処できなかったわけではない。どの文化も、さまざまな病気の民間療法を編み出していたからだ。問題は、祖先には微生物は見えなかったことにあった。彼らには、ハエやダニや蛆《うじ》など、小さな生物がいくつか存在することはわかっていたが、肉眼の視力が、そうした生物について知りうる限界だったのである。

季節性のひどいマラリア（malaria の原義は「悪い空気」）に悩まされた古代ローマ人は、沼地から立ちのぼる悪臭がこの病気を生み出すと考えていた。インドやアラビアの医師は、ミクロな寄生虫やダニがさまざまな病気を人にもたらすという仮説を立てていた。さらにジローラモ・フラカストロなどのルネッサンス期の医師は、「媒介物」――化合物や粒子の種子――が感染を引き起こす可能性を示唆した。だが、こうした考えはどれも当てずっぽうだった。人々が一斉に目に見えない世界を覗き込むようになって初めて、微生物と人間の健康状態との関係がわかりだしたのだ。

目に見えない現象を見るための一手は、論理的な思考によってその存在を推定するというものである。四〇〇年前、マクロな――つまり目に見える――動植物の子孫が親から生まれるプロセスは、博物学者や医師が比較的容易に説明することができた。ところが、アリストテレスが指摘していたとおり、世代間のつながりがそこまで明確でない部類の生物もいた。それらは自然発生と呼ばれるプロセスで何もないところから現れるように見えたのだ。一六六八年、フランチェスコ・レディが初めて自然発生説の真偽を検証した。ふたつのビンの中に肉片を入れ、片方のビンの口はガーゼで覆い、もう片方の口は開けっ放しにして、ハエが肉に触れられるときにだけ蛆がわくことに気づいたのである。一八六〇年代にはフランスの化学者ルイ・パストゥールが、微生物も自然発生では生まれないことを明らかにした。栄養物の入ったスープを空気にさらしながら、そこに粒子はいっさい入らないようにすると（S字形の首をもつフラスコのなかで放置）、スープは透き通ったままだった。しかし、フラスコの首を折って塵《ちり》の粒子がスープに入《はい》れるようにすると、スープは濁った。これは、その溶液中で微生物が繁殖していることを示していた。このような実験がおこなわれる一方、微生物を見るのに役立つ道具や方法を編み出していた科学者もいた。一六六三年からは、ロバート・フックが菌類*（キノコ）の子実体《しじったい》を観察するのに初めて顕微鏡を使用した。この成果に続き、アントニ・ファン・レーウェンフックが一六七五年に顕微鏡で自分の歯垢や池の水の滴《しずく》を観察し、そうして見つけたものを彼は「微小動物」(animalcule)と名づけた（図2・2）。この微小動物は、顕微鏡で観察され

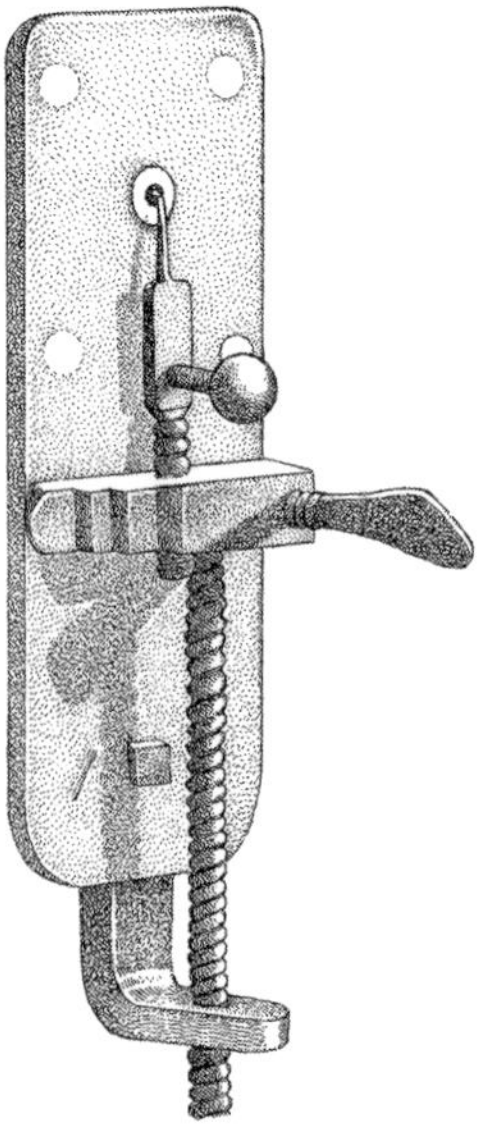

レーウェンフックの顕微鏡

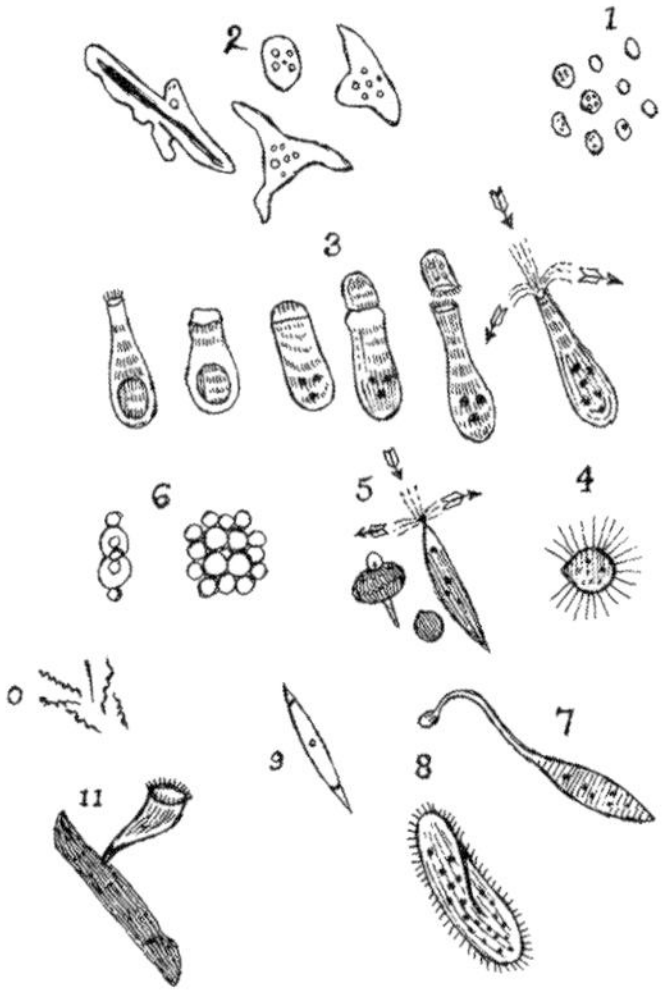

レーウェンフックの微小動物

図2.2　アントニ・ファン・レーウェンフックの顕微鏡（左）と、彼がその顕微鏡を使って描いた微生物の一部（右）。

た最初の細菌と原生動物（単細胞の真核生物）だった。

細菌学なる分野を、シアノバクテリアという光合成細菌を観察することで創始したのが、ドイツの植物学者フェルディナント・コーンだ、と知っている人はほんのわずかかもしれない。顕微鏡を使った鋭い観察によってコーンは、ほとんどの細菌が四つの形状のもの――球菌、桿《かん》菌、糸状《しじょう》菌、らせん菌――に分類できることを見出した。驚いたことに、この四つのカテゴリーはほぼ一五〇年経った今も用いられている。一八七二年にコーンは、ヒトとのかかわりをもつ重要な種の細菌、枯草菌（*Bacillus subtilis*）を初めて分類記載した。おそらく彼の研究が、医療微生物学の分野で巨人と見なされるルイ・パストゥールやロベルト・コッホに影響を与えたのだろう。細菌の繁殖や混入に対するパストゥールの考えが、細菌での自然発生の検証につながった。コッホの研究はさらに医療とのかかわりが深く、ヒトでの感染に対する彼の考えは、ヒトの感染症にかんする彼の有名な原則として今なお健在である。パストゥールもコッホも、実験室で微生物を増やせる培養技術を利用していた。これが彼らにとって、細菌などの微生物を可視化する手だてだったのである。

ここで、ほとんど知られていないふたりの名前が華々しく現れる。マルティヌス・ベイエリンクとセルゲイ・ヴィノグラドスキーだ。このふたりの微生物生態学の巨人は、最初から微生物を研究していたわけではない。実のところ、若いころヴィノグラドスキーはクラシック音楽のピアニストになろうとしていて、ベイエリンクはもともと化学の技術者だった。ところがふたりとも、小さきものの世界に関心の対象を移し、微生物学に大きく貢献した。ヴィノグラドスキーは悪臭のする生物を専門とし、硫黄細菌の研究で有名になった。彼はまた、環境中の窒素を処理するうえで重要な細菌も研究した。マルティヌス・ベイエリンクは、細菌の集積培養を初めて開発し、分離した種《しゅ》を大量に増やせるようにした。なぜ細菌を大量に集積して増やすのか？　そのほうが、顕微鏡であれ、そのころあったほかの推測手段を使うのであれ、見やすくなるのだ。

ヴィノグラドスキーは、いまや有名になっているカラムを一九世紀の後半に考案した。この装置は単純だがいくつか本質的な発見をもたらしてくれた。微生物の栄養形式の違いや、生物の生活と地球化学的知見とのつながりを明らかにしたのだ。ヴィノグラドスキーのカラムを作るのは簡単だし楽しい。まずプラスチックかガラスの筒を用意しよう（飲み干した二リットルの炭酸飲料のボトルでもいい）。近所の池に行って泥を手に入れ、容器のおよそ三分の一まで投入する。次に卵の殻（炭酸カルシウムを提供してくれる）を集めて砕き、細かいかけらにする。炭酸カルシウムのほかに、ヴィノグラドスキーが望んだ働きをカラムにさせるにはセルロースも要るので、細かくちぎった新聞紙も加えるといい。これらの材料を、池や川の泥と混ぜ合わせる。すると容器の底にたくさんの泥と炭酸カルシウムとセルロースがたまるはずだ。続いて、（卵の殻や新聞紙を加えずに）池か川の泥をさらに、容器の三分の二のしるしに達するまで加える。その上から泥の入っていない池の水を、容器の七五〜八〇パーセントほどが満たされるまで注ぐ。この泥と水の配置によって酸素の勾配が生まれ、上のほうはきわめて好気的な条件（酸素が豊富）となり、下のほうはきわめて嫌気《けんき》的な条件となる。この装置を天日にさらし、なかの細菌を一〜二か月培養する。池の泥や水に含まれる細菌はそれぞれ異なる酸素濃度で繁殖するため、カラムでまず起こる反応は、下の層では嫌気性細菌に、上の層では好気性細菌に有利に働き、やがてカラムの各所で異なる種類の微生物の居住区ができる。ほどなく、カラム内で細菌の副産物が、硫黄濃度や日射量などの変化に応じてほかの勾配も生み出しはじめる。こうした二次的な勾配がさらにカラムを細分化するため、培養期間が終わるころにはカラムに縞模様ができ、これは微生物の種類に応じて好む条件が異なることを示している。ヴィノグラドスキーはみずから一群の生態系を作り出したわけで、それにより彼は研究対象とした微生物の生態環境を調べやすくなったのである。

微生物を培養すると、複数の種類の微生物が一緒に泳ぎまわるスープにもなりうる。ユリウス・ペトリは一八七七年、寒天*というゼラチン状物質に、微生物を増殖させるための栄養を混ぜて表面に塗りつけた皿を発明した。皿にのせる栄養はほぼなんでもありうるが、育てる微生物のニーズに合うように選ぶ必要がある。育てる微生物単独のコロニー（集落）を得るには、一世紀前からの塗《と》抹《まつ》技術で細菌を希釈する。塗抹に用いられるのはただの金属製の細いループ（白金耳《はっきんじ》〔先端が小さな輪になった棒で、材質は白金でなくてもこう呼ぶ〕）で、これならさっと火であぶって滅菌できる。多くの細菌を最初に大きなストリーク〔培地にジグザグに線を引く操作〕で皿に塗りつけたあと、白金耳を滅菌し、皿を九〇度回して、最初のストリークの端と重なるように再びストリークをおこなう。これにより、一部の細菌が最初に接種したところから皿のまっさらな部分へ広げられる（図2・3）。この第二のストリークでは細菌の数が減るはずだ。さらにまた皿を九〇度回し、第三のストリークをおこなう。

この最後のストリークでふつうは目的が達せられ、ただ一種類の細菌のコロニーごとに分離される。すると個々のコロニーを取り出して培養し、大量に増やして実験に使えるようになる。

　もうひとつのアプローチは、最初の細菌のかたまりを連続的に希釈し、そのたびに希釈液を別々の寒天培地に注ぐというものだ。塗抹の場合と同じように、その後コロニーを個々に取り出してさらに皿で培養し、微生物をそれぞれ分離することができる。その目的は、研究に使う単一の微生物の種や系統を大量に生み出すことにある。

　微生物を培養できるというのは、微生物学者にとって大きな進歩だった。これにより、かつてない程度まで微生物の特徴を明らかにできるようになったのだ。医療微生物学では、培養技術はなくてはならないものだった。個々の微生

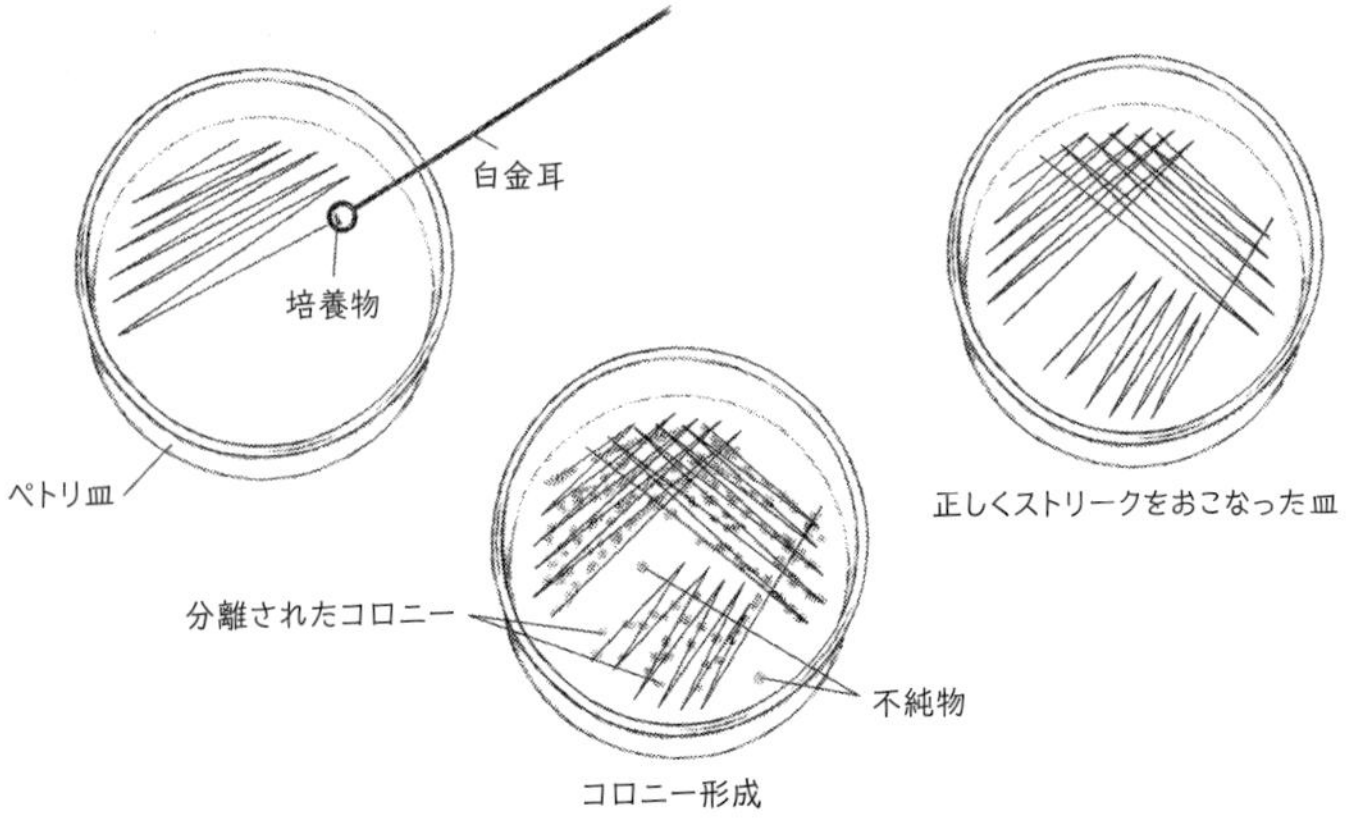

図 2.3　ペトリ皿での微生物のストリーク
左上の皿は、最初のストリークをおこなったところを示す。この皿を 90 度回して再びストリークをおこない、その後さらに 90 度回してストリークをおこなうと、右上のようになる。下の皿は最終的に得られるもので、「分離された」単独の微生物のコロニーができる。

物が特定の病気を引き起こす仕組みにかんする理論を編み出すうえで、またドイツの医師ロベルト・コッホが考案して一八九〇年に「コッホの原則」として公表した、医療微生物学の重要な礎《いしずえ》を形成するうえで、不可欠だったのである。この原則は、病気の原因となるものを突き止める論理的で実行可能な手だてを提供してくれた。第一の原則では、原因とおぼしき微生物は、特定の病気に罹ったすべての個体に見つかり、健康な個体には存在しないとされる。第二の原則は、元凶の微生物は純粋培養で増殖できなければならない、というものだ。第三の原則は、純粋培養したものは別の生物に接種してもまったく同じ病気を引き起こす、というものである。そして最後の原則は、二次的に感染した生物からも同じ元凶の微生物が分離できる、というものになる。この四原則は、炭疽《たんそ》やコレラや結核など、単一の微生物が引き起こす病気――コッホが特定の種類の細菌と結びつけることのできた病気――を突き止めるのにはうまく役立った。ところが微生物の群集に目を向けたり、微生物を培養するために特別な条件や栄養が必要だったりする場合、この四原則では足らない。ほどなく数百種か、もしかすると数千種の微生物の群集も培養できるようになるかもしれないが、かつてそれは不可能だった。アイチップ（iChip）という新たな手法では、土壌細菌においてこのプロセスを加速できる。アイチップの場合、チップ上の小さなくぼみに細菌細胞がひとつずつ分けて入れられる。そのチップに覆いをして土のなかへ戻し、しばらく培養させる。このようにして、研究者はそれまで増やせなかった微生物を培養できるようになった。この新たなアプローチは、プロセスを加速できるとしても、まだ退屈で時間がかかる。では微生物学者は何をすべきなのか？

いや、さらに言えば、これまで微生物学者は何をしてきたのか？

単純な解決策

顕微鏡、ペトリ皿*、培養試験管——どれも初めは単純なもので、微生物学者が利用する単純なツールだ。しかし、痰《たん》*や池の水のサンプルに含まれているものを明らかにするというのは、はるかに高度なツールを必要とする複雑な問題である。サンプルに含まれているものを突き止めるという難題は、地域住民の国勢調査になぞらえることができる。国勢調査では、ドアをノックして応じた住民に、家族構成や名前、身元についていろいろ質問をする。こうした情報は、サンプルの素姓を明らかにする際にも求められるものだ。「ドアをノックして」どの種がいるのかを尋ね、またそれと同じぐらい大事なこととして、サンプル中にそれぞれの種がどれだけいるのかを問う必要がある。このサンプリングのやりかたは、概念上は簡単に見えるかもしれないが、実際にはかなり難しい。先述のペトリ皿などでの平板培養が利用できるとしても、サンプル中に何百もの種が存在し、種ごとに数も違うので、かなり定性的なことしかわからない。また平板培養は、特定の栄養を埋め込んだ寒天培地で繁殖しやすい微生物にしか使えないので、環境や医学的なサンプルに含まれる大半の微生物は、現在のやりかたでは培養できないこともわかっている。必要なのは、サンプル中の無数の微生物を並べて、「やあ、君はだれだい？　何という種？」と問う手だてだ。大量の微生物の素姓を明らかにできれば、そこにいるもののことがかなりよくわかるのである。

この問題を解決するうえで最初に思考の飛躍をなし遂げたのは、微生物学者のカール・ウーズだ。彼は、第1章で触れたが、微生物のゲノムに含まれる特定の遺伝子を用いれば、その生物が同定でき、ほかの微生物との関係も明らかにできることに気づいた。遺伝子が診断ツールとして役立つためには、それがあらゆる種類の細胞になければならない。タンパク質や、みずからのDNAの分子やコピーを作れなければ、細胞は長く生きられない。そこでウーズは、イリノイ大学の同僚ゲーリー・オルセンとともに、（遺伝子をタンパク質に翻訳する役目をもつので）あらゆる生体細胞にあるリボソームという構造体を利用した。リボソームには、ふたつのサブユニットがある。小さなサブユニットと大きなサブユニットだ。どちらも長いRNAからなり、いくつかのタンパク質と複合体を形成している。また、リボソームにはひとつの非常に短いRNAの断片も埋まっている。

この三つのRNAをリボソームRNAといい、それぞれサイズで区別され、最も短いものを5SリボソームRNA（5S rRNA）、二番目に大きなものを16SリボソームRNA（16S rRNA）、最大のサブユニットを23SリボソームRNA（23S rRNA）と呼ぶ（「S」はスヴェドベリ（Svedberg）という塩勾配中の移動係数を表しているが、ここではとくに、大きな分子ほど「S」値が大きいことを知っておけばいい）。16S rRNAは細菌の識別用ターゲットとして選ばれている。三タイプのRNAのなかで最もよく保存されているため、きわめて幅広い微生物で高い信頼性をもって利用されているのだ。

一本鎖のリボソームRNAは、折りたたまれてステム（幹）とループと呼ばれるものを形成す

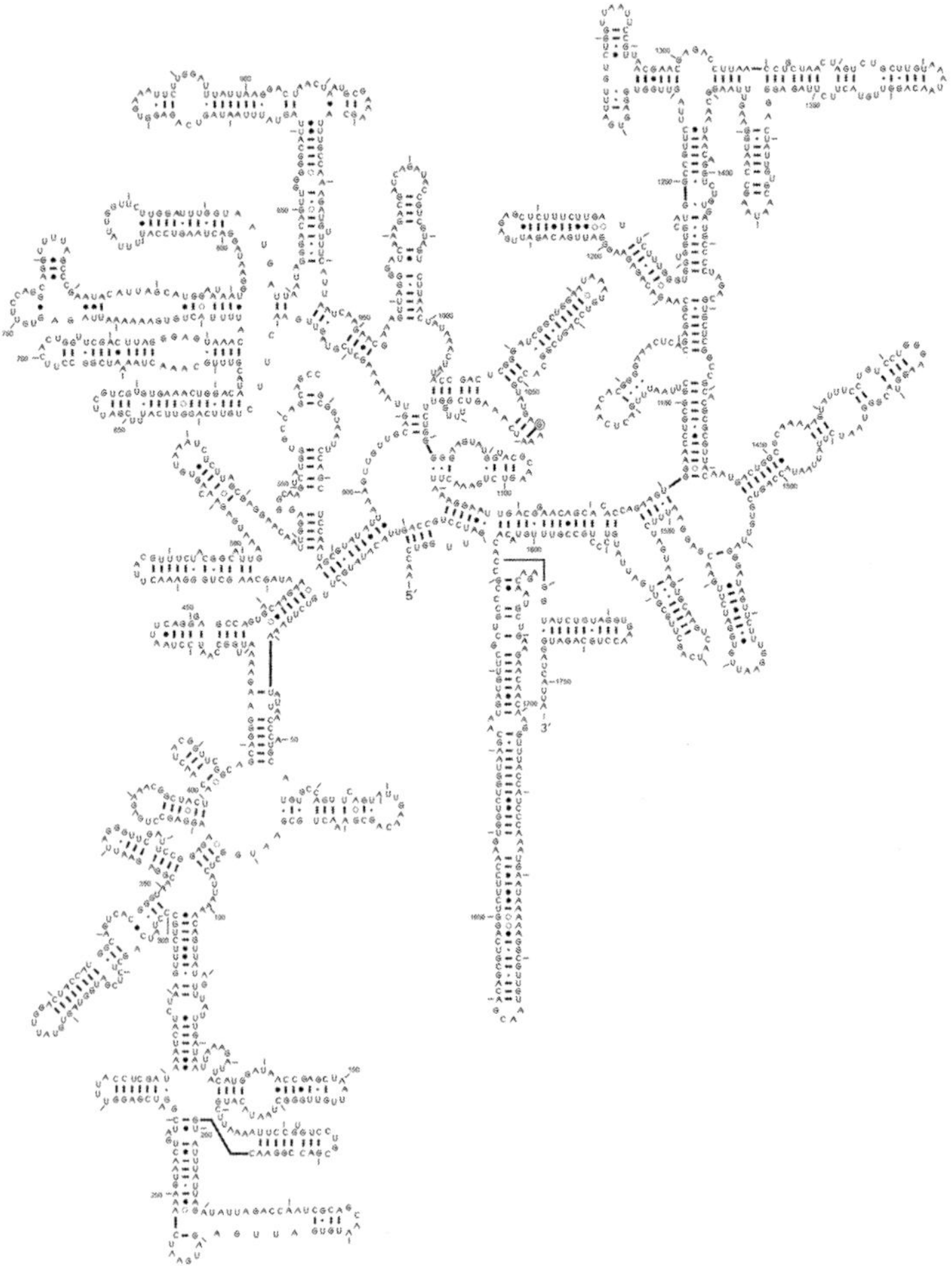

図 2.4　細菌の 16S リボソーム RNA の二次構造
RNA 中のヌクレオチドが、「ステム」という対と、「ループ」という一本鎖の領域を形成している。

る。ステムは、リボソームRNA分子の塩基対の部分からなる。16S rRNAの場合、三〇ほどに分かれたそうした小さな「はしご」のあいだに、塩基対でないループが散らばっている（図2・4）。ループの領域に含まれるヌクレオチドの順序は、微生物の素姓や近縁性を明らかにするのに使えるので、16S rRNAを作り出す遺伝子の配列を決定できること——つまり、どの塩基があってどんな順序で並んでいるかを明らかにすること——が重要となる。幸い、DNAの配列決定技術が一九七〇年代に現れ、今では新たな技術によって、それをスケールアップして効率的におこなえるようになっている。

この仕組みをわかりやすくするために、四つの生物の16S rRNAについて仮想の配列を図2・5のように上下に並べてみよう。そして、この配列を違った形で表してみる。DNAの四種類の塩基を線の本数の違いで表すのだ。Gは細い線が四本、Aは三本、Tは二本、Cは一本とする（図2・6）。

これはスーパーの食品についているバーコードみたいではないだろうか？　一部の研究者はこの配列情報をまさにDNAバーコード*と呼んでいる。じっさい、この情報をスキャナーで読み取れば、四つの

種1　GAATTAAATA

種2　GAATTACATT

種3　GAATTACATC

種4　GTTTTATTTA

図2.5　DNAバーコードの手法を示すために用意した、4つの種の短いDNA配列。

「種」はそれぞれ、スーパーのレジで商品から読み取るバーコードにそっくりのユニークな縞として識別できる。ここで、あなたが新種だと思う細菌を見つけ、16S遺伝子のこの領域の配列を決定したところ、次のようなヌクレオチドの配列が得られたとする——GAATTACATT（図2・7）。

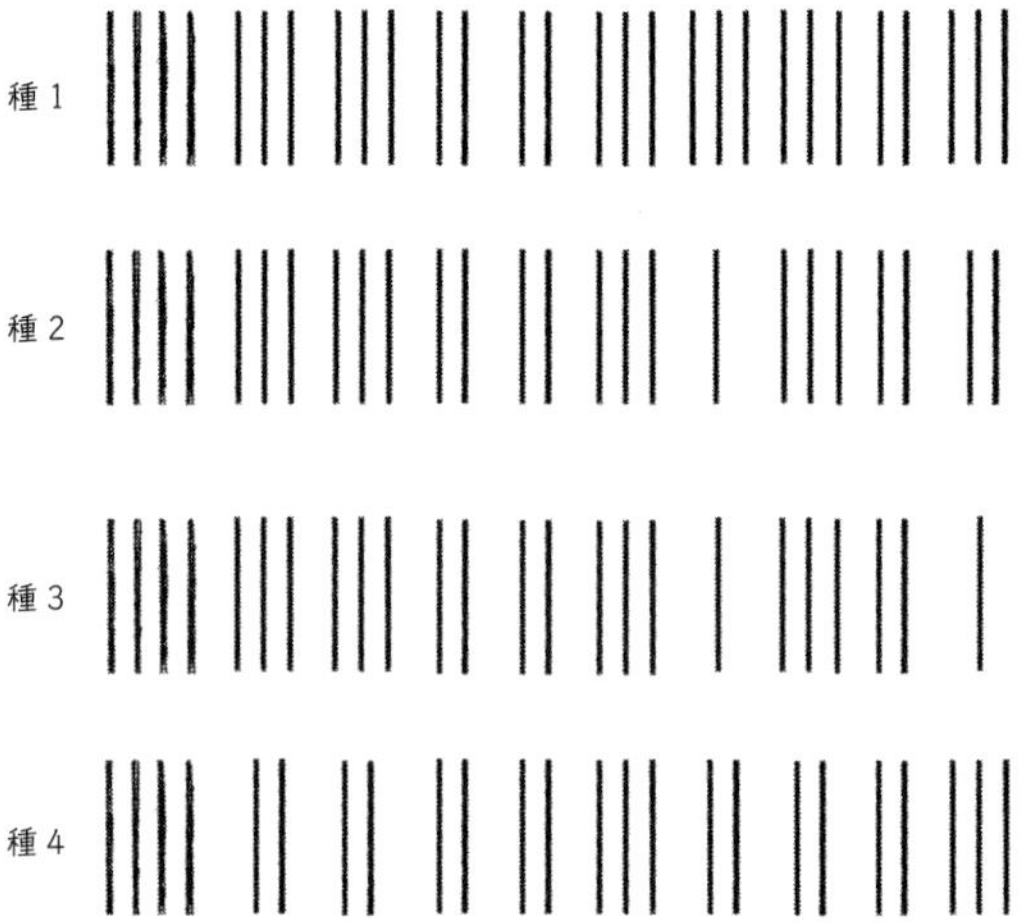

図2.6　図2.5の4種の配列を「バーコード」の線に変換したもの。

図2.7　「新しい」細菌のバーコード。図2.6の「種2」と一致している。

　これをあなたの目でスキャンしてみよう。上に並んだバーコードのパターンのどれかと一致しているだろうか？　機械ならもっと容易にスキャンできるだろうが、いずれあなたも機械も同じ結論に至る。あなたが新種だと思った配列は、実は図2・6の種2と同じなのである。このやりかたについては本章でのちほど見なおすことになる。こうしたＤＮＡバーコード（あるいはＤＮＡ識別子）は、マイクロバイオームにどの細菌が存在するのかを突き止めるうえで重要となるからだ。このバーコード判定で鍵を握っているのは、配列決定のしやすい16S rDNA〔16S rRNAをコードする遺伝子のこと〕の分子であり、これは地球上の全生物がもっている。この遺伝子は現在、生物において最もよく配列決定のされた遺伝子かもしれず、二〇〇〇万を超える配列がデータベースに収められている。

このようにして使われるＤＮＡ配列は、生物を生命の系統樹のどこに位置づけられるのかを明らかにするのに役立つ。新たな配列（照会配列ともいう）をデータベースの配列と比較すると、一致度がゼロから一〇〇パーセントまでの幅をもつ配列のリストが得られる。一致度の高い配列は、通常、同じ種か同じ属だ。照会配列を分類するのに使われる一致度のパーセントをさまざまな値に設定すると、種々のレベルの分類学*的情報が得られる。研究者は、切り捨てる範囲を調整して、分類上高いレベルの（一致度の低い）構成や種レベルの（一致度の高い）構成を把握できるのだ。比較における重要な問題として、相対的な多様性をどう表すかというものもある。マイクロバイオームの専門家は、コミュニティの構成には、多様性を規定する因子がふたつあると提言している。α多様性*とβ多様性*だ。α多様性は、ひとつの生息環境すなわちニッチにおける種の多様性を指す。α多様性を測るやりかたはいろいろあるが、一般にその値は、生息環境内に多くの種がいてそれらがほぼ同じ数だけ存在する場合に高い。一方、β多様性は、異なる生息環境のあいだで多様性を比較する尺度だ。その値は、どの生息環境にもユニークな種が多く存在する場合に高くなる。

DNAの配列が見える

DNAの配列はどうしたら決定できるのか？　核酸は圧倒的に小さく、きわめて高性能の顕微鏡をもってしても可視化できない。画像化技術の向上で、今では高性能の電子顕微鏡によってDNAの鎖が見えるようになっているが、それでもDNAの配列の翻訳には役に立たないのだ。

ふたりの人物が、DNA配列のコードの解読に役立つ方策を思いついた。どちらもノーベル賞を受賞したが、ひとつの手法、フレデリック・サンガーが考案したものだけが、現在広く使われている。サンガーは二〇一三年に世を去ったが、ノーベル化学賞を二度受賞した唯一の人で、同分野のノーベル賞を二度受賞した、ただふたりの科学者のうちのひとりだ。サンガーの「一直線の」考えかたは、二〇世紀で最大級と言える科学の進歩をふたつもたらした。もうひとつのノーベル賞の受賞理由は、タンパク質のアミノ酸配列を決定する方法の考案である。

サンガーの配列決定法は、DNA複製のインビトロ法（生体外でおこなう手法）における進歩を利用している。一九八〇年代の初めには、キャリー・マリスがポリメラーゼ連鎖反応（PCR）の基本概念を考えついた。この手法は、今でも生物学で広く使われており（そしてとても重要性が高いのでマリスにノーベル賞も授与されている）、次のような周期的なプロセスを利用している。まず二本鎖を加熱してばらばらの一本鎖に分ける。分かれた鎖を冷やし、プライマーという短いDNAの断片を、それに対応するゲノム領域に結合させる。それから一本鎖DNAを二本鎖DNAにする酵素がそう

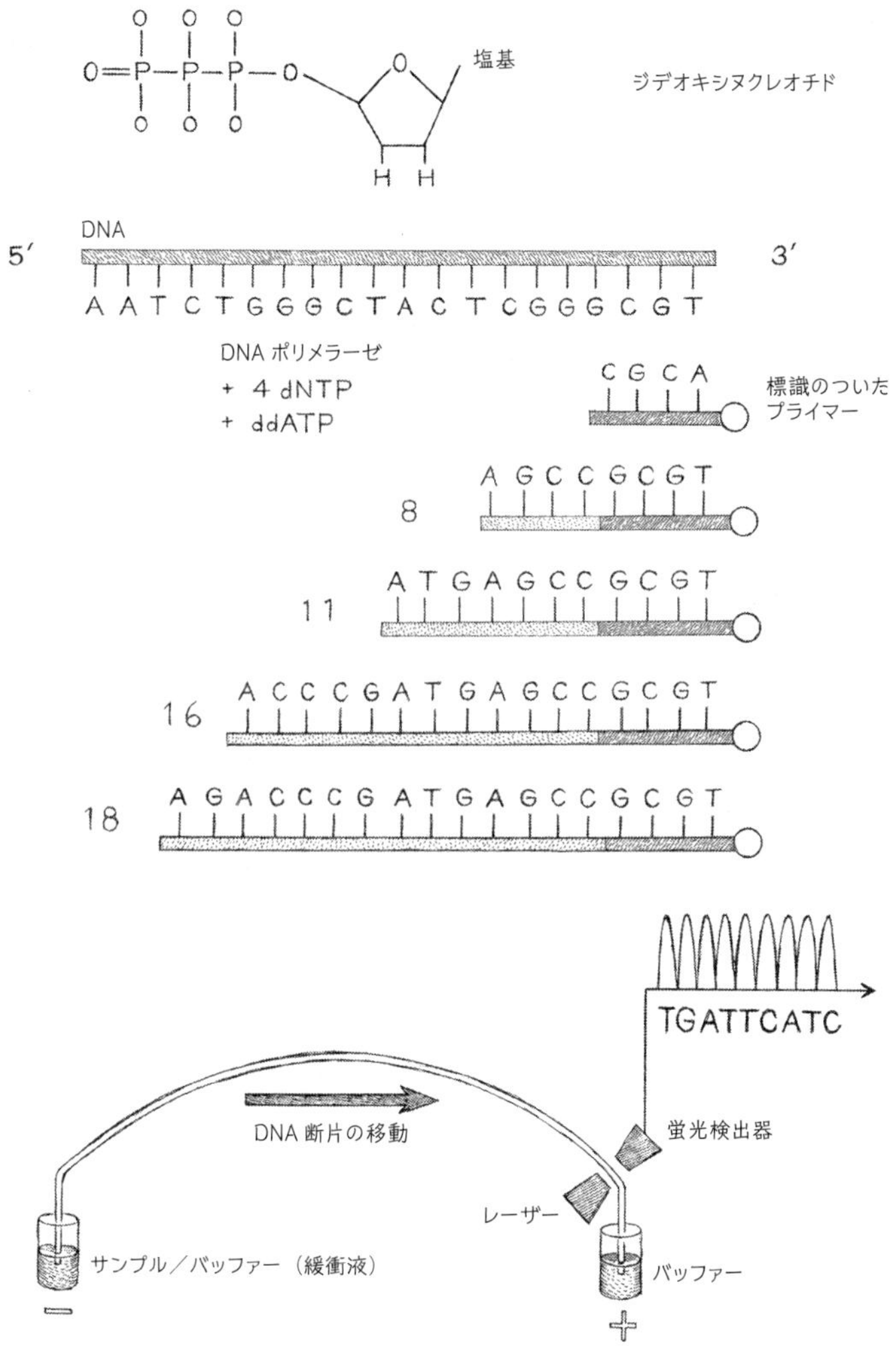

図 2.8　サンガーによる DNA 配列決定反応。上図は反応の化学的プロセスを示している。下図はサンガーによる配列決定装置の仕組みを模式的に示したもの。

したプライマーに取りつき、二本目の鎖を補充すると、新たに二本鎖DNAの断片ができる。このプロセスは対象となる領域に隣接するDNA分子の両方の鎖で起こるため、こうした三段階のサイクルが繰り返されると、同じサイズの断片が急激にたくさんできていく（図2・8）。

現代のサンガー法で用いるプロセスはPCRに近いが、両者のあいだには大きな違いがふたつある。第一に、サンガー法の配列決定反応は、プライマーをふたつでなくひとつだけ用いるので、結果的に生じるものはすべて同じ鎖に由来する。第二に、複製の段階で構成要素として通常のヌクレオチドに、特殊なヌクレオチドを混ぜる。このヌクレオチドは「ジデオキシヌクレオチド」という、水酸基を一個欠くため、どこであれそれが反応に入った時点で鎖を終わらせ、決まった長さの鎖ができる。DNA配列決定の初期には、ジデオキシヌクレオチドは放射性同位体で標識をつけられ、X線フィルムで視覚化されていた。ところが現代の配列決定法では、蛍光色素がついており、その色は塩基の種類によって異なる――Aには緑、Tには赤、Cには青、Gには黄色の色素がついているのだ。PCRで説明したように、サイクルを繰り返せば、反応をおこなう試験管には、DNA配列におけるあらゆる塩基を末端とする分子の集団が含まれるようになる。それから分子は、ポリマー（高分子）を収めた極細の管を通過させることによって、サイズごとに分けられる。ポリマーは分子の移動を減速させ、一番小さな断片がまず通り抜け、大きな断片ほど通過に時間がかかるようになる。分子が「ゴールライン」に達するときに、レーザーをその分子に当てると、配列が読み取れる。ラインを超すときに最初に見えた色が青なら、プライマーのあとについている最初の塩基はCであり、次の色が赤なら、次の塩基はTとなり、そのあとも同じようにして続く。

同定ゲーム

二〇〇一年九月一一日の悲劇は、世界貿易センターの二棟のビルで二七九二名の命を奪い、遺体の大半は一万九九〇六の断片に分かれて現場に散らばった。遺体の身元を明らかにする法医学者は、DNA鑑定に乗り出した。多くは骨のかけらとなった遺体からDNAを取り出し、種々の遺伝子マーカーをもとに同定しようとしたのである。遺体のDNA配列は、それ単独ではあまり同定の役に立たなかった。関連性の知られている配列のデータベースが必要だったのだ。そこで、テロの犠牲者の遺族にDNA解析用の血液を提供してもらい、遺体と比較できるデータベースを作り上げた。現在までに、テロで亡くなった八〇〇名以上の遺体の身元がこの手法で明らかにされている。

微生物のコミュニティにもっと近いのは、多くの国が犯罪者の身元をDNA配列から明かすために作り上げている全国的なデータベースだ。アメリカでは、FBIが統合DNAインデックス・システム(CODIS)という、有罪が確定した人間のDNA配列を収めたデータベースを構築している。CODISには一一〇〇万人近くが登録されている。犯罪捜査でこのデータベースを使えば、現場にDNAを残した犯罪者がデータベースに存在するかどうかを知ることができる。米軍も同様の識別システムを立ち上げている。身元の識別のために新兵の指紋を集めるほか、米軍はDNA鑑定用の血液サンプルを採取し、国防省登録資格報告制度（ＤＥＥＲＳ）にその情報を蓄積しているのだ。現在、このデータベースにはおよそ一〇〇万の情報が登録されている。

微生物の識別にはＤＮＡがまず用いられたので、研究者はＤＮＡの配列情報をデータベースに蓄えもした。当初、そうした配列は、アメリカ国立衛生研究所（ＮＩＨ）に属する全米バイオテクノロジー情報センター（ＮＣＢＩ）の国立医学図書館で、全米規模のＤＮＡ配列の保管所に収められていた。親しみをこめてジェンバンク（ＧｅｎＢａｎｋ）と呼ばれる場所だ。ジェンバンクは一九八八年に連邦議会の命令によって誕生し、ありとあらゆる生物のありとあらゆる遺伝子に含まれるＤＮＡ配列の保管所となっている。このＮＣＢＩの保管所はだれでも利用でき、世界の遺伝子研究にとって貴重な資源だ。現在そこには、二五万以上にのぼる種の、二ペタ塩基――つまり二〇〇〇〇〇〇〇〇〇〇〇〇〇〇〇個のＧとＡとＴとＣ――を優に超えるＤＮＡ配列が収められている。種によって登録されている量の多い少ないはある。意外ではないが、何千ものホモ・サピエンスの個体の配列がデータベースの大部分を占めている。

微生物学者は、細菌のＤＮＡ配列のデータベースが、細菌を同定するうえで貴重な資源となることに、早くから気づいていた。一九八九年には、全米科学財団がリボソームデータベースプロジェクト（ＲＤＰ）に資金を提供し、そのプロジェクトは一九九二年に四七一個の 16S rDNA 配列をもってオンライン化された。アルゴンヌ国立研究所がこの最初のデータベースのホストとなったが、一九九五年にイリノイ大学へ、さらに一九九八年にはミシガン州立大学へ移管された。二〇一五年初頭の時点で、ＲＤＰに収められた16S rDNA配列はほぼ三〇〇万に達している。どの16Ｓ配列の長さもほぼ二〇〇〇塩基なので、その一分子だけで六〇億塩基近くがこのデータベースに登録されていることになる。

このデータベースに存在する配列の多くは分類上名前がついていないが、一部は、微生物の系統樹において、微生物群集のなかでも大きな役目を果たしている枝に対応している。細菌と古細菌で名前のついている種は八〇〇〇ほどしかないが、そのほかに何千万種も存在することを思い出してほしい。名前はないが系統学的に重要な種の配列をＲＤＰに収めれば、研究者は少なくともそうした名無しの種を、私たちの体の内部や表面や周囲に棲む重要な種類の生物の代用として利用できるのである。

干し草の山のすべての針に名前をつける

微生物学者が初めてコミュニティ（体腔にしろ環境のサンプルにしろ）の微生物を観察しだしたころ、それを同定する作業はひどく時間と手間がかかっていた。人間の糞便や川の水などのサンプルを手に入れたのち、研究者はペトリ皿でサンプルからせっせと細菌を培養するのだ。それからペトリ皿で増殖したものを分離して育て、それぞれの培養物を生化学的特徴にもとづき種の特定をおこなう。この作業は、もとのサンプルにたくさんの種類の微生物がいたらとても難しいが、さらに問題なのは、もとのペトリ皿で増殖しなかった微生物は見逃されてしまうことだ。最初の培養の関門を抜けなかったら、分離して調べることはできないからである。それでも、その努力はする価値があった。当初、こうして微生物を同定する作業は、人体の内部や表面に棲む微生物のほか、実用面で重要な微生物にかかわる大きな発見を山ほどもたらした。このようなことが一世紀あまり続けられた結果、ほぼ八〇〇〇種の細菌が特定され、命名されている。さらに、発見された細菌の多くは病原体*だったため、その培養は人を病気にする微生物の研究を進歩させた。

　だが、この研究で人の健康や産業にとって重要な微生物を山ほど生み出せても、それは自然界の微生物に実際に見られる多様性を正確に表すものではなかった。実のところ、微生物学者が培養できない微生物種があることに気づきだしてようやく、途方もない数の微生物――さらに言えば、途方もない種類の微生物――の存在が明らかになったのである。面倒な平板培養をおこなわずに済むように、当時インディアナ大学にいた微生物学者ノーマン・ペイスは早くも一九八五年に、土であれ、池の水であれ、体液であれ、どのサンプルにもそこに存在するすべての微生物のＤＮＡがひととおり含まれていると考えた。彼が用いた手口は、サンプル中の16S rDNA の識別子を個々に分け、同定するというものだった。

　この状況は、平板培養によって力ずくで問題を解決しようとして従来の微生物学者が直面していた、当初の問題に立ち戻らせる。だがペイスは、分子生物学の研究室で細菌のクローニングベクター*を使い、サンプル中のＤＮＡ混合物（16Sのほか数千の遺伝子）をまとめてクローニングしたのち、

16S rDNA の入ったベクターをもつ細菌だけを選択的に取り出す手法を用いて、この目標をなし遂げた。この手法は平板培養に比べ、少しばかり速くおこなえ、網羅的でもあった――培養できない生物の 16S rDNA 配列も得られたのだ。そうしたクローニングの産物の配列を決定し、結果を明らかにすると、サンプル中にどんな微生物がいたのかがよくわかる。この手法をDNAショットガン・シークエンシング法〔シークエンシングは配列決定の意〕という。結果のデータのセットが、ショットガンの弾のように散乱しているからだ。

ペイスらが一九九〇年代にそうしたショットガン法による分析結果を初めて公表すると、その後、多様な微生物環境を主に生態学的に調べた研究が、相次いでおこなわれた。彼らはまず、ALOHA全球海洋フラックス研究地点（北緯二二度四五分、西経一五八度〇分）で、R／Vモアナ・ウェーブ号の船上から太平洋の海水サンプルを採取した。ペイスがショットガン法で配列を手に入れると、彼らは単純な系統樹作成法を用いて、クローニングで得た配列に最も近い既知の微生物を明らかにした。これは、CODISデータベースを用いて犯罪捜査サンプルの同定をおこなうのに等しい。この手法によって、ペイスらはサンプルに含まれる未知の微生物の多くを同定できるようになったが、そのうちの多くは特異で、微生物の上位分類としてまったく新しいものであった。

その後、ほかの研究者らが、最初に混合物の遺伝子から 16S rDNA を分離すれば、ショットガン法を容易に簡素化できることに気づいた。無数の種類の微生物が混じり合った環境サンプルを採取し、PCRで 16S rDNA の遺伝子だけを増幅すれば、そこにあるDNAの大多数はサンプルに含まれる種々の微生物の16S rDNAになることを明らかにしたのだ。すると研究者らは、16S rDNAの識別という面倒なプロセスをスキップすることができた。

それから彼らは、その16S rDNAの混合物を、DNAの断片を区別してさらに増幅するという大仕事をおこなうプラスミド*のクローニングベクターに挿入できると考えた。そこで単にPCRで得られた16S rDNA断片の混合物をベクターに挿入し、配列決定のために数百のクローン〔DNA断片のコピー〕を取り出した。この手法は作業を速くするだけでなく、16S rDNAのクローンをより多く得られるものでもあり、これにより、新たに検出される微生物のサンプルの量を増やすことができる。一九九〇年の『ネイチャー』誌では、連続する号でふたつのチームが、PCRとクローン・シークエンシングを組み合わせて、サルガッソー海と温泉の微生物コミュニティからそれまで培養されていなかった微生物を大量に同定した。これら最初の研究で見つけた種は数十にすぎない。ところが二〇〇三年、初めてヒトゲノムを配列決定したあとの研究で、分子生物学者のクレイグ・ヴェンターがサルガッソー海のコミュニティをさらに徹底的に調査した。この調査では、大西洋のこの領域から採取したコミュニティの大半に二〇〇〇以上の種が存在し、そのうち一五〇近くがそれまで微生物学者に知られていなかったタイプの細菌であることが明らかとなった。

一番初めのマイクロバイオーム（すなわちヒトの微生物コミュニティ）の研究が何であるかを特定するのは難しいが、口腔に絞った場合、知られているなかで最初のほうのひとつは、一九九四年、ノーマン・ペイスによる環境サンプルでの先駆的な研究の直後におこなわれている。二〇〇〇年代の初めごろには、ＤＮＡシークエンシングを用いて人体の内部と表面の微生物コミュニティを明らかにする試みが始まっていた。二〇〇一年には、スタンリー・ファルコーとデイヴィッド・レルマンというふたりの医療微生物学者が、人体に棲む何千もの微生物のＤＮＡ配列を決定して目録を作成すべく、第二のヒトゲノム計画を始動する大胆な提案をしている。具体的に言えば、四つの主要な定着場所——口、腸、膣、皮膚——で私たちの身体とかかわり合っている何千もの細菌について、リストアップと配列決定を呼びかけたのである。同じ年、微生物遺伝学者のジョシュア・レーダーバーグが、人体とかかわり合う微生物の一群を指してマイクロバイオームという言葉をこしらえた。そして「マイクロバイオームの特定は、ランダムなショットガン・シークエンシング法と標的型の大規模挿入クローン・シークエンシングによってなし遂げられるはずだ」という提案もあった。こうした科学者は、マイクロバイオームを特定したことについては正しかったが、マイクロバイオームが現在ほど関心を呼ぶようになるには、いくつかの技術の発明が必要だった。

次世代シークエンシング

サンガー方式のショットガン・シークエンシングを用いた初期の研究からは、少なくともふたつ、重要な結果が得られている。第一に、これら初期のマイクロバイオームと環境にかかわる研究は、基本的に、微生物のいる環境について個体数データが得られることを示していた。また第二に、これらの研究により、培養に頼らない手法でしか見つけられない微生物が、大きな系統でいくつも見逃されていることも明らかになった。たとえばなじみ深い種類の微生物を考えよう――菌類だ。菌類は、命名され分類された種だけで一〇万近くもある大きなグループで、そこにはキノコや酵母も含まれる。菌類のグループは主にふたつの門――担子《たんし》菌門と子嚢《しのう》菌門――に分かれ、それらが既知の種の九〇パーセントほど（九万）を占める。菌類学者のメレディス・ブラックウェルによれば、菌類にはこのほかに実はおよそ一〇の門があり、菌類全体で種の数は五〇〇万ほどもあるかもしれないという。二〇一一年にエクセター大学構内の池の水でおこなった研究では、トマス・リチャーズ教授らが、途方もなく多様で分類群を多く含む、新たな菌類系統を見出している。彼らはそのグループをクリプト菌門（「隠れた菌類」の意味）と名づけた。このグループはリチャーズらが池の水をすくい取るまでは発見されぬままだったからだ。これはかなり驚くべき発見で、地球上のどの門の動物とも違う新しいグループの動物を発見したのにも似ている。

細菌と古細菌にも同様に驚くべき発見があった。図2・9の系統樹は、細菌の系統関係の概要を、培養なしの手法が開発される前の一九八七年と、一九九七年、二〇〇三年、二〇〇四年で比べたものだ。一九八七年の細菌はすべて培養された系統である点に注意してほしい。一九九七年に培養なしの手法が実施されだすと、細菌の分類群の四分の一ほどが培養されていないものとなった。二〇〇三年には、培養されていないものが半分を超え、細菌の大きな分類群の数はほぼ四倍になった。また、二〇〇三年から二〇〇四年のあいだにさらに多くの分類群が見つかり、その六分の五は培養されていないものだった。

　このように種々のサンプルから16Ｓクローンの配列決定をおこなう手法のおかげで、微生物の多様性にかんする知識は一気に増えたが、それでも（クレイグ・ヴェンターやサルガッソー海の分析調査によって）プロジェクトに大きな力が注がれなければ、多くの情報が見逃されたままだっただろう。その見逃されていた情報は、レアファクション（希薄化）という手法によってもたらされている。微生物学者はレアファクションカーブ（希薄化曲線）というものを用いており、その曲線の統計は、この種の研究でどこまで多くの種類の微生物を見つけられたかを知るのに役立つ。レアファクションの数学は少しばかり複雑だが、幸いにもこの曲線そのものが多くを語ってくれ

既知の細菌の系統分類

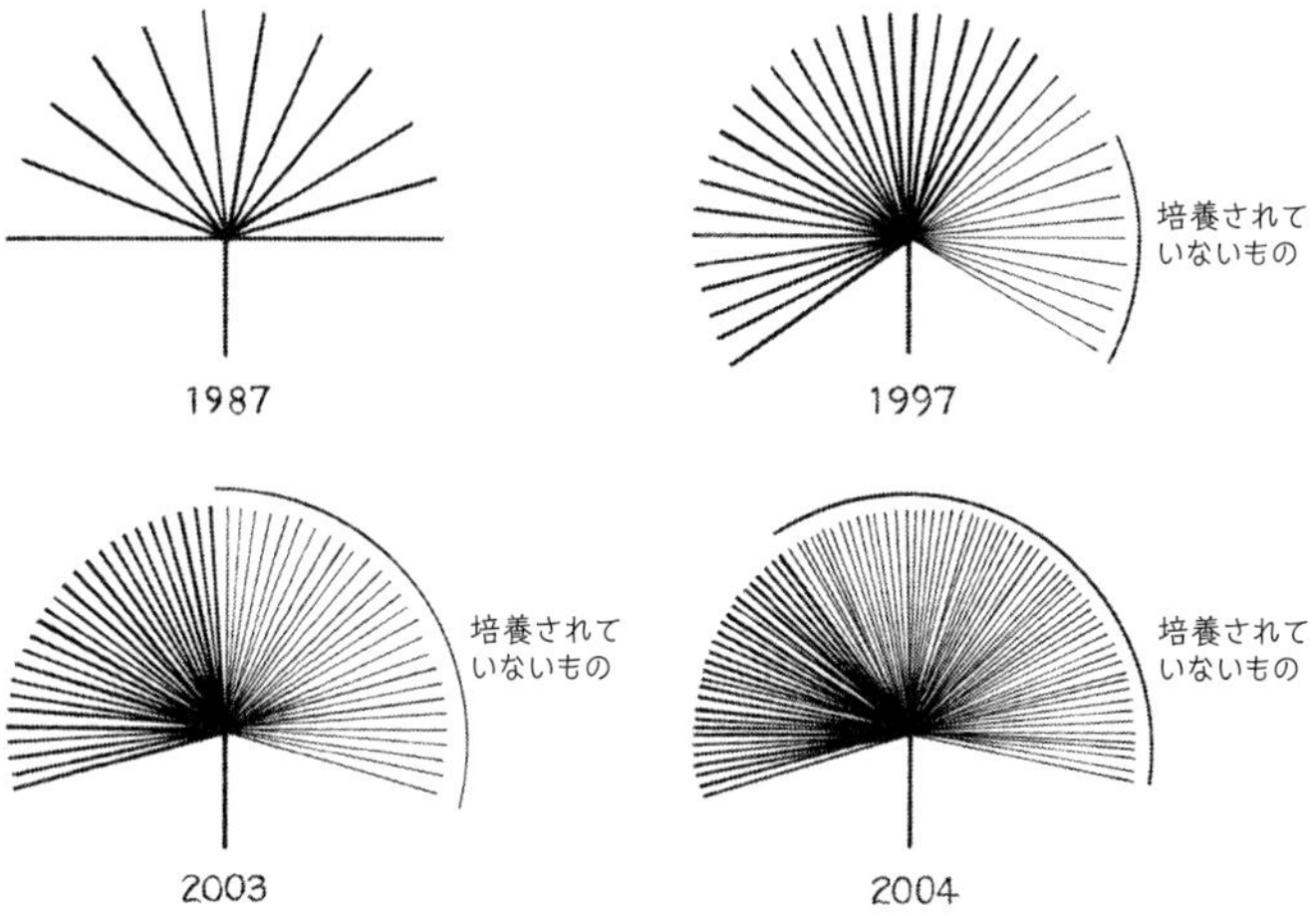

図 2.9　同定された細菌の種の数が、観察・同定技術の向上とともに増したことを示す系統樹。

る。レアファクションの意義を明らかにする曲線の例を、図2・10に示す。このグラフから、調査が不十分なコミュニティのレアファクションカーブと、十分に調査しつくされたコミュニティのレアファクションカーブがどんなものかがわかる。どちらのグラフでも、X軸は元のサンプルから得られる配列の数を表し、Y軸は種々のサンプルサイズで見つかる種の数を示している。サンプル調査の不十分なコミュニティの場合、まだコミュニティに含まれる種のすべてを見つけていないことがグラフから見てとれる。配列の数が最大になっても、グラフはまだ極大に達していないからだ。一方、右の図のコミュニティは、十分にサンプル調査がされているコミュニティである。そのように言えるのは、すべての配列の四分の一ほどが特定された段階で、新たに発見される種の数の増加が事実上なくなるためだ。ショットガン法でなされた研究の場合、ほとんどのレアファクションカーブは左の図のグラフに近くなるので、コミュニティ

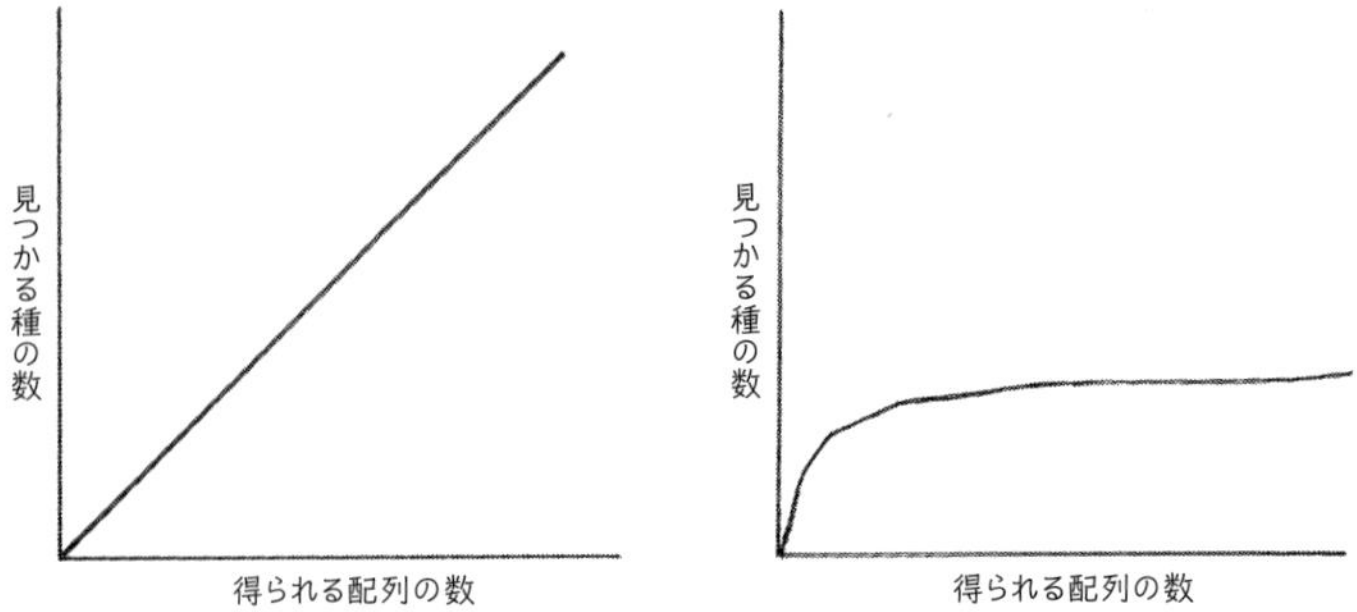

図2.10　レアファクションという手法の仕組みを示すグラフ
左の図の場合、徹底的に配列決定をおこなっても、サンプル中の種のすべては見つからない。右の図の場合は、はるかに少ない配列決定でも、種の分布について正しい見積もりができている。

の多様性を完全に明らかにするにはずっと多くの配列を決定する必要がある。だからといって、ここでおこなわれた研究が不正確だとか無意味だとかいうわけではない。むしろ、欠点は、きわめて希少な種がしばしば見逃されるということぐらいしかない。

図２・９において、二〇〇三年と二〇〇四年のあいだで細菌の新しい分類群の発見が大幅に増加している点にも注目しよう。発見が二〇〇四年のレベルに達するには、急激な飛躍が必要となる。ＤＮＡシークエンシングをおこなう独創的な新手法だ。そうした手法は二〇〇四年ごろに開発され、次世代シークエンシング（ＮＧＳ）と呼ばれている。これにより、生物学実験で得られる配列の量は数桁向上した。この手法の肝《きも》はシークエンシング反応のコンパクト化にあり、その結果、小さなスペースでより多くの配列が得られるようになった。

技術の華々しい進歩を約束するＮＧＳの手法は数多く考案されており、なかでもふたつはマイクロバイオームの特定に幅広く利用されている。ロシュ４５４プラットフォームは、微生物の系でコミュニティの構成を調べるのに初めて使われたものだ。サンガー方式のシークエンシング反応は、従来、２×４インチ（およそ5×10センチメートル）ほどのマイクロタイタープレートでおこなわれているが、そのプレートでは最大三八四の反応までしか対応できない。４５４プラットフォームでは、プレートや試験管なしに反応をおこなわせている。配列決定する各ＤＮＡ分子を微小なビーズ（球体）につなぎとめ、それらのビーズを反応物質のプールに閉じ込めながら、別のビーズの反応と干渉しないように、エマルジョン（乳濁液）に分散しているのだ。それらの反応はひとまとめに起こされ、小さなくぼみ（ひとつにビーズが一個入る）がたくさんあるチップに反応液ごとのせられる。454のチップはサンガー方式のプレートのせいぜい半分ほどのサイズだが、四〇万ものくぼみがあり、サンガー法の一〇〇〇倍以上の能力をもっている。

チップのくぼみにビーズを分散したら、本質的に顕微カメラであるマシンにそのチップをのせる。これを安定した場所にしっかり保持しながら、反応物質をチップへ注ぐ。反応はそれぞれ異なる塩基（G、A、T、C）の存在を明らかにするものだ。チップにGを流し、どこかのくぼみにGと反応するDNA断片があれば、小さな閃光が生じる。そのように反応の結果生じる閃光を検出するために、チップを画像に収める。反応のタイミングと塩基の付加を、チップのデジタルの「映像」として記録するのだ。そして、チップにある四〇万のくぼみのひとつひとつの位置を把握する。最終的に、すべてがうまくいけば、研究者はひとつのサンプルから四〇万の微生物を示す四〇万の配列を手に入れることになる。次世代シークエンシングという枠組みでは、この結果は、シークエンシングの実行で四〇万の「リード（read）」が得られることを意味する。ここで一リードとは、ひとつの配列にかんするデータのことだ。一方、反応にタグ付けして、一枚のチップに数種類のコミュニティを混在させられるようにする巧みなやりかたもある。たとえば、評価したいサンプルが四つある場合、四種類のサンプルから得られるものに別々の標識《マーカー》をつけ、チップのシークエンシングを実行してからそれらを選別するのだ。するとこの場合、各コミュニティのサンプルで一〇万リードが得られることになる。

微生物コミュニティの同定に用いられるもうひとつのプラットフォームとして、ここ五年のうちに開発されたものは、イルミナ・プラットフォームだ。イルミナ・プラットフォームでもコンパクト化の原理は利用されているが、チップではなくフローセルというものが使われる。このプラットフォームは化学的な手法も異なり、それにより最大で三〇〇億リードの配列データが取得できる。イルミナによるリードは454によるリードよりわずかに短いが、リード数そのものは莫大で、五～六桁上回る。しかも、微生物学者は16S rRNAのなかで変異の大半が起きる場所の範囲をかなり正確に突き止めているので、断片が短いことは問題にならない。

さらなる「オーム（-ome）」

あなたが自分の体に多くの微生物を棲まわせていると思ったとしても、彼らは「まだまだ」と言うだろう――ウイルスも含めると、何桁も数が増えるからだ。スティーヴン・ジェイ・グールドがかつて言ったように、この惑星が三五億年にわたり細菌の時代だったとしたら、細菌はつねにウイルスの時代に生きていたことにもなる。ウイルスという単純なものが、ほとんどの科学者に生命と見なされていないことを思い出してもらおう。だが、細菌や私たちのなかを駆けまわっているウイルスはとてもたくさんいて、注目に値するのである。

個々人のヴァイローム*（virome）〔ウイルスで構成されたマイクロバイオームのこと〕の同定は、ヒトの健康にまつわる多くの問題に取り組むうえで重要なステップとなりそうだ。しかし、ヴァイロームの同定のことを考えると、研究者や臨床医学者は多くの問題に突き当たる。まず第一の問題は、ヴァイロームが、マイクロバイオームよりはるかに多様で変動の大きい構成をもつということだ。個々人の食事、居住地、年齢、遺伝的背景、生活様式のほか、ヴァイロームを調べた季節も関係する。また、人体に棲むウイルスの多様性にかかわる原理的な問題もある。前に述べたとおり、ウイルスには多くのサイズや形状、タイプがある。環状の染色体に遺伝子をのせているものもあれば、遺伝子が短い線状のかたまりや一個一個にまでばらばらになっているものもある。遺伝子を収めて複製する手段としてRNAを使っているものもあれば、DNAを使っているものもある。二本鎖のDNAやRNAを用いているものもあれば、もっとスリムな一本鎖のタイプを用いているものもある。こうしたウイルスゲノムの特徴のすべてが、ウイルスのコミュニティを調べるうえでマイクロバイオームのような普遍的な標識の開発を非常に難しくしている（これに対し、現生のあらゆる微生物（ここにウイルスは含まれていない）は二本鎖のDNAを使ってみずからの遺伝物質を複製し保管していることを思い出してほしい）。さらに重要なことに、DNAを複製したり、遺伝子からタンパク質を合成したりするのに必要な遺伝子の多くが、現生の微生物では共通している。マイクロバイオームについては、リボソームRNAをコードする微生物の遺伝子を探すだけで明らかにできる。ところがウイルスはサイズや形状、構造、標的が多様で、あらゆるウイルスゲノムに見つかる遺伝子などひとつもないため、ウイルスのコミュニティを調べるのにマイクロバイオームと同様の手法を考え出すことは難しいのだ。

すでに試みられているひとつの手法は、RNA依存性RNAポリメラーゼ（RdRP）遺伝子という、多くのウイルス種のゲノムに存在する遺伝子にかかわるものである。この遺伝子は、16S rDNA遺伝子が細菌と古細菌の識別子として使われたのとほぼ同じように、ウイルスの種々の主要なタイプを同定するのに使われている。だが大体において、ハイスループット（高速大量処理）の手法による人体内のウイルスの同定は、DNA指紋データベースの構築という経路をたどらなければならない。つまり、人体内のすべてのウイルスを同定して詳細に配列決定し、その配列をデータベースに収める必要があるのだ。確かなデータベースがあれば、サンプル中にあるウイルスの検出は技術的に可能となる。それでも、新興の感染症にかかわっていそうな新たなウイルスの検出は、博物館の学芸員がレイヨウやハチの新種を見つけて記録し、命名するのと同じように、研究者が精力的にウイルスの新種を見つけて同定しなければ、かなり難しいだろう。

幼いわが子が熱を出してひと晩中看病したことのある人なら、熱について、このようなウイルスのデータベース作成のみにもとづく先駆的な研究を知りたいと思うかもしれない。熱のある子とならない子のヴァイロームを採取して調べた結果、熱のある子の鼻からとったサンプルには、熱のない子のものに比べ、どうやら一・五〜五倍も多くのウイルスが存在することが明らかになっている。熱のある子のほうは、存在するウイルスの種類も多様で、一種類のウイルス粒子が多いだけではなかった。熱を出した子のヴァイロームの研究からわかる、最後の興味深い点は、子の血漿《けっしょう》を見ると大きな違いがあるということだ。尿や糞便など、ほかのどのサンプルをとっても、熱のある子とない子でヴァイロームに大きな違いはない。これはおそらく血漿が人体内で感染を広げる最良のルートだからだろうし、感染の際に通るこのハイウェイ以上にウイルスを見つけやすい場所はないのだ。

こうしたすべての結果は、熱とヴァイロームのつながりを示しており、それを解き明かせば、発熱疾患のもっと効果的な治療法が——そればかりか予防策も——もたらされる可能性がある。たとえば、熱を出した子のヴァイロームを調べて、多種多様なウイルスが予想以上にたくさんあることがわかれば、抗生物質での治療は避けたほうがいい。熱を出させる感染はウイルスによる可能性が高く、抗生物質の処方は効果がないうえに、微生物のコミュニティを攪乱《かくらん》してしまうからだ。それどころか、抗生物質による治療はたいていの熱では避けるべきで、感染の原因がウイルスならぜひとも避けなければならない。

ほかにも微小な生物が私たちの内部や表面に棲んでいる。熱帯皮膚病（マイコバクテリアなどさまざまな生物が病原）、水虫（菌類〔真菌〕の感染）、メジナ虫症〔ギニア虫症〕（寄生虫の感染したカイアシという小さな甲殻類で汚染された水を飲むことで発生）、ランブル鞭毛虫症（全世界でおそらく最も一般的なヒトへの病原寄生虫感染で、病原はジアルディア・ランブリア〔ランブル鞭毛虫〕という原生動物の鞭毛虫類）などは、きわめて不快な感染症だ。しかし細菌などの微生物に比べ、この種の生物は一匹狼としてヒトの健康を害する。じっさい私たちの内部や表面には一万種の細菌がいるようだが、真核生物で人体に侵入しているのは一〇～一〇〇種にすぎない。

人体はひとつの単純な生態系ではない。それどころか、見たところ近くにある部位がまったく違う環境で、そのため生態系もまるで違うことがある。人体の内部や表面の生態系は、時とともに変わることもある。運動したあとには、脇の下が湿り、温かくなって、塩気が濃くなる。シャワーを浴びて体を拭けば、まるでパナマのジャングルからミシガン州デトロイトの掃除したての家へ移ったように、環境が一気に変わる。歳をとっても、私たちとかかわり合う微生物は変わるので、サンプルに含める人の年齢が重要になる。おまけに男女の違いもあり、とくに両性で構造上異なる部位では大きく違う。異なる土地に住む人のマイクロバイオームが異なることも、直感的にわかる。それに、サンプリングの時点でとても健康な人と体調の悪そうな人の違いもある。

そこで次世代シークエンシングが、微生物コミュニティの検出と同定に変革をもたらした。二〇一三年の一般的なマイクロバイオーム研究では、次世代シークエンシングによって一サンプルあたり一五〇〇～一万リードが得られ

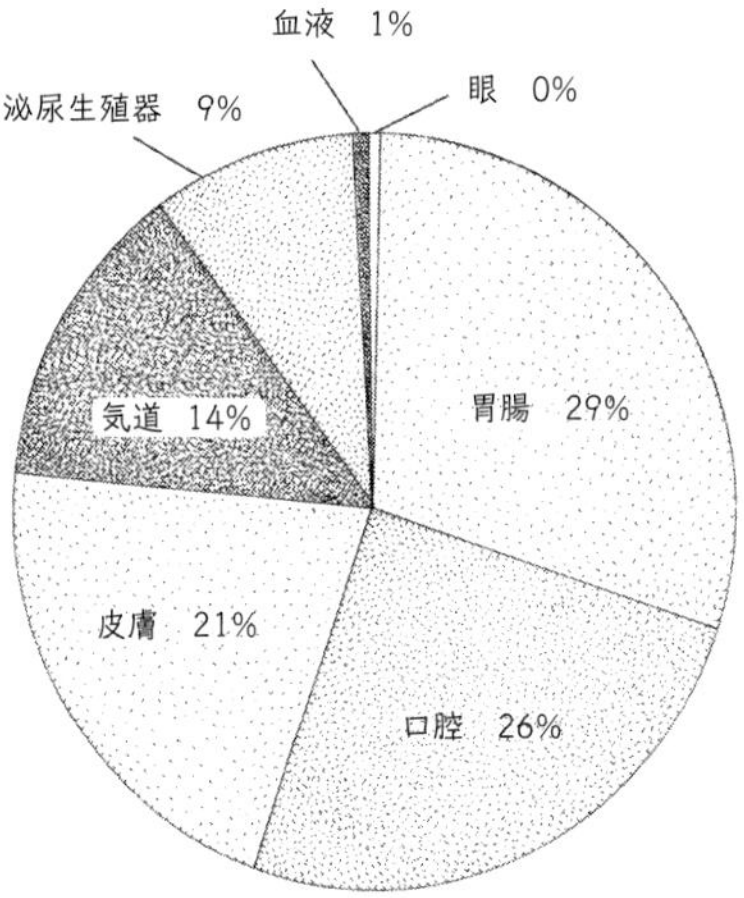

図2.11　人体の各部における微生物のおおまかな分布

ることとなる。事実、レルマンとファルコーによる医療微生物学者たちへの提案は、こうした技術的進歩のおかげで実現されようとしている。次世代シークエンシングによって大きな弾みがついた結果、二〇〇九年にアメリカ国立衛生研究所（ＮＩＨ）は、ヒトマイクロバイオーム計画を始動した。人体からマイクロバイオームの情報を手に入れることは、当初は簡単に思われたようだ。ただ体の各部を綿棒で拭き取り、次世代シークエンシングをやってみれば、図２・11のような円グラフが得られると。ところがＮＩＨと、ヒトマイクロバイオーム計画（ＨＭＰ）の創始者たちは、プロジェクトへの出資として予定されていた一億五〇〇〇万ドルを投じる前に、いくつか複雑な要因に取り組まなければならなかった。そのために、彼らはまず、被験者二五〇名（男女半数ずつ）の体の各部、すき間、表面からサンプルをとり、新種が見つかる可能性をできるだけ大きくした。その結果得られた図２・11の円グラフは、私たちの体のさまざまな部位に存在しうる種の多さを示している。こうしたデータから、次にこのようなステップへ移行した。二五〇名の被験者の体内や体表で、とくに一八のサンプリング部位を選ぶというステップだ。この最初のグループでサンプリングをしたのち、本格的なプロジェクトが開始された。ＨＭＰは現在フル稼働で進められており、このプロジェクトや、ほかの研究者による関連プロジェクトから得られる結果は、途方もないペースで蓄積されつつある。

第3章　私たちの体表やまわりに何がいるか？

映画『博士の異常な愛情』の最後の場面で、主人公のストレンジラブ博士は迫り来る核のホロコーストをどう生き延びるかを述べながら、右腕のコントロールが利かず、自分の元指導者に対してしていた腕を前に伸ばす敬礼をしてしまう〔元指導者はヒトラーで、この敬礼はナチスの方式〕。あるときには、自分の左手で右手をたたいて言うことを聞かせようとさえする。この聖書にある「右の手のすることを左の手に知らせてはならない」〔新共同訳「マタイによる福音書」〕を映画でユーモラスに描いた状況についていては、微生物でも似たようなことがあるかもしれない。コロラド大学で何人かの学部生の右手と左手のマイクロバイオームを調べたロブ・ナイトらは、きわめて「ストレンジラブ的」〔あるいはマタイ的？〕な傾向をいくつか明らかにしている。

その研究の目的は、右手と左手でマイクロバイオームに何か違いがあるかどうかを確かめることだったが、さらにふたつの目標があった。まず、この研究では男女のサンプルが同数近く得られたので、男女で手の微生物コミュニティを比較することができた。さらに、それより少ないサンプル数で、微生物の多様性に対する手洗いの影響を見る実験もおこなった。研究からは、いくつかかなり驚くべき結果も得られた。まず第一に、学部生のそれぞれの手に棲む微生物がとても多様であることがわかった〔平均して細菌一五〇種以上〕。学生たちは全員、コロラド州ボールダーで、海抜一八〇〇メートル以上に位置する田舎のコミュニティに暮らしていたのに、全部で四五〇〇を超える種類の細菌が見つかったのである。

　この研究でいろいろな因子――手洗い、男女差、右手と左手――を調べても、重要かつ実に意外な結果が得られた。たとえば、学生が手を洗うと、手の細菌のコミュニティが縮小すると思うかもしれない（そもそもこれが手洗いの目的ではないのか？）。ところが、手を洗ってからの時間は多様性と相関がなく、それどころか多様性の度合いは手洗いからの時間に関係なくほぼ同じであることがわかっている。時間によって変わるのは、手に見つかる細菌の種類であり、これはきれいな手に棲みつく細菌に順番のようなものがあることを示している。最初にある種の細菌が飛びつき、定着してから、少しあとに別の種類に交代するのだ。

　男女による違いも意外だった。たいていの男性はたいていの女性よりも不衛生という悪評があるので、一般に男性のほうが手の微生物は多いと思うかもしれない。だが、実は逆なのだ。女性のほうが男性より手の微生物の多様性が高い。その理由は、男性と女性で皮膚のミクロな生態系が異なるのと関係しているとも考えられる。だいたいにおいて、男性と女性では皮膚の酸性度が異なり、そのために男女で皮膚に棲む微生物が違うのではなかろうか。そのうえ、男性は女性よりも汗をかきやすく、この傾向によって男性の手のひらに棲む微生物種の数が減り、それゆえ多様性も減っている可能性がある。

　しかし、この研究から得られたなにより奇妙な結果は、左右の手の違いだ。それはあまりにも「ストレンジラブ的」なので、生態系について見事な物語を語る。利き手の微生物の一七パーセントしか、反対の手には見つからなかったのである。まさに、右の手のすることを左の手は知らないのだ。

微生物の多様性を明らかにするのは、まさしく生物の数ゆえに難しい。それでも、私たちとかかわりのある何百万種もの細菌をつまびらかにするために、研究の進歩は起こせるし、じっさい起こしてきた。ただ、すべてに名前をつけるところまで手が回っていないだけだ。微生物と私たちとのかかわり合いについては、いまや多くの興味深い問題が、ここ五年間で開発された次世代シークエンシングの手法によって取り組めるようになっているが、この先さらに多くの問題と、それに取り組む手法が現れてくるだろう。

スキン・ゲーム

前にも言ったように、アメリカ国立衛生研究所はヒトマイクロバイオーム計画（ＨＭＰ）という予算一億五〇〇〇万ドル規模の大がかりな活動を、私たちのマイクロバイオームを把握する重要なステップとして打ち出した。ＨＭＰのサブプロジェクトのひとつである皮膚マイクロバイオーム計画は、人体で最大の器官の微生物相〔特定の場所に生息する微生物全体〕を調べるものだ。

皮膚の構造は進化の驚異だ。それは器官や組織をなかに保持しながら、外界に対するバリアとして進化を遂げ、しかもこれをきわめて効率よくおこなっている。細菌やウイルスや菌類などの有機体は皮膚に付着することはできるが、付着した場所に切り傷や穴がなければうまく通り抜けられない。実のところ、皮膚は身体にとって感染に対する最初の防衛線なのだ。微生物は私たちの皮膚で、酸性の環境に遭遇する。たいていの微生物は狭い範囲のpH〔酸性・塩基性の度合いを示す指数で、水素イオン濃度のこと〕しか許容できないので、皮膚の酸性度が細菌の慣れているものと違っていれば、その細菌はうまく暮らしていけない。皮膚はまた、身体のほかの部位（口腔や腸など）よりやや温度が低く、粘膜のある部位と違ってかなり乾いている。したがって、皮膚に降り立って増殖しだす細菌は、皮膚のそのエリアの酸性度や温度、水分条件に適応したものなのだ。

　微生物から見れば、皮膚表面の形状は、コロラド州の地形図ぐらい変化に富んで見える。乾いて温度の低い部位もあるが、股間や脇の下、尻の内側の溝など、温かくて湿り気のある部位もある。皮膚には起伏もあり、歳をとるほどそれは増え、表面近くの長い禁断の穴（汗腺）

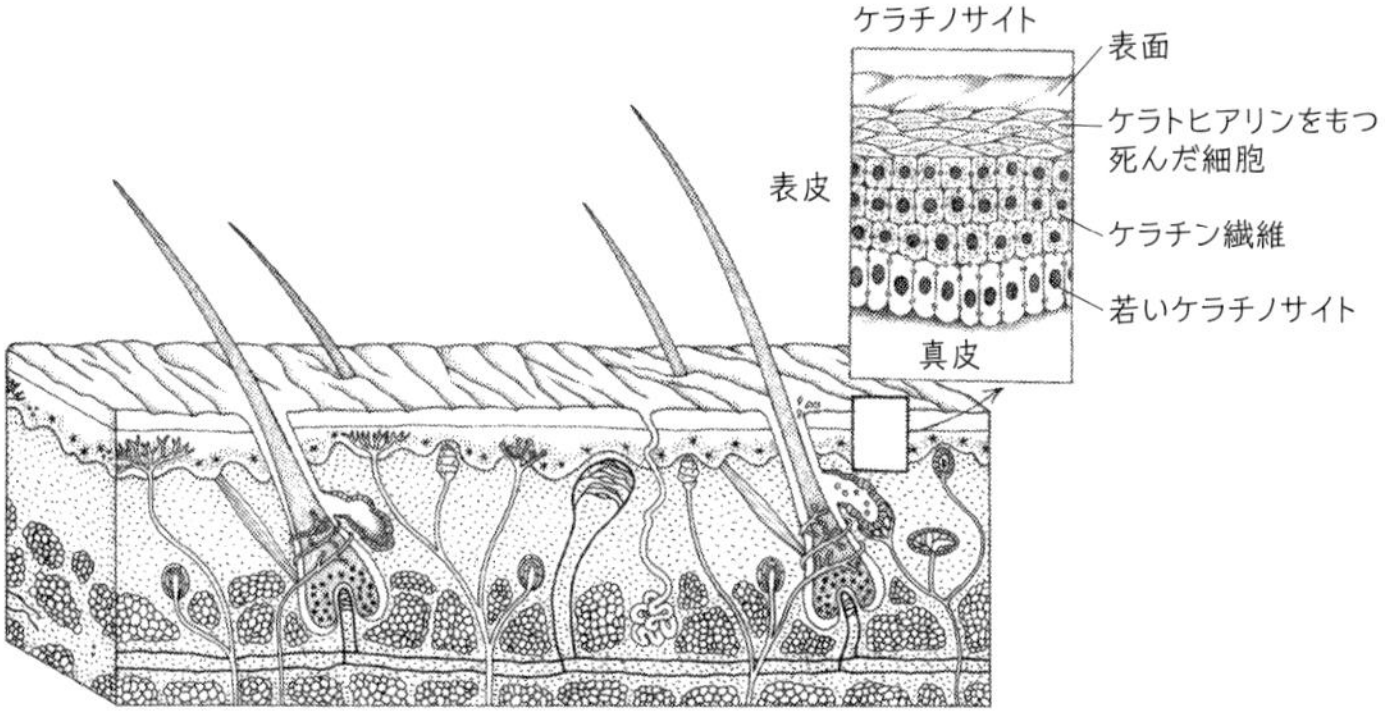

図 3.1　ヒトの皮膚の断面図と、ケラチノサイトの拡大図。

やそびえ立つ木のような構造（毛包）もある。皮膚のミクロな生息環境をさらに分析するには、細胞レベルの構成を知る必要がある（図3・1）。てっぺんの層はケラチノサイト（角化細胞）という特殊化した細胞でできている。この細胞にはケラチンなどのタンパク質がぎっしり詰まっており、ケラチンは丈夫な繊維状のタンパク質で、このおかげでこうした細胞は外部の要素を通さない。こうしたケラチノサイトは特有の名前——鱗屑《りんせつ》——ももち、皮膚の再生とともに絶えず更新されている。そして、モルタルできっちり接合されたレンガのようにも見える。皮膚の形状は、皮膚細胞のつながりかたのために、また身体のどの領域かに応じて、多様でもある。人体の表面で微生物が生息する環境のほうが、地球全体でヒトが棲む環境よりも種類が多いにちがいない。

人体の外面のほぼ考えられるかぎりの領域を拭き取ってサンプルを得ることで、ヒトマイクロバイオーム計画の研究者は、私たちの表面に棲む微生物の多様性について、いくつか途方もなく興味深い知見を明らかにしている。その結果を告げる前に、解剖学用語を少し知っておくと役に立つだろう。たとえば、耳のうしろの領域を後耳介溝《こうじかいこう》という（母親が子どもに「ちゃんと後耳介溝を洗いなさい！」と言うわけはないが）。腕を曲げるときにしわができる部分は肘前窩《ちゅうぜんか》だ（「肘前窩に油を差しなさい！」とも言わない）。だが筆者のお気に入りは臍《さい》で、一般にはへそと呼ばれる。

皮膚には基本的に四種類の細菌が棲んでいる。放線菌（Actinobacteria）、フィルミクテス（Firmicutes）、バクテロイデス（Bacteroidetes）、プロテオバクテリア（Proteobacteria）で、どれも分類学者が門と呼ぶ大きな生物分類に属しており、それは脊椎動物や節足動物と同じレベルだ。私たちの皮膚に棲んでいる微生物は四つの門しかないが、それぞれの門に無数の種類が存在している。

種の正式な分類記載は細菌では難しいので、マイクロバイオームの研究者が用いる言葉のひとつに、ファイロタイプ*というものがある。これは、厳密ではない形で暫定的な名前をつけるやりかただ。この手法では、恣意的な制約——通常、分離した生物間で見られる識別用配列の異なる割合（パーセンテージ）——を用いて、特定のファイロタイプに含まれる生物とそうでない生物を区別する。そこでたとえば、ふたつの微生物（A、B）の識別用領域を配列決定すれば、対照標準となる種（R）のものと比べられるようになる。AとR、BとRの差異のパーセンテージがどちらも決まった制約以内なら、AもBも対照標準となる種と同じファイロタイプであると見なせる。差異がファイロタイプの制約を超えていたら、AとBは異なるファイロタイプと見なせる。AとBの差異にかんする情報があれば、AとBが同じファイロタイプに含まれるかどうかを決定できるわけだ。みずからの研究対象に命名をしたがる研究者もいるが、ファイロタイプの概念は、マイクロバイオームの多様性を理解するための重要な第一歩だった。皮膚マイクロバイオームの研究ではファイロタイプで種を突き止めようとしているが、私たちの皮膚に棲む微生物の多くはまだ名前がなかったり、さらに言えば培養されていなかったりするので、種名は使われていない。

皮膚マイクロバイオーム計画から、ファイロタイプは、それが見つかる皮膚表面の種類にもとづき大きく三つのカテゴリーに分けられるが、必ずしも身体上の位置とは関係がないことが明らかになっている。ひとつめのカテゴリーに対応するのは脂気の多い皮膚のエリアで、皮脂性の領域という。この領域では多様性がとりわけ低いが、それでも複数のファイロタイプが存在する。背中は皮脂性の表面とされ、そこには二〇ほどのファイロタイプがあるが、やはり皮脂性の表面とされる額《ひたい》にはおよそ六つのファイロタイプしかない。こうした皮膚領域で見つかる細菌のファイロタイプの大半は、プロピオン酸菌属に含まれる。この属はよく研究されており、ここに含まれる種はプロピオン酸を産生するというユニークな能力をもつ。プロピオン酸菌属はまた脂質が好きで、この嗜好のおかげで、皮膚全体にある皮脂腺に棲みついている。このグループの細菌はニキビ——あの十代の悩みの種——にかかわっている。

湿り気のある部位では、主なファイロタイプは、ブドウ球菌属（フィルミクテス門のメンバー）とコリネバクテリウム属（放線菌門のメンバー）に含まれる。これらの細菌はどちらも、汗に含まれる尿素を利用する。コリネバクテリウム属の種のなかにはきわめて増殖の遅いものもあるが、ヒトマイクロバイオーム計画のおかげでその皮膚での重要性が今ようやくわかりだしている。それはアポクリン汗腺のあたりに一番多く見られ、とくに有名なのが脇の下のあたりだ。餌となるのは汗腺から出る汗で、それをこの細菌たちが効率よく処理している。しかし、汗を消費して生じる副産物がひどいにおいのする化合物なので、こうした細菌は体臭の主な要因となっている。

細菌の多様性が最も高いのは、皮膚の乾燥したエリアであり、その細菌は必ずと言っていいほどすでに述べた四つの門（放線菌、プロテオバクテリア、フィルミクテス、バクテロイデス）の混ぜ合わせだ。人体で最高に乾燥した部位はどこだろう？　手と尻はそれに含まれ、そこにこの四つの門に属する細菌の大半が棲んでいる。ヒトマイクロバイオーム計画から得られたさらに意外な結果のひとつは、プロテオバクテリアに属する細菌が、従来は腸にしかいないと考えられていたが、皮膚に豊富に見つかるということだ。これにより、皮膚の乾燥した領域のほうが、同じヒトの個体のなかでも腸や口腔より変化に富むようになる。

人体の皮膚に棲む微生物の多様性には、時間的な要素もある。つまり、身体各部の微小環境は、日ごと、時間ごとに変わるのだ。いや、少なくとも私たちはそうなることを期待している。シャワーを浴びたり、手を洗ったり、着替えたりするときに。風呂に入るのは、皮膚の環境を劇的に変える一手だ。前にも話したように、運動はたいてい皮膚の一部の水分量を変化させ、温度を上昇させる。また、化粧品や日焼け止めを塗るなどして皮膚に干渉すると、微生物相が大きく変わる。化粧品会社は、皮膚のマイクロバイオームの状況に必然的に関与してきたのだ。ある会社は、正常な皮膚のマイクロバイオームを構成する種がわかれば、製品の添加剤として使うべき細菌を明らかにして、より良い化粧品が作れるようになるのではないかと言っている。

皮膚のなかで、部分的に塞がれた場所はどこも、定常的な環境をうまく維持しやすい。耳の穴や鼻の穴はきわめて安定した環境で、そのためかなり一定の微生物コミュニティが保たれていることが、ヒトマイクロバイオーム計画から明らかになっている。一方、前腕や足の裏、指のあいだ、脛《すね》の裏側など、時間による変化がとくに大きい皮膚の部位は、口腔をも上回る多様な微生物が存在することがわかっている。

皮膚に付くと病原性をもつ微生物もたくさんいる。ヒトマイクロバイオーム計画では、この病原性を三つのカテゴリーに分けた。既知の微生物と直接関係のある疾患。未確認の微生物のコミュニティが引き起こす疾患。そして、原因となる微生物がふつうは共生関係にある（人間の体表に棲み、そのため私たちからメリットを得ているが、私たちに危害を加えない）が、それがだめになってしまって起こす疾患だ。最初のカテゴリーには、ニキビ、湿疹、特定のタイプの皮膚炎といった十分に調べられている疾患が含まれる。第二のカテゴリーには、やけどや慢性の傷からの感染といったものが含まれる。これはたいてい、傷ついた領域に細菌のコミュニティが棲みついた結果だ。第三のカテゴリーは、一番怖いかもしれないが、ふだんは皮膚の表面に無害なものとしてただ乗りしている皮膚常在菌による感染症などである。そんな細菌のひとつである表皮ブドウ球菌（*Staphylococcus epidermidis*）は、私たちの皮膚の上でうまく共生している。この細菌は利益を得ているが、私たちは何も損しない。ところが、このジキル博士のような表皮ブドウ球菌が皮膚の下に入り込むと、ハイド氏に変身し、恐ろしい感染症が生じうる。この微生物は、病院の手術室で心臓弁やカテーテルを介して起こる感染の最大の要因だ。この種のうち一部の系統はバイオフィルムを形成することがあり、それによってヒトの免疫系を実にうまく回避する。表皮ブドウ球菌は、抗菌剤*をかわすのもとくにうまいようだ。薬剤耐性が絡んでくると、これはひどいことになる。一方この種は、それ自身からほかの近縁の微生物へＤＮＡを移すのもうまいので、ときに黄色ブドウ球菌（*Staphylococcus aureus*）のような種に耐性因子を移すこともできる。この細菌はもとから非常に厄介で毒性が強いが、新たに抗菌剤耐性が加わると、とんでもなく危険なものになる。

表皮ブドウ球菌は、宿主の先天性免疫反応の調節にもかかわっている。それは免疫反応を刺激して、連鎖球菌属（*Streptococcus*）の種や同じブドウ球菌属の黄色ブドウ球菌など、ほかの種の細菌を排除することがあるのだ。私たちの免疫系と皮膚の微生物が起こすこのような相互作用は、ほかに例がないものではない。ある種の湿疹などの皮膚疾患は、皮膚の微生物と免疫系との相互作用がもたらす結果なのだ。しかしこの場合、免疫系に働きかけてほかの微生物を排除するのでなく、湿疹に関与する微生物は抗菌ペプチド（ＡＭＰ）の産生を阻害する。するとＡＭＰの不足は、先天性免疫反応にかかわるタンパク質の産生を下方制御する、つまり抑制することになる。

ジャマーとキーボードの共通点は？

二〇一二年二月一〇日、オレゴン州ユージーンで、ローラーダービー〔ローラースケートで競争する団体競技〕の女子チームがビッグ・オーという年に一度のトーナメント戦に臨んでいた。だが、これはふだんのローラーダービーの試合とは違っていた。試合で選手たちは、試合前にもち込んだ微生物と、対戦相手ともみくちゃになったあとに連れ帰ることになる微生物を調べられることになっていたのだ。三チーム（ユージーンのエメラルドシティー・ローラーガールズ、カリフォルニア州サンホセのシリコンヴァレー・ローラーガールズ、ワシントンＤＣのＤＣローラーガールズ）の選手が一列に並べられ、オレゴン大学の科学者が彼女たちの前腕から綿棒で微生物を拭き取っていった。

ローラーダービーでは、一試合は六〇分で、そのなかにジャムという二分のコマがいくつかある。ジャムのあいだ、選手は楕円形の平らなトラックをローラースケートで回り、あらかじめ決めておいた選手――ジャマーという――に相手チームの選手たちを追い抜かせて得点しようとする。相手チームは、ジャマーに得点させないように「ブロッカー」の一群を形成し、たいてい両チームの選手が、互いに押したり、ぶつかったり、肘打ちしたりする。激しい運動で、たくさん汗をかいて体の接触も多く、試合中はしょっちゅう全選手が入り乱れている。

ふたつの試合の前後で、対戦する両チームの選手からサンプルを採取した（トラックの床面も綿棒で拭き取って、競技場にいる細菌の種類も確かめた）。第一試合はシリコンヴァレーのチームとエメラルドシティーのチームが戦った。四時間後、エメラルドシティーがＤＣローラーガールズと試合をした。オレゴン大学の研究者ジェームズ・メドウらは、いくつかきわめて具体的な研究上の疑問に取り組みたがっていた。

1. チームとマイクロバイオームのあいだに何か関係はあるのか？
2. 試合のあいだにマイクロバイオームは変化するのか？
3. 三チームの当初のマイクロバイオームが異なっていたら、それらのチームのマイクロバイオームは試合後に収斂を見せるのか？

なぜローラーダービーの対戦者が科学者の関心を引いたのだろう？　人間が日常の接触でどのようにマイクロバイオームを渡し合っているのかを知ることは、私たちと微生物のやりとりを理解するうえで欠かせない要素なのだ。ローラーダービーは、人間が互いにするやりとりを大げさに示してくれるので、リアルタイムでその現象が見えるようになる。つまり研究者は、人間同士の接触が多い場合に微生物がどのように動きまわるのかを調べるのに、良い状況を見つけたのである。まず、ふたつのチームで互いに接触する前の基準となる微生物構成を手に入れ、すでに片方がほかのチームと接触していてこれから互いに接触しようとしているふたつのチームから、中間の状態も手に入れた。そして最後に、そのふたつのチームが互いに接触したあとの状態も手に入れたのだ。

　オレゴン大学の研究チームは、サンプルを採取したあとラボへ戻り、ローラーダービーの女子たちの前腕に棲む何百万もの細菌の一部だけを含む拭き取りサンプル[*]から、DNAを分離する作業を始めた。16S rDNA の識別用遺伝子の配列を決定し、大量のDNAからコンピュータを使う手法で分析をおこない、選手の前腕に棲む微生物のリストと、微生物の各種類の相対的な量を明らかにしたのだ。それからきわめて視覚的な手法を用いて、各選手の皮膚マイクロバイオームをグラフにプロットすることができた。グラフのふたつの軸は、細菌の構成の割合を示し（のちほど議論する）、ふたりの女子でマイクロバイオームの構成が近ければ、グラフにおいて両者は近い点となり、逆に大きく異なると、グラフで遠い点となる。

この研究の結果は、地域によるヒトのマイクロバイオームの違いについて、何度となく示される傾向を明らかにしていた。アメリカのさまざまな地域や世界各地の人々は、それぞれ特有のマイクロバイオームをもっており、それらは調べて比較することができる。たとえばDCローラーガールズだけが、足のにおいのもととして知られるブレヴィバクテリウム（*Brevibacterium*）という種類の細菌をもっていた。シリコンヴァレー・ローラーガールズはユニークな細菌を二種類――アルカニヴォラックス（*Alcanivorax*）とキサントモナス（*Xanthomonas*）――もち、エメラルドシティー・ローラーガールズには固有の細菌が三種類――ディエトジア（*Dietzia*）、コプロコックス（*Coprococcus*）、アルカリゲネス（*Alcaligenes*）――あった。微生物はきわめて厳密な地理的制約に従うと考えられ、おそらく結果が異なっていたのは、三チームの本拠地が地理的にまったく異なる（とくにDCローラー

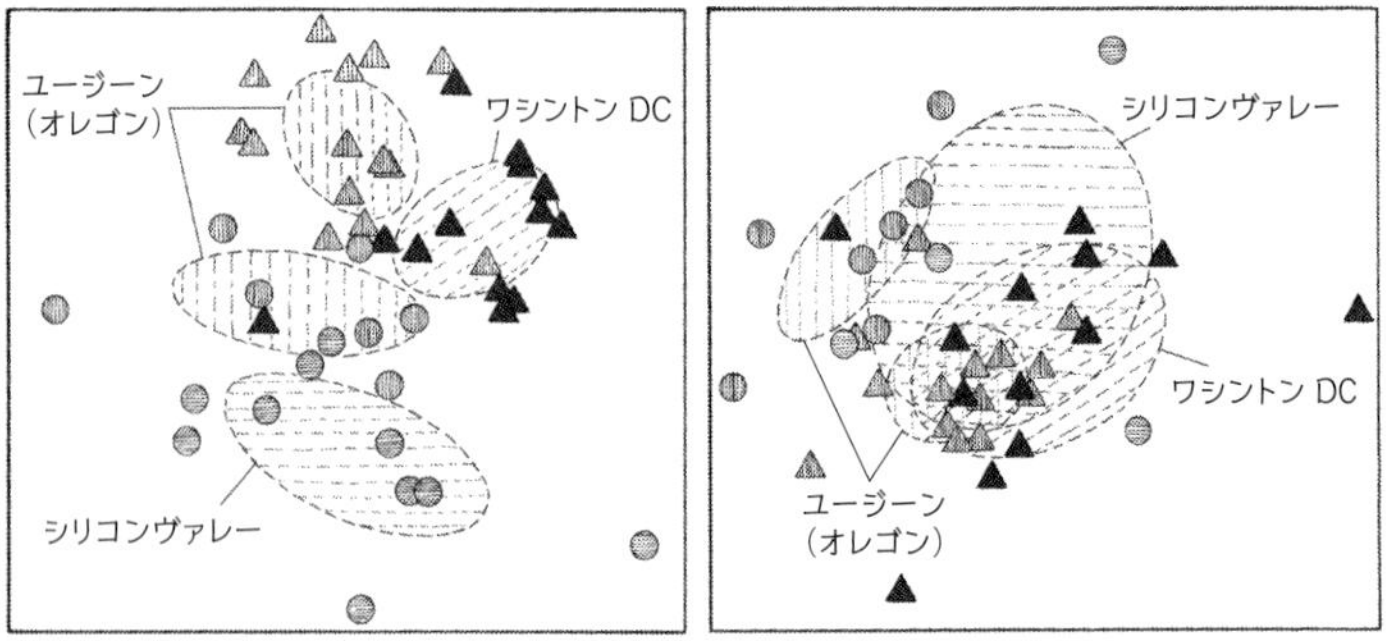

図 3.2　ローラーダービーの選手の多変量プロット
ユージーン（オレゴン州）は薄い三角形、ワシントン DC は濃い三角形、シリコンヴァレーは円で表す。左の図のプロットは「試合」前のマイクロバイオームを示し、右の図のプロットは試合後のマイクロバイオームを示している。試合後に点が密集していることに注意。

ガールズのチーム）からにちがいない。水・食物・土壌の違いや気温の違いなど、環境の差異がこうした特徴的な結果をもたらすというのは合点がいく。それに、各チームの女子は一緒に練習し、同じ車に乗って試合へ向かい、ともに時間を過ごす（勝利を祝ったり、敗北を悲しんだりする）ので、彼女たちに棲む微生物は――それゆえマイクロバイオームは――チーム内で均質化する。つまり、どのチームも特有の顔ぶれの微生物をもち、チームによる違いは明らかなのだ。ここに挙げたグラフは、エメラルドシティーとシリコンヴァレーとＤＣローラーガールズのチームが、それぞれ最初の時点できわめて異なるマイクロバイオームをもつことを明確に示している（図３・２）。

最初の試合のあと、各チームのマイクロバイオームはわずかに変化した。二試合を戦った一チーム（ホームチームであるエメラルドシティー・ローラーガールズ）のマイクロバイオームは、第一試合の最初と第二試合の最初を比べると変化していた。それどころか、押し合いへし合いし、肘打ちし、体ごとぶつかったあとで、全チームのマイクロバイオームが収斂しだしていたのだ。

収斂した理由は、簡単には解き明かせない。細菌のコミュニティが収斂を見せるひとつの理由として考えられるのは、どの選手も運動していたので体温が上がり、皮膚の湿り気も変わったからというものだ。しかしこの可能性はかなりあっさり否定できる。試合時間は短いので、運動だけでは、研究者が見出したような細菌構成の大規模な変化を実現できなさそうなのである。第二の可能性は、競技場の環境（もとから空気中や床面にいる微生物など）がそこにいる人間のマイクロバイオームに強く影響しているというものだ。言い換えれば、選手が競技場を走りまわりながら、たくさんの微生物を新たにもらい受けるのだということになる。この可能性ゆえに、研究者は試合前に競技場の床面からサンプルを拭き取っていた。競技場のような建物の環境からは、微生物がたくさん移動してくると考えられる。選手は絶えず床に打ちつけられるからだ。それに競技場の埃《ほこり》は、選手だけでなく観客によっても引っかき回される。それでも研究者は、この可能性では選手間の微生物の移動をすべては説明できないことに気づいた。すると、最も明白な理由が残る――試合中の選手同士の絶え間ない接触によるという理由だ。選手が押し合いへし合いするあいだ、皮膚の微生物が彼女たちのあいだを移動し、やがて全員が似たようなコミュニティをもつようになる。

これとは別に、皮膚のマイクロバイオームで個人を特定できる可能性を調べた研究者たちは、あるオフィスで三人がそれぞれ使っている三つのキーボードを綿棒で拭き取ってサンプルを得ている。それから彼らは、キーボードの細菌コミュニティの構成を明らかにし、それをオフィスで働いている人々の指先の細菌コミュニティの構成と比較した。その結果は見事なものだった。ローラーダービーの研究と基本的に同じ手法を用いたところ、異なるサンプルが類似性によってかたまりを作ることが確かめられたのだ。用いる指によってある程度違いはあったが、個人による違いはかなり明確で、それはだれがキーボードを使ったのかがわかることを示していた。まさに驚くべき芸当だ。

ローラーダービーとキーボードの研究は少し突飛に思えるかもしれないが、実は、私たちの皮膚マイクロバイオームが変化し、他人との接触の影響を受けるメカニズムを理解するために役立つ。私たちの現代の生活は、五万年前の祖先の生活とはまるで違う。都市は、まったく知らない人との接触をはるかに密接にし、肌と肌の触れ合いすらもたらすようになった。オレゴン大学の研究者たちは、このように言っている。「巨大都市の興隆や人口増大が続くと、都市生活と世界規模の旅行により、他人との接触の率が増すだろう。こうした変化の影響を予測するには、ひとつには、皮膚マイクロバイオームに働きかける生態上・進化上の要因を理解する必要がある」オレゴン大学の研究に参加することによって、ローラーダービーの選手はこの理解に寄与したのである。

へそ

へそは昔から賛美の対象だったのだろう。最も有名なへそは、レオナルド・ダ・ヴィンチの絵画『ウィトルウィウス的人体図』に描かれたものかもしれない。この絵でへそは、放射状に手足を伸ばした人間の中心にある。今日、創造論者〔生物は神が創造してから変わっておらず、進化など起きていないとする考えをもつ人〕はアダムとイヴにへそがあったかどうかをめぐって議論をしている。聖書を文字どおり読めば、アダムにもイヴにも母親はいないからだ。少なくとも私たちは皆、へその起源についてわかっている。へそは、生まれてまもなく、へその緒が切られ新生児と母親の分離が終わって形成されだす。血だらけにならないようにへその緒を切るには、赤ん坊の腹のそばと、赤ん坊から五センチほど離れたところで、へその緒を締めつけたり縛ったりする。そうすると、締めつけた二か所のあいだの部分を切り取って、へその緒が切断できるのだ。赤ん坊に残った部分のへその緒は瘢痕《はんこん》組織を形成し、およそ九〇パーセントの人では陥入して「引っ込みべそ」となり、一〇パーセントの人では違う形で残って「でべそ」になる。大半の人が思うのと違って、でべその原因はへその緒の切った場所ではなく、胎児の発生中にへその緒がどのように付いたかの問題なのである。じっさい、胎児の発生中におけるへその緒の付きかたはたくさんあるため、引っ込みべそやでべそになるのには、多くのプロセスがある。へその緒の付きかたと、切られた緒の治りかたによって、へそがとる形はさまざまで、T形、楕円、あるいはむしろ縦のスリットに近いものなどがある。つまり、へその実際の立体構造は人によって変わり、引っ込んでいるか出ているかだけでなく、サイズや奥行き、形も異なるのだ。

一九五〇年代に活躍した有名な俳優サル・ミネオは、「へそフェチ」だったらしい。これは、一般に思われそうなほどとんでもなくはないし、異常でもない。へその形を調べて、ほかより人に好まれる形を見つけた研究者もいる。フィンランドの研究者アキ・シンコネンは、女性のへそに対する男性の反応をつぶさに調べ、でべそが必ずと言っていいほど魅力なしと見なされることを明らかにした。また、ひどく奥行きのある引っ込みべそは、あまり奥行きのない引っ込みべそに比べて魅力に劣ると見なされている。シンコネンの説明では、男性はなぜかへその形をもとに女性の生殖能力を見きわめているのだという。別の研究者たちは、へその位置が運動能力の指標となる可能性を示唆している。これは、ダ・ヴィンチが有名な絵画でほのめかしたように、へそが人体のほぼ重心に位置しているからだ。へその位置が高いほど、重心も高く、走るのに有利となる。生物物理学的観点からは、走るというのは前に倒れる行為にすぎないので、重心が高いとこれをやや効率よくおこなえ、制御もしやすくなるのだ。

だが、へその研究でなにより興味深いのは、なかにいる微生物の多様性を調べたものかもしれない。二〇一二年、ノースカロライナ州立大学のロブ・ダンらが、当地の学会に出席したサイエンスライターたちのへそと、ひと月後の科学の会議に出席した人々のへそを調べた。彼らの論文は、いみじくも「ジャングルがそこに――へその細菌は高度に多様だが、予測しうる」と題され、ふたつのイベントにもとづく研究により、六〇人のへそに棲む細菌の数と種類を、次世代シークエンシングで明らかにした結果を記していた。

その研究者たちが見出した多様性には、目を見張るものがあった――六〇のへそから全部でほぼ二四〇〇のファイロタイプを見つけたのだ（ファイロタイプがマイクロバイオームの研究で暫定的な「種」にあたるものであることを思い出してもらおう）。大多数のファイロタイプ（二一八八）が見つかったのは、調べたへその一〇パーセント未満だった。二〇〇ほどのファイロタイプは一〇パーセント以上のへそで見つかったものの、どれもすべてのへそから見つかってはおらず、七〇パーセント以上のへそで見つかったファイロタイプも八つだけだった。論文の著者らは、へその微生物の多様性がジャングルの動物の多様性と同等だと言っており、これは「ポップの女王」マドンナの言葉を彷彿とさせる。あるときへその話をしていて彼女はこう言った。「一〇〇個のおへそを壁の前に並べても、私は絶対自分のを見つけ出せるわ」確かに彼女が並んだへそから自分のへそを選び出せるとしても、どのへそが自分のものかを知る手段として同じぐらい有効なのは、へそのマイクロバイオームの配列決定をおこなうことだ。

この結果は無秩序に思えるかもしれないが、実はその逆で、むしろ予測しうる。最初のへそのコホート〔統計上の同一の属性をもつ群〕(三五人のサイエンスライターのもの)から、第二のコホートに属する二五人のへその微生物構成が予測できるかどうかを問うことで、研究者たちは十分な相関の存在を明らかにしたのだ。論文の著者らはこう述べている。「頻出するファイロタイプは予測どおりに頻出しやすく、希少なファイロタイプは予測どおりに希少となりやすい」また、この六〇人のへそに棲むものについて、大きな驚きはなかった。皮膚に居つきやすい細菌はへそにもたくさん棲んでおり、皮膚細菌の三大グループ――コリネバクテリウム、ブドウ球菌、放線菌――にもとづくファイロタイプは、へそにとくによく見つかったのである。ところがひとつ驚いたのは、風呂もシャワーも長くご無沙汰していると言った被験者のへそだった。この人のへそには、第1章で紹介したあの微生物のグループ――古細菌*――に含まれる、かなり特異なファイロタイプがふたつ存在した。そんな古細菌が、極限環境で快適に暮らしているがゆえに、極限環境微生物と呼ばれることを思い出してほしい。どうやらこの人のへそが、この古細菌のファイロタイプに適した極限環境を提供していたようなのだ。

この研究から得られたなにより重要な結果は、へそには希少なファイロタイプが驚くほどたくさん棲んでいるということかもしれない。そして、一部の人のへそには、ほかの人のなんと三倍の数のファイロタイプが存在していた。このふたつの事実を免疫系の研究と組み合わせると、私たちの免疫系が皮膚細菌にどのように反応しうるかについて、興味深い考えに行き着く。皮膚マイクロバイオームが免疫系に及ぼす影響を調べるための研究は、より健康な発育をうながす手だてとして考えられるもののアイデアを導き出してくれるのである。

最初のマイクロバイオームを獲得する

あなたの皮膚マイクロバイオームは、どこで手に入れたものなのだろう？　答えは、哺乳類における出生の仕組みや、細菌がほかの生物に棲みつくプロセスゆえに、実はかなり単純だ。皮膚マイクロバイオームは、赤ん坊が生まれるときにゼロから始まる。胎児は羊膜のなかで成長し、その羊膜は比較的無菌状態の場所だ。しかし、赤ん坊が産道に入ったり帝王切開で母体から取り出されたりすると、細菌やウイルス、場合によっては菌類も、体にくっつきはじめる。

赤ん坊の皮膚マイクロバイオームは、分娩のタイプによって異なる。ベネズエラのある病院で出産した何人かの女性を対象とした研究では、膣からの分娩による新生児のマイクロバイオームを、帝王切開による新生児のマイクロバイオームと比較することができた。研究者は、分娩一時間前の母親の皮膚、膣、口腔を綿棒で拭き取り、赤ん坊の口腔、皮膚、鼻孔についても、分娩五分後と、さらに分娩二四時間後にまた拭き取りサンプルを得た。すると、母親の微生物コミュニティはサンプルを採取した部位によってまるで異なっていたが、新生児の微生物コミュニティは拭き取りサンプルを得た三つの部位のすべてで変わらなかった。つまり、新生児のマイクロバイオームは全身にわたって同じで、部位に関係なく同じファイロタイプが棲んでいるのだ。だが、胎児が分娩時に比較的無菌状態なら、この当初のマイクロバイオームはどこからやってくるのか？

この疑問に対する答えはかなり単純だ。新生児の皮膚と口腔と鼻腔は、最初に接触する細菌をほぼなんでも引きつける。そのため、膣からの分娩で生まれた赤ん坊にとって最初に出会うマイクロバイオームは、母親の膣のマイクロバイオームであり、じっさいこうして生まれた赤ん坊は、体のあらゆる部位でマイクロバイオームに違いがなく、母親の膣にきわめて近い。これに対し、帝王切開で生まれる赤ん坊は、母親の膣を通らない。最初に接触するのは、外界の空気と、分娩室にいる人々の皮膚マイクロバイオームだ。そのため、帝王切開による新生児は、分娩室に漂う生物と皮膚マイクロバイオームに近い一様なマイクロバイオームをもっている。この研究結果は、帝王切開による新生児のマイクロバイオームの正確な起源を明らかにできるほど厳密ではなかった――単に、母親と母親以外の体表の両方に由来し、ほかの何と比べても皮膚マイクロバイオームに近いという程度なのだ。

帝王切開による新生児のほうが感染症に罹りやすいということも明らかになっている。たとえば、分娩後にブドウ球菌感染を発症する赤ん坊のうち、なんと八〇パーセントが帝王切開で生まれている。この知見に、たった今マイクロバイオームについて述べた結果を組み合わせれば、新生児が母親の膣から獲得する微生物コミュニティは、ブドウ球菌感染からある程度守る機能をもっているのかもしれない。膣のマイクロバイオームには、乳酸菌（*Lactobacillus*）という特定の細菌に由来するファイロタイプが満載されているので、ブドウ球菌などといったほかの微生物は定着できず、そのため感染症を起こさせない。一方、帝王切開による新生児のマイクロバイオームはもっと皮膚に近く、ブドウ球菌を定着させられるので、ブドウ球菌感染が起こる。

さらに、特定の種類の細菌をもつマイクロバイオームが赤ん坊の皮膚や口や鼻にまず棲みつくと、それは、残りの部位が最終的に定着するマイクロバイオームを獲得するプロセスに影響を及ぼす。そのように続く現象は、きちんと機能する腸内微生物相を確立し、免疫系とうまく相互作用を起こし、初期の栄養摂取を適切におこなうために、きわめて重要なものとなる。ここまではまだ、膣を通る分娩と帝王切開による分娩で生まれた新生児のマイクロバイオームでしか比較をおこなっていない。このテーマでもっと研究をおこなえば、新生児がきちんと機能する腸内マイクロバイオームと免疫系をうまく発達させられるようにするのに役立つだろう。

私たちがどうやって最初にマイクロバイオームを手に入れるのかについて調べると、マイクロバイオームがどのように棲みつき、どのように最初に発達するのかが、かなりよくわかる。だが、私たちの皮膚マイクロバイオームは時とともにどのように変化を遂げるのか？　この問題を明らかにするには、私たちの周囲に何があるかと問わなければならない。

地下鉄

アナ・ガステヤーは、かつてバラエティ番組『サタデー・ナイト・ライブ』に出演していた女優だが、ニューヨーク市の四七－五〇丁目駅まで地下鉄六番街線に乗って、30ロックフェラーセンター（ロックフェラーセンター内のビルのひとつで、テレビ局NBCのスタジオが入っている）での仕事へ通っていたにちがいない。地下鉄について彼女は言っている。「ひとりで地下鉄に乗っていても、孤独は感じないものよ」まったくそのとおりだ。ニューヨークの地下鉄は、心理的にも、またすぐあとでわかるように物理的にも、いつでも乗客同士で何かを分かち合っている。マイクロバイオーム研究の創始者のひとりとして第2章で紹介した生物学者、ノーマン・ペイスがこの分野の研究を始めたのは、さまざまな環境に棲む種々の微生物に興味があったからだ。マイクロバイオームを調べる手法は、環境のサンプルにおいてまず磨きがかかった。温泉やサルガッソー海など、かつて同定されていなかった環境のものでそうだったように。そのため、家や、さまざまな人が互いに体を触れ合う地下鉄や博物館（やローラーダービー）のような場所、あるいは人体といった微小環境を調べるほうへ移行するのは、特段難しくはなかった。靴や携帯電話など、私たち人間が日常的に使っているものからさえ、頻繁に触れ合う微生物について何かがわかりそうだった。

この目的で微生物学者たちが、地下鉄構内について微生物の多様性を調査した。ニューヨーク市の地下鉄には四六八の駅があり、その利用者は年間一六億人を超え、空気の質（人体内の微生物コミュニティに影響を及ぼしうる）だけでなく、地下鉄構内で人が日常的に触れる各所の微生物の個体数についても調査がなされている。ノーマン・ペイスは、流体衝突装置という特殊なエアコレクター（空気収集器）を用いたが、それは目立たない作りだったので、ニューヨークの一般の――「何かを目（や耳）にする」と「何か言う」ように高度に条件付けられている――地下鉄利用者もその調査には気づいていなかったはずだ。ペイスのチームは、地下鉄構内のサンプルを一年半の期間にわたり、三期に分けて採取した。４、５、６系統（ニューヨークの地下鉄グリーンライン）に沿って、四二丁目から中心街への数駅を含め、ホームのサンプルをとったのである。彼らはまた、地下鉄以外の対照サンプルもふたつ用意した――ユニオンスクエア駅の階段を上がった外と、グランドセントラル鉄道駅で大ホールの中二階にあたる構内のサンプルだ。ペイスらは、この研究の期間に使われていなかったひとつのホームのサンプルも採取した。

ニューヨーク市の地下鉄構内の空気に含まれる微生物の構成は、一般にへその微生物構成よりも多様だったのだろうか？　ペイスの研究結果からは、地下鉄構内の細菌の多様性がきわめて低いことがわかり、実のところ大多数の微生物は菌類だった。さらに意外なことに、地下鉄ホームの微生物相は外の環境とほとんど違っていなかった。これはなぜだろう？　ニューヨーク市の地下鉄構内に備わった近代的な換気システムのおかげだ。しかしなにより注目すべきは、この調査のあいだ、病原体は存在しなかったという結果だ。地下鉄で見つかった細菌のおよそ五パーセントはヒトの一般的な皮膚細菌であり、それはつまり、ヒトがほぼいつでも皮膚から細菌をこぼし、ニューヨークの地下鉄利用者の皮膚マイクロバイオームを最終的に均質化する一因となっているのかもしれないということなのである。使われていない駅と使われている駅で細菌の種類を比べることによって、ペイスらはどちらの駅にも皮膚細菌が存在することを明らかにした。これは、地下鉄構内そのものが、構内全体に強制的に空気を循環させた結果、ひとつの特異な環境になっていることを示している。

そのほかの地下鉄構内についても、次世代シークエンシングや、地下鉄構内の空気を寒天培地にのせて分析する「培養による」手法で、詳しく調べられている。韓国のソウル、日本の東京、ノルウェーのオスロの地下鉄でも分析したところ、それらのマイクロバイオームも、ニューヨーク市の地下鉄構内のマイクロバイオームと同じように、棲みついている微生物に均質化が見られた。

空気中の細菌を分析する以外の手段として、ワイル・コーネル医科大学の研究者クリス・メイソンも、ニューヨーク市の地下鉄駅にある物体の表面に棲む微生物を調べている。このパソマップ（病原マップ）プロジェクトでは、学部生の「綿棒チーム」を使って四六八ある駅のすべてでサンプルを採取し、各駅で多くの場所を綿棒で拭き取った——切符売り場、回転式改札口のバー、ベンチやくずかごの表面、それに駅に停まった列車からも数か所（図3・3）。

列車から拭き取ったサンプルは、ガタガタ揺れる車両で乗客が体を支えるためにつかむ手すりなど、たいてい金属の表面から採取されている。この研究の結果は、空気中のエアロゾル（気体中に微粒子が分散した状態のもの）とはやや異なる微生物相を示しているように見える。そこには、豊富に見つかる皮膚細菌――とくにアシネトバクター（*Acinetobacter*）属の種――と、あまり豊富には見られない連鎖球菌属の細菌があった。さらに、腸球菌（*Enterococcus*）も通常の頻度より多く表面に存在した。この事実を知ると少しばかり不安になる。この細菌は一般に糞便に棲んでいるので、地下鉄の手すりなどの表面にこれが存在するのは、乗客の手洗いの習慣にかんする問題を示しているのだろう。

パソマッププロジェクトが興味深いのは、人間がよく利用する環境での微生物の多様性について得られる情報のためだけでなく、その情報の得られかたのためでもある。このプロジェクトを完了させるには、きっと一〇〇万ドルを超える費用が必要になるから、研究者はオンラインでのクラウドファンディングによって一部の資金をまかなうことにしたのである。

ニューヨークの地下鉄に乗る年間一六億人の利用客は、よく使われる公共空間の微生物

図3.3　ニューヨーク市の一般的な地下鉄駅改札
切符売り場、回転式改札口、ホームのベンチ、地下鉄車両の手すりから微生物コミュニティのサンプルを採取する。

の多様性を知るうえで、見事なまでに規模の大きなサンプルを提供してくれるが、博物館のようにもっと落ち着いた公共空間で見られる傾向を調べると、この種の環境で人々が接触する微生物にかんする情報が明らかになるかもしれない。たとえばルーブル美術館のマイクロバイオームをある期間調べた結果、微生物コミュニティの安定性が明らかにされている。六か月にわたり、フランスの研究者がリシュリュー翼《よく》〔北側に並ぶ建物群の呼び名〕の展示室36でサンプルを採取したのだ。この部屋には、フランス摂政時代〔ルイ一五世幼少期にオルレアン公フィリップが摂政を務めた時期（一七一五～二三）を指す〕の大家アントワーヌ・ヴァトーの作品が飾られている。

培養技術と次世代シークエンシングの利用により、研究者たちは、大腸菌とアスペルギルス・フミガトゥス（*Aspergillus fumigatus*）という菌類の量が六か月のあいだ比較的一定であることを見出した。さらに、サンプルのうち三つ（一日目、一五七日目、一六四日目のもの）が、次世代シークエンシングを用いて分析された（図3・4）。どの日にも細菌の大きな系統がいくつか見つかっていたが、サンプ

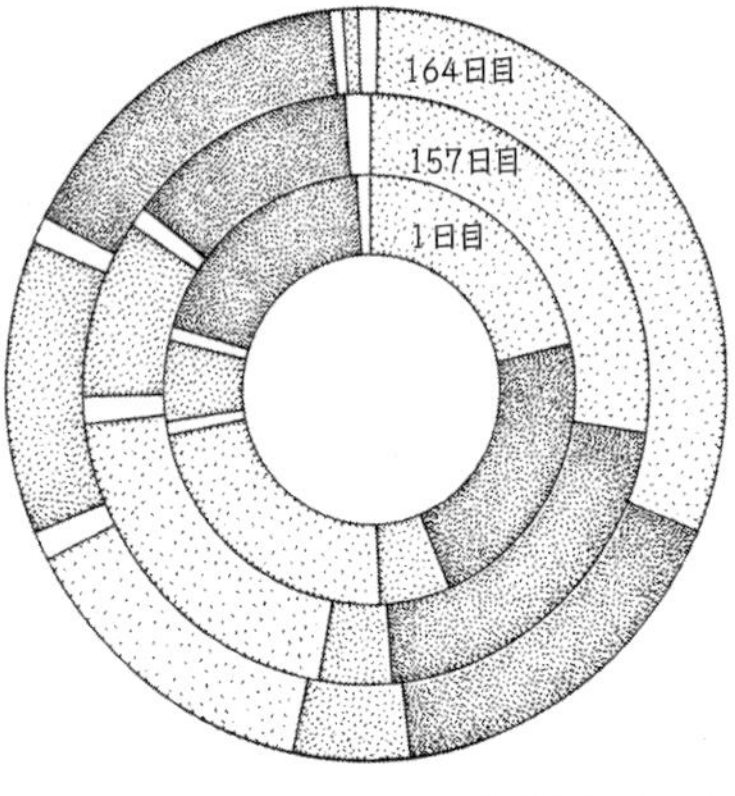

図3.4　この円グラフから、ルーブル美術館（パリ）の展示室36における微生物コミュニティが安定していることがわかる。サンプルは164日の期間をかけて採取された。円に記された数は、その期間でどの日にサンプルを採取したかを示している。

ルの微生物構成はこの三日で驚くほどよく似ていた。この結果は、ルーブル美術館の——いや、少なくともルーブルの展示室36の——マイクロバイオームがきわめて安定していることを示している。

公共空間で、ほかの部屋はどうだろうか？　ルーブル美術館のトイレがかなりきれいなことは筆者たちも証言できるが、あなたもきっと、汚すぎて使いたくないようなトイレに一度や二度は出くわしたことがあるだろう。微生物が公共のトイレでどのように定着し共存しているかについては、本章の冒頭で紹介した右手と左手の研究をしたのと同じコロラド大学の研究者たちが、調査している。ボールダー校の男子トイレと女子トイレのマイクロバイオームを調べた彼らは、公共のトイレにどの微生物がいて、人々とどんな相互作用をしうるかについて、興味深い事実を初めて明らかにできた。

コロラド大学の研究者たちは、そうしたトイレで一〇の場所の表面を綿棒で拭き取った〔トイレの入口ドアの入る側と出る側のハンドル、個室のドアの入る側と出る側のハンドル、蛇口のハンドル、液体石鹸のディスペンサー〔下側から押すなどして適量を取り出せる容器〕、便座、便器に水を流すレバー、便器まわりの床、洗面台まわりの床〕。そのサンプリングの手順により、男子トイレから六〇、女子トイレからも六〇のサンプルが得られ、どれも次世代シークエンシングの手法で調べられた。こうした校内のトイレは、存在する細菌の種類の点でかなり多様だった。見つかった細菌のなかでとくに多い四つの門は、放線菌、フィルミクテス、プロテオバクテリア、バクテロイデスだった。聞き覚えがあるとしたら、それもそのはずで、皮膚に棲む細菌で圧倒的に多い四つの門と同じだからだ。研究者たちは、どこでサンプルを採取しても、床のサンプルは非常によく似ていることを明らかにした。同じように、トイレのサンプルも互いによく似ている。またさらに、手が触れる場所（トイレ以外）のサンプルはひとつのクラスターを形成していた。この三大クラスターのうち、トイレ――とくに便座――には、糞便によく見つかる微生物が多く存在し、これはトイレの糞便から多くの雑菌が便座についていることを示唆している。また床のサンプルには土壌サンプルによく見つかる細菌がたくさん存在し、これはトイレのマイクロバイオームの形成において靴が大きな要因であることを示している。さらに、手が触れる場所にかんしては、皮膚マイクロバイオームに最もよく見られる微生物が大量に見つかっている。

男子トイレと女子トイレのあいだに見られる大きな違いは、女子トイレにはラクトバチルス（*Lactobacillus*）属の微生物が存在することだ。この結果は意外ではない。この属の細菌は女性の生殖器官とかかわりが深いからである。総合的に見て、トイレのマイクロバイオームの構成は多様だが、トイレ内の各部の表面に触れる人体の部位の影響を直接受けている。またトイレは、靴や手、その他の皮膚などの外部のものからの微生物にとっていわば「たまり場」なので、人間の衛生状態を調べたり、場合によっては衛生にかかわる習慣を形成したりする、重要かつ直接的な場となる。

わが家は心――と微生物――のありか

地下鉄のある都市に住む人ならここまでの結果に興味津々かもしれないが、日常的に地下鉄に乗らない人も、空気中や身のまわりの建物にあるものについて考える必要がある。マイクロバイオームを調べるべき場所としてさらに重要なもののひとつは、家だ。そしてまたもや、ノースカロライナの研究者たちが、「ハウスオーム」〔家（house）とマイクロバイオーム（microbiome）を組み合わせた造語〕を調べる最初の取り組みをおこなった。

自分の家でマイクロバイオームを見つけようとしたら、どこを探すだろうか？　家に棲む細菌の種類を把握するのは、一見したところ気が滅入る仕事に思えるかもしれない。私たちの家は、かなり多様性の高い場所だ（街なかの四〇平米に満たないワンルームマンションに住んでいるのでもなければ）。微生物にとって、家のなかで棲む場所の多様性は厖大にちがいない。そこでこの研究では、具体的な仮説をいくつか検証しようとした。たとえば、頻繁な掃除は家のなかの微生物の多様性に影響を及ぼすかどうかが関心の対象となった。そのために家をミクロな生息環境の集まりと見なすアプローチを採用し、頻繁に掃除されている場所の表面と、長いこと掃除していない場所の表面を調べた。温度と湿度も微生物の生息環境の重要なパラメータなので、家のなかでこれらが異なる生息環境も調べることにした。家にだれが住み、何が棲んでいるのかも重要だ。地下鉄も博物館も公共のトイレもすべて、そこへよく訪れる人の皮膚マイクロバイオームの影響を受ける。家のあちこちをうろつく生物も、家のなかの環境を知る重要なパラメータとなる。図3・5に、四〇の家で調べたさまざまな場所を示す。

家のなかで支配的な細菌の門は比較的一貫しており、ほとんどがプロテオバクテリアとフィルミクテスと放線菌に属しているが、家のなかの個々の環境に棲む細菌のプロファイルはずいぶん興味深い（図3・6）。平均して一〇〇を超える種類のファイロタイプが、調査された九種類の環境のそれぞれで見つかっている。これはつまり、どの環境にもそれとかかわりをもつ多

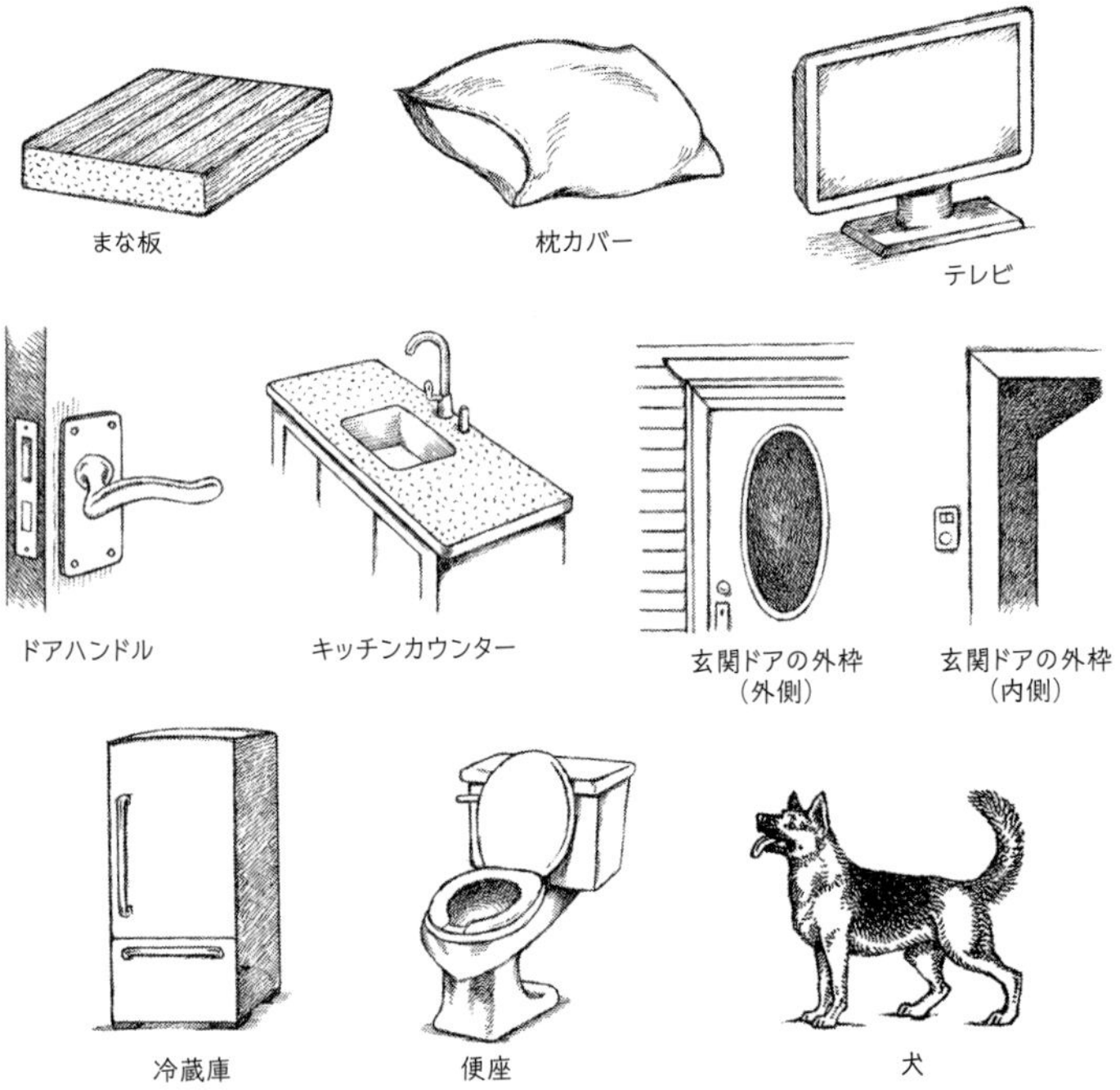

図3.5　ハウスオームの調査でサンプルを採取した場所

くのファイロタイプが存在するということだ。また、キッチンのまな板や——まさかと思うかもしれないが——トイレの便座など、頻繁に掃除されている場所の表面が、テレビの画面や玄関ドアの外枠など、頻繁には掃除されていない場所に比べ、ファイロタイプが少ないこともわかっている。さらに、頻繁に掃除されている場所の表面は、存在する微生物の種類の点で、互いに比較的近いようにも見える。

この結果は、掃除がキッチンの微生物の多様性を決める重要な要因だとする仮説を検証した別の詳細な調査とも合致している。この調査をおこなった研究者たちは、キッチンを生態環境の集合と見なしたため、その部屋の各所における細菌の動きを事細かに調べた。すると、換気扇のような場所は、流し台のような頻繁に掃除されている場所よりも微生物の多様性が大きいことがわかった。こうした知見は理にかなっているが、それに加え、家のなかで比較的重要性の高い部屋において微生物の動きをとらえる定量的な手法もある。

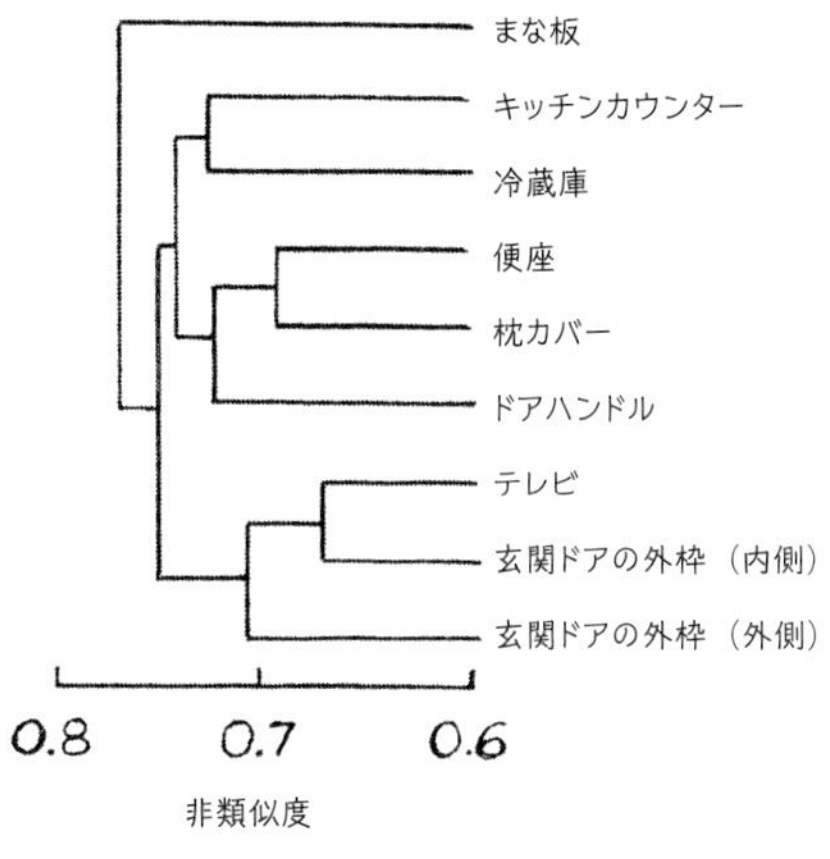

図 3.6　家の微生物コミュニティの研究で、種々のサンプリング地点の類似性を示す関係図。便座と枕カバーの関係が、それらとほかの表面との関係よりも近い点に注意。

たとえば、細菌が皮膚から掃除したての場所の表面へ移るさまが推測できる。希少な微生物もあとから加わる。キッチンをさらに詳細に調べた研究では、食品由来の病原性細菌をもつ属の微生物が、キッチン全体から――しかしきわめて明確な分布パターンで――見つかっている。このパターンは、キッチンの衛生状態を良くする取り組みのひとつとして調べることもできた。

ハウスオームの研究からは、一見したところ興味深い結果もいくつか得られた。かなり驚いた結果は、九つの場所の表面のファイロタイプ構成について互いにどれだけ近いかを調べたところ、枕カバーがトイレの便座に最も近かったというものだ（図3・6参照）。この結果にはちょっとぞっとしてしまうかもしれないが、便座も枕カバーも人間の広い面積の皮膚とじかに触れ合うものである。尻のマイクロバイオームと顔のマイクロバイオームとでは少し違うが、どちらにも同じ一般的な種類の皮膚細菌が棲んでいるので、このふたつの表面には似たようなファイロタイプがついている。

家によって微生物の分布が異なる理由も、家に出入りするものと大いに関係がある。すでに明らかにしたとおり、多くの皮膚マイクロバイオームが家に流れ込んでいる。そのうえ、微生物は、靴などの私たちが身につけるものや、もち歩く財布や携帯電話などの品物を介して家にもち込まれる。アルフレッド・P・スローン財団が一部資金援助しているホーム・マイクロバイオーム・スタディ（homemicrobiome.com）は、家のなかや携帯電話、靴に見つかるものについて、非常に多くの「市民科学者」――進んで協力する一般の人――からデータを集めることによって、この領域の研究を押し広げた。その結果は、一般に携帯電話のマイクロバイオームが靴のものに比べ多様性が低いことを示しており、携帯電話が接触するのはそれを置く場所や私たちの手であるのに対し、靴が接触するのは歩きまわる場所すべてであることを考えれば、これは納得がいく。同じ研究に含まれる別のプロジェクトでは、「市民科学者」戦術を利用して、たくさんの家で生活空間全体の微生物の多様性も調べている。

研究者たちが考慮に入れた因子のひとつに、家のなかのペットの存在があった。彼らは、犬がいる家のマイクロバイオームが、いない家のものとは異なることを明らかにした。この結果は、人間の「一番の友達」の存在や不在がハウスダストの多様性に影響を与えるという、二年前におこなわれた別の研究の結果とも一致していた。

動物についているのは、ノミやダニだけではない。それどころか、犬の皮膚マイクロバイオームは私たちのとまったく同じぐらい複雑で、ひょっとしたらそれ以上に複雑かもしれない。それに、まったく同じぐらい外部の影響を受けやすい。二〇一四年の獣医学者と微生物学者による研究では、犬の皮膚がヒトの皮膚と同じぐらい、微生物にとって複雑な生態環境の集まりであることが示されている。テキサスA&M大学の研究者は、犬の体の数か所からサンプルを採取することで、犬の体表に棲む細菌の多様性について基本的なファクターをいくつか特定できた。犬の体で粘膜のある場所――鼻など――と毛の生えた場所とでは、マイクロバイオームが異なる。また、どちらの場所も、肛門周囲の場所とはかなり違っている。毛の生えた場所は、ほかのふたつの領域よりはるかに多様性が大きい。この研究をおこなった研究者たちは、健康な犬と皮膚に問題（アレルギーやノミなど）を抱える犬を何匹か調べ、健康な犬の皮膚のほうが微生物の多様性が大きいことを明らかにした。人間でも見られる現象をやや反映しているもうひとつの結果は、マイクロバイオームの構成が個々人でかなりばらついているというものだ。すると、個々人について言えると研究者が訴えたように、個々の犬も皮膚のマイクロバイオームで識別できるかもしれない。

犬——また一般にペット——にはユニークな皮膚細菌がたくさんついており、皮膚は微生物コミュニティをまき散らすのに便利なので、ペットは家のマイクロバイオームに影響を及ぼしうるだろう。ノースカロライナの研究者たちは、実際にこの可能性を検討し、犬のいる家が、いない家とは（犬がいなくて猫がいる家とさえ）マイクロバイオームが異なることを見出した。具体的に言うと、犬のいる家庭には、犬の皮膚マイクロバイオームに近いマイクロバイオームが存在するのである。皮膚細菌が家のマイクロバイオームにどう影響しうるかについてここまで語った話を考え合わせれば、これは意外ではないはずだ。しかし、この研究と、犬と猫が家の空気中のマイクロバイオームに及ぼす影響を探った別の研究から導き出された結果は、ペットがいると、私たち人間が家のなかの空気に対して示す反応に大きな違いが現れることを示している。とくに、家のなかでペットのマイクロバイオームにさらされていると、住人は種々のアレルギーになりにくくなるようなのである。

家を出てオフィスへ行けば外にいる多数の微生物から逃れられるなどと思わないように、ループルでの博物館の調査を思い出してもらおう——あるいは、職場のマイクロバイオームを調べたほかの研究でもいい。カリフォルニア大学サンディエゴ校とアリゾナ大学のクリッシ・ヒューイットらは、大都市圏――ツーソン、ニューヨーク、サンフランシスコ――のオフィスのマイクロバイオームを調査している。ヒューイットらはそれぞれの市にある三〇のオフィスで五か所――椅子、電話、コンピュータのマウス、キーボード、机の上――を綿棒で拭き取り、オフィスの使用者が男か女かも書き留めた（図3・7）。

この研究は、少数かつかなり限られた種類のサンプルによっておこなわれたが、マイクロバイオームがどのように形成され、維持されるのかについて、いくつか興味深い傾向を示していた。この研究ではふたつの方法でマイクロバイオームを調べた。第一の方法は、単に表面の微生物をかぞえ、どこの都市や表面か、オフィスの使用者が男か女かといった因子をもとに、さまざまな表面に棲む多くの微生物を明らかにするというものだ。第二の方法は、微生物の存在量は無視して、ハウスオームの研究のように、マイクロ

図3.7　よくある机の上の状態。オフィスの微生物コミュニティの研究でサンプルを採取した場所を示している。椅子、電話、コンピュータのマウス、キーボード、机の上のすべてから採取した。

バイオームがどれだけ多様かを明らかにするというものである。

結果はどうだったか？　電話と椅子には、オフィスでサンプリングしたほかの三か所の表面より多くの細菌がいた。また、男性のオフィスにあるものの表面には、女性のオフィスのものより多くの微生物が満ちあふれていたが、単に男性のほうが一般に体の表面積が広いためなのか、よりがさつだからなのかは、定かでない。この研究の多様性評価によれば、やはりオフィスの使用者の皮膚細菌が、三つの都市のオフィスでマイクロバイオームの多様性を決める大きな要因だった。多様性の傾向には、地理的な違いもあった。サンフランシスコはツーソンやニューヨークより微生物の量が少なかったが、ツーソンには特有の微生物コミュニティがある一方、「ジャイアンツ」というスポーツチームがあるふたつの市（サンフランシスコ（野球）とニューヨーク（アメリカンフットボール））のオフィスでは微生物の顔ぶれはかなり近かった。この傾向は、ツーソン付近の砂漠土が、サンフランシスコやニューヨークのような温帯の高度に都市化された環境とは大きく異なるからだと説明することもできる。オフィスで働く人々が泥のついた靴でやってきたときに、それぞれ異なる微生物コミュニティが靴底からオフィスへ運び込まれたというのである。

こうした結果から、オフィスや博物館のギャラリーや教室への微生物の入り込みかたについて、こんな疑問も浮かぶ。微生物は風に乗ってもぐり込むのか？　どのように移動するのか？

二〇一四年にオレゴン大学で教室のマイクロバイオームについておこなわれた調査は、この点を知るのに役立つ。研究者はその調査で、頻繁に使われる変化の多いスペースを出入りする多くの人間の動きが、教室内の微生物の分散にどう影響するかを明らかにしようとした。そして表面に棲む細菌は、隣り合った面を超えて移動するか、教室のなかを動きまわりながら学生に便乗することによって、部屋全体に広がることができると考えた。教室内にある四種類の表面を調べた結果、研究者は、表面同士の近さよりも人間のファクターのほうがはるかに大きいことを示せた。それどころか、人間はそうした表面に直接触れなくても表面の細菌を移動させることができる。昼夜を問わずいつでも私たちは、皮膚のマイクロバイオームをこぼしているのである。

第4章　私たちの体内に何がいるか？

人体へ異物が侵入してくる恐怖は、一般的なSF映画の主要なテーマだ。映画『エイリアン』で、乗組員の胸から宇宙生物が出てくるのを初めて見たときの衝撃はだれも忘れられないだろう。人間がこの異星人の幼生期の棲みかになってしまうのだから、ぎょっとするし気味が悪い。だが、人体への侵入を描いたSFでなによりおぞましいのは、ゾンビになる感染症の話かもしれない。人間の体はゾンビに襲われると、たいていウイルスに似た病原体の侵入を受け、死に至る代わりに脳がだめになる。一方で体は生きつづけ、人の肉を求めて狩るようになる。まだ完全にゾンビ化していない人も、動く生身のペトリ皿となって伝染性の病原体を増殖させ、やがて死ぬとゾンビの仲間入りをする。アメリカのテレビドラマ・シリーズ『ウォーキング・デッド』は、人類が「ウォーカー」というゾンビになっていく話だが、そのドラマでとりわけぞっとするシーンは、ゾンビが追ってきたり生きた人間を食べたりする場面ではなく、むしろ全人類がウォーカーになる病原体に感染していることを主人公が知る場面ではないだろうか。多くの人にとって、このように何か外の因子に体を乗っ取られるのは、少しリアルすぎるように思えて不安になるのかもしれない。じっさい、コッホとパスツールの時代から続くいわゆる「微生物との戦い」も、体が侵されることへの恐れが根本にあった。過去一世紀ほど、私たちは感染症やさまざまな病気の治療手段として、体から微生物を排除することに専念してきた。だが、ヒトの体内にはたくさんの微生物がひしめいており、私たちは体表に棲む微生物と同じように、そうした体内の微生物とも大いに調和しながら生きている。ヒトと体表や体内の微生物との相互作用は、通常は「戦争」よりむしろ「緊張緩和《デタント》」に近い。

人体の内部にいる微生物は、表面にいる微生物とは大きく異なる。表面の微生物は、ひとつの器官とだけ相互作用をする。とはいえ、それは人体最大の器官――皮膚――であり、ヒトや哺乳類の体が微生物に対処すべく進化させた皮膚の仕組みは、もっぱら力学的で鎧《よろい》に近い。人体の表面の環境は多様で、さまざまな微生物種に適したニッチが存在するが、十数種類の皮膚細胞はどれもひとつの型の変種にすぎない。

それに対し、体内の細胞の種類はまるっきりばらばらで、核のない赤血球から高度に分化した神経系の細胞まで多岐にわたる。たとえば、ヒトの体には数十の内臓があり、そのためそれらの内臓に対応する細胞が何百種類も存在する。板形《ばんけい》動物（原始的な形態の無脊椎動物）や海綿（下等な後生動物）といった動物には、それぞれ四種類、八種類の細胞しか存在しない。同じく下等な後生動物である刺胞《しほう》動物もさほど複雑でなく、一〇数種類の細胞があるだけだ。昆虫は少し複雑になり、二五種類以上の細胞をもつ。人体にはずっと多くの種類の細胞があるので、侵入者が探りまわって棲みつくのに適したニッチも多い。また、神経系や循環系といった細胞系の種類も幅広く、それによって微生物は体内へ入り、体じゅうを移動することができる。このような要素が組み合わさって、人体の内部は微生物の活動の舞台となっている。

微生物は四つのルートで人体に入り込む。第一に、食べ物や飲み物の摂取によって口から入り、主に食道、胃、腸に棲みつく。第二に、息を吸うときに呼吸器系から入る。第三に、傷口や輸血、薬物の静脈注射、虫刺されなどから血液を通じて体内に入る。そして最後に、性交によって生殖器や肛門の開口部から入り込むのである。

口腔のマイクロバイオーム

口から入って体内に棲みつこうとする微生物は、単独でも集団でもさまざまな環境因子に直面する。胃腸の微生物相がこれほど多様な理由はふたつあり、（酸度を表す）pHに幅があることと、侵入してくる微生物の数が単純に多いことが挙げられる。図4・1は、食道より先の消化管における環境条件の幅広さを示したものだ。口腔は、身体でもとりわけ驚くほど多様な微生物が生息している場所で、ふたつの主要なドメイン——古細菌と細菌——に属する微生物に加え、もちろんウイルスも存在している。また菌類やアメーバなどの真核生物が棲んでいることもあり、ときには、鵞口瘡《がこうそう》と呼ばれるのどの感染症を引き起こす、カンジダ酵母のようなたちの悪い菌類が混じっていることもある。とはいえ、たいていの場合、ヒトの口腔マイクロバイオームは微生物が共存する健全な集まりである。

マイクロバイオームを明らかにするには、まずそこにどんな種が棲んでいるかを調べる必要があるが、口腔マイクロバイオームの種の構成は「ヒト口腔マイクロバイオーム・データベース」（H

ＯＭＤ）のおかげで詳しく特定されている。一二〇〇種近くの細菌がこれまでに分類され、そのうち半数以上は微生物学者が優勢と呼ぶ状態で、つまりは珍しくないらしい。それどころか、この口腔の一二〇〇種は一三の門に分布しているので、口腔マイクロバイオームは皮膚マイクロバイオームより門のレベルで三倍ほど多様性に富む。だが、命名され培養されている微生物の大半はヒトとかかわりがあるが、口腔マイクロバイオームの微生物で、すでに細菌分類学者に命名されているることが知れわたっている種は二四パーセントにすぎない。さらに八パーセントは培養されているが名前はついておらず、残りの六八パーセントは名前もなければ培地で育てられてもいない。口のなかの微生物の種がこれほど知られていないと

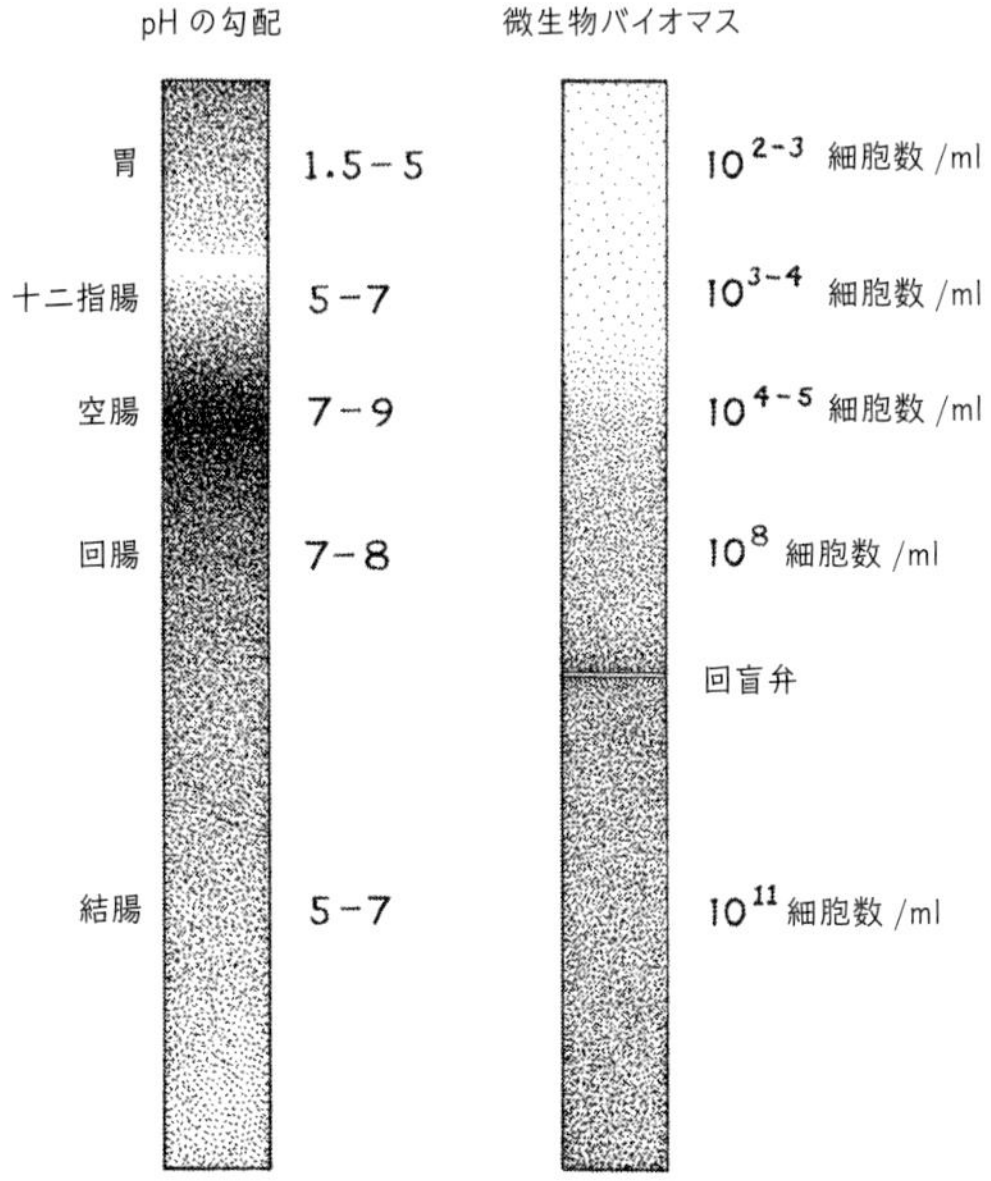

図 4.1　ヒトの消化管における pH と微生物バイオマス（生物体量）の大きな多様性

は、驚くばかりだ。アメリカ東部の森に分け入る昆虫学者なら、森で目にする昆虫の種のほぼ九九パーセントは名前がわかるだろうし、新種を見つけたらびっくりするだろう。それにひきかえ、ヒトの口に棲む生物は、四分の三近くが分類もされていないのだ。

口腔は生態学者の言う開放系であり、呼吸や飲食によって物質や生物がしじゅう出入りしており、どの細菌が一般的な口腔に棲んでいるのかを明らかにするのはかなり難しい。そこで研究者は、できるだけ多様な人に存在していそうな細菌群を判断材料にしている。これはコア・マイクロバイオームと呼ばれ、健康な口腔マイクロバイオームを形成する最小限の微生物集団と考えられている。次世代シークエンシングを用いて何人かの被験者のサンプルを解析したところ、一般的な口腔マイクロバイオームには、平均して約二五〇種の微生物が存在することが判明した。全サンプルでは、合計五〇〇種ほどが見つかった。ふたりずつ比較するとおよそ七〇パーセントの種が重複していたが、全員を比較すると重複は三三パーセント程度にまで落ちた。したがって、一五〇種あまりがコア・マイクロバイオームを構成していることになる。

また、生きているあいだに経験する環境要因が口腔マイクロバイオームに影響するかどうかを確かめるために、研究者は被験者の口腔を一〇年にわたり定期的にサンプリングした（一二～一三歳、一七～一八歳、そして最後に二二～二四歳のとき）。被験者のグループには、一卵性および二卵性の双生児のほか、非双生児のコホートも含まれていた。結果は、一卵性でも二卵性でも双生児同士では、非双生児のコホートに比べ年少時の口腔マイクロバイオームが似通っていることを示していた。口腔マイクロバイオーム——あるいはどのマイクロバイオームでも言えるのだが——の構成に遺伝的な要素が強く見られるのなら、一卵性双生児同士の口腔マイクロバイオームのほうが、二卵性双生児同士より似ているはずだが、そのような差異は認められなかった。おまけに、双子が大きくなって生活（ひょっとしたら食事や歯みがきの習慣も含めて）の違いが大きくなるにつれ、口腔マイクロバイオームも異なっていった。

人間の行為で、口腔マイクロバイオームに直接影響を与えるものがひとつある——キスだ。最古のキスの記録は三五〇〇年前のサンスクリット語の文献に登場するが、もっと昔からおこなわれているのは間違いない。その証拠に、人類学者がキスの起源を示す際に用いる説明のひとつとして「キス・フィーディング」がある。これは霊長類に（またほかの動物にも）見られる行動で、昔も今も人類文化に広く行きわたっている。キス・フィーディングとは、親が幼い子のために食物を前もって咀嚼して軟らかくし、親から子へ口移しで食べさせることを言う。また、キスは人間の本能だという説を唱える人類学者もいる。どちらの説が正しいにせよ、キスはそれをする相手にマイクロバイオームを移すのに効率の良い手だてだ。同居しているカップルの口腔マイクロバイオームがよく似ていることを示した研究もある。これがキスのためなのか、似たような居住環境で暮らしているためなのかについては、濃厚な「ディープキス」をする何組かのカップルを追跡したオランダの研究が取り組んでいる。オランダの研究者たちはキスとキスする人について実験までおこない、マイクロバイオームにかんして、キスするふたりの口腔の類似性は濃厚なキスによって大きく高まりはしないことを見出した。一方、キスするふたりの唾液のマイクロバイオームはどんどん似てくることがわかった。ディープキスのことを「スワップ・スピット（唾の交換）」とも言うが、文字どおりの意味でそうだったわけだ。研究者たちはさらに、キスが終わってから口のなかで急速に変化する部位がある一方、舌の上面などはほとんど変わらないことも明らかにした。ラクトバチルスとビフィズス菌を入れたヨーグルトで対照実験もおこない、一〇秒のディープキスで平均八〇〇〇万以上の細菌が移動することも確かめた。こうした結果から言えそうなのは、あなたが既婚者で浮気を考えていても、ディープキスはやめておけということだ。あるいは、みだらな行為のあとで口腔マイクロバイオームのサンプルを採らせてはいけない。一発でバレてしまうのだから。

口腔マイクロバイオームの地理的・系統学的な構成も詳しく調査されている。世界の一二の地域に住む一二〇人を対象にした広域の地理的研究により、同じ地域内ですら個々人のマイクロバイオームに違いはあるが、赤道から遠ざかるほどマイクロバイオームが似てくるという点を除けば、地理的な差異に明確な傾向はないことがわかったのだ（この研究では文化的背景や人種は考慮されていない）。ハウスオームの研究者たちが、便座と家のドアでマイクロバイオームの差異を明らかにできたことと比べてみるといい。

比較のために、私たち人類に最も近い現生の親類であるチンパンジーとボノボのマイクロバイオームを見てみよう。ピグミー・チンパンジーの名でも知られるボノボは、近年になってようやくチンパンジーとは別種であると認められた。ヒトの系統はこの二種とほぼ七〇〇万年前に分岐し、ボノボとチンパンジーは約二五〇万年前に分岐した。一方、現在地球に住むすべての人類の共通祖先が生きていたのは、ほんの一八万年ほど前だ。

ある研究で、研究者たちはアフリカの動物保護区に棲むチンパンジーとそこで働くヒトのマイクロバイオームを比較した。また、アフリカの別の国の保護区でボノボとそこで働くヒトも比較し、さらに、ドイツのライプチヒ動物園で長いこと飼育されているチンパンジーを調査した。その結果、口腔マイクロバイオームの構成はきわめて種に特異的であることが明らかになった。要するに、チンパンジーとボノボのマイクロバイオームは、それぞれのマイクロバイオームと世話するヒトのマイクロバイオームのあいだよりも似ているということだ。そのほか、アフリカの野生に近い条件で暮らしているチンパンジーやボノボより、動物園のチンパンジーのほうが口腔マイクロバイオームの多様性が大きいことも報告されている。

こうした結果は、私たちがふたつのレンズを通して自分たちと口腔マイクロバイオームとのかかわりを見る必要があることを示唆している。ひとつは、系統学的なレンズ。微生物が私たちと明確なかかわりをもっているのは、微生物がヒトと共進化してきたからにほかならない。一方でもうひとつは「育ち」の――つまり環境の――レンズで、生育環境の影響などだ。第一のレンズを使えば、ヒトと共進化して相利共生の関係を築き上げた可能性が高いコア微生物群（中核的な微生物）を突き止めることができる。また第二のレンズでは、そのコアをとりまくバリエーションも考えられるようになり、マイクロバイオームをもとに集団内で個人を特定する可能性も与えられる。

扁桃腺と歯

口腔の奥には、扁桃腺とアデノイド（咽頭扁桃）がある。それほど意外ではないだろうが、扁桃腺の健全なマイクロバイオームは、それ以外の口やのどの部位のマイクロバイオームと非常に近い。実のところ、健康な人の場合、扁桃腺と舌の上面とのどの微生物種の構成はほぼ同じなのだ。

慢性扁桃炎を患う子どもを対象としたひとつの研究が、この領域のなかで感染源となりうる部位を解明する手がかりになるかもしれない。その子の扁桃腺、アデノイド、耳管《じかん》〔中耳とのどをつなぐ管〕のマイクロバイオームを分類した研究者たちが、この三か所は体のほかの部位ほど多様性がないものの、病気の状態でのマイクロバイオームはそれぞれに特異であることを見出したのである。耳管と扁桃腺には共通の細菌の種が最も少なく、アデノイドはそのふたつの中間に位置しているようだった。この研究によれば、アデノイドが、最終的に扁桃腺と耳管――幼児の親の大半が感染の多く起きる部位と知っている場所――のものとなる微生物相の源なのかもしれない。それならアデノイドの摘出（アデノイド切除術という）が病原微生物を取り除くのにいいように思うかもしれないが、話はそう簡単ではない。アデノイドはおそらく耳管と扁桃腺の正常なコア微生物群も調整しているので、それを取ってしまうと別の場所の生態系を破壊してしまうおそれがあるのだ。

ブタの扁桃腺は、微生物に人気のある場所だ。ヒトの扁桃腺よりやや大きく、取り入れた食べ物や空気の通り道にあるため、ブタの集団でこの組織の感染症は慢性的に存在する。体に入ってくる微生物をスポンジのように吸収するブタの扁桃腺は、ヒトの扁桃腺とずいぶん異なるマイクロバイオームをもっている。主に棲んでいるのはパスツレラ科（*Pasteurella*）の細菌だが、それに比べてヒトの扁桃腺にこの科の微生物はほとんど見られない。代わりにヒトの扁桃腺にいるのは、連鎖球菌やブドウ球菌、フィルミクテス門の多くの種などである。こうしたブタとヒトの扁桃腺の違いは、互いの系統が分岐してから微生物がこの組織と共進化を遂げた結果であるのは間違いない。

口のなかで残る部位はあとひとつ――歯だ。哺乳類の歯の進化は、魅力的なテーマである。アリクイのように歯をすっかり失った哺乳類もいれば、歯はあっても外側を覆って強化するエナメル質を失った哺乳類もいる。そしてエナメル質をもつ哺乳類の歯は、食べ物を嚙んで軟らかくするためにぎざぎざの頑丈な道具に進化した。

一般にヒトの歯は顎《あご》の骨に固定されており、歯冠と歯根からなる構造をもっている（図４・２）。歯冠は分厚いエナメル質の層に覆われていて、その下には象牙質というエナメル質より軟らかい層がある。象牙質の奥には、血管や神経の通っている歯髄という部分がある。歯と歯のあいだには歯肉と呼ばれる組織の層があり、歯を顎の骨に固定するのにひと役買っている。セメント質を含む歯周組織も、歯の固定を助ける構造の一部であり、顎の骨と歯の本体のあいだの層にあたる。このように構造を一般化すると、歯には内部や表面に細菌が棲むのに好ましい環境がいくつか存在する。エナメル質の表面が好きな微生物もいれば、歯肉や歯周組織の層など軟らかい組織を好む微生物もいる。さらに、歯髄や象牙質に棲みつく微生物もいる。そうした微生物にとっては、血管や神経の周囲がどこよりも棲みやすい環境なのだ。

歯のまわりで微生物のバランスが崩れると、いくつかの病変が生じることがある。そのひとつは、おそらくだれにでもおなじみの虫歯である。齲《う》蝕《しょく》、齲《う》歯《し》とも呼ばれる虫歯は、酸が歯を攻撃することによって生じる。いくつかの細菌、とくにミュータンス菌（*Streptococcus mutans*）やラクトバチルス属の一部の種は、虫歯とかかわりが深い。だが興味深いのは、こうした細菌の有無から、虫歯の発生が完全に予測できるわけではないということだ。そこで、人々の――たいていは子どもの（かなりの人数が虫歯に罹っているものなので）――歯のマイクロバイオームを調べることで、虫歯が微生物の存在下でどう発生するのかについて多くのことが見えてきた。

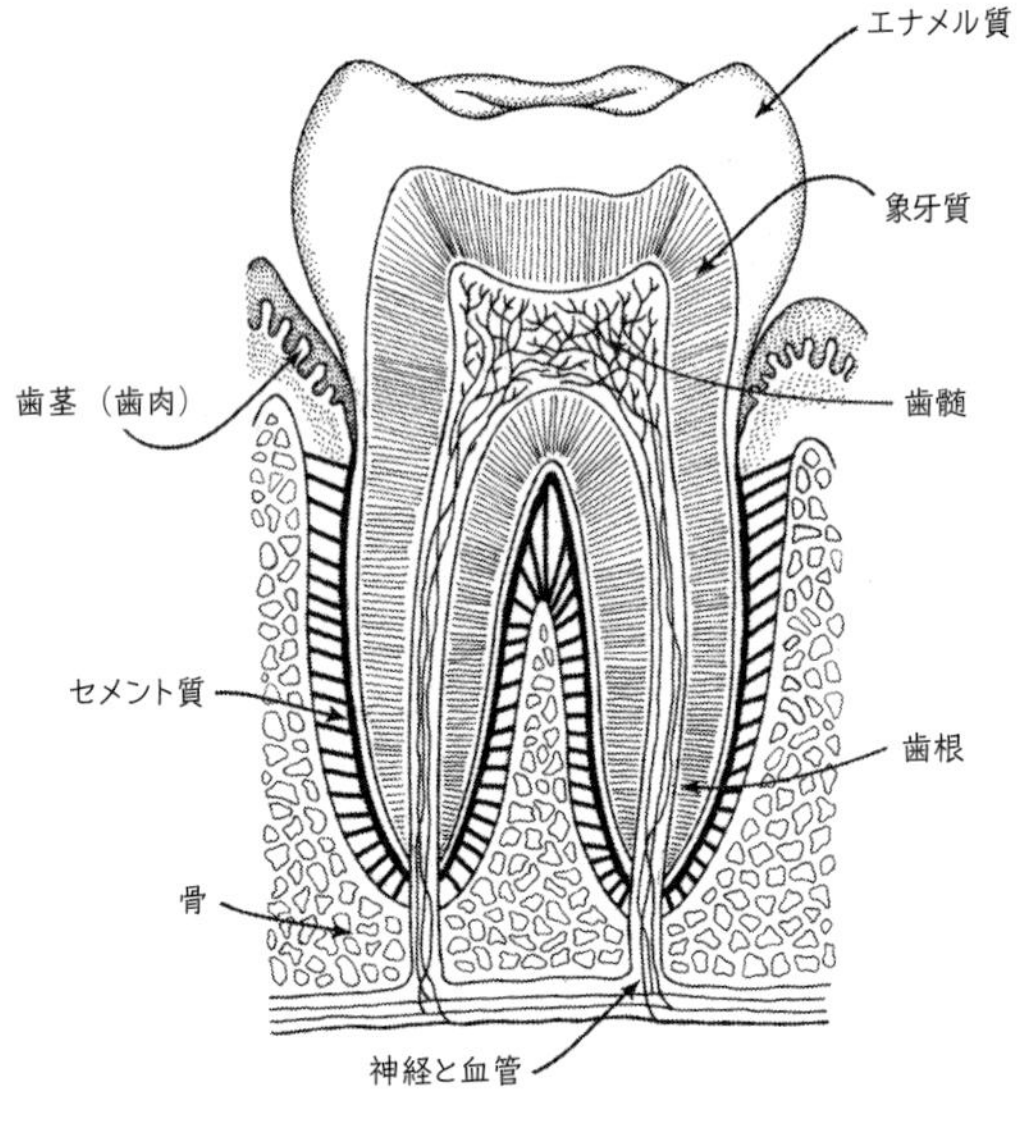

図 4.2　一般的なヒトの歯の断面図

ハーヴァード大学のアン・タナーの研究チームは、七五人を超える子どもを対象にこの現象を調べ、虫歯の程度はミュータンス菌などの連鎖球菌属の種の存在量と相関があることを明らかにした。また、歯周病とかかわりが深いプレヴォテラ・インテルメディア（*Prevotella intermedia*）とタンネレラ・フォルシティア（*Tannerella forsythia*）という二種の細菌も、少量ながら虫歯の子どもに見られた。タナーはまた、異なる人種の子どもを調査し、虫歯がある子の歯のマイクロバイオームはよく似ていることに気づいた。これは、虫歯をもたらす細菌の定着に人種の差がないことを示している。

先ほど指摘したとおり、ミュータンス菌とラクトバチルスで虫歯を絶対に予測できるわけではない。虫歯のひどい子どもを調べた別の研究によると、ミュータンス菌とラクトバチルスが関与していないときには、ナイセリア（*Neisseria*）やセレノモナス（*Selenomonas*）などの酸を産生する細菌が高い頻度で見つかる。この結果は単に、虫歯ができるプロセスはひとつに限らないということを示している。細菌のなかには、ひとまとまりになってバイオフィルムという形態で「とどまる」コロニーを形成できるものもいる。口腔内のほとんどの微生物は、液体を飲んだときに洗い流されたり、食べ物と一緒に消化管へ送り込まれたりして、おそらく酸の多い胃液に殺されてしまうだろう。ところがバイオフィルムの細菌は、団結して歯のエナメル質や歯肉の表皮などの表面にコロニーを付着させる分子を作り出すことで、こうした物理的な排除の手段に対抗しているのである。

いつも歯みがきをしている健康で清潔な口でも、ほとんど歯ブラシを抜いた直後から微生物のコミュニティが歯に棲みはじめる。歯みがきを終えたすぐあとや、子どもに新しい歯が生えたときに、歯の表面はペリクルというタンパク質の薄膜に覆われだす。すると、このペリクルを基質として細菌はフィルムを形成したがる。微生物が歯にコロニーを形成するさまを見るのは、生態学者ができたての火山島に生物が定着していく様子を見るのに似ている。噴火した直後の火山島の地表はまっさらの状態だが、やがてきわめて限られた条件で存在できる種が定着する。次に、最初に定着した種とやりとりするのに特化した種が棲みつきはじめ、種間のやりとりが複雑になりながらそうした生息種の遷移が続く。微生物が歯にコロニーを形成するときもまったく変わらない。最初にペリクルに付着する微生物は球菌で、これにはミュータンス菌、ストレプトコッカス・ミティス、ストレプトコッカス・サングイス（*Streptococcus sanguis*）、ストレプトコッカス・オラリス（*Streptococcus oralis*）、ロチア・デントカリオサ（*Rothia dentocariosa*）、表皮ブドウ球菌などが含まれる。こうした最初のコロニー形成の段階のあとにまたいくつかの種の細菌が付着するため、二〇以上の種がペリクルの上のごく薄いフィルムに共存するようになる。この段階でフィルムの厚みは、細胞一個から二〇個ぶんだ。

次に、この当初の薄い細菌層に第二の集団が加わる。さらにこのフィルムの一部をなす細菌が複製を始め、細胞一〇〇〜三〇〇個ぶんの厚みのバイオフィルムを生み出す。この第二波でやってくるさまざまな種の細菌は、それぞれの生態環境ごとに分かれて層をなす。バイオフィルムの厚みが増すにつれ、空気中の酸素への耐性が強い細菌が加わり、嫌気性の（つまり酸素を嫌う）細菌をすっぽり覆うようになる。バイオフィルムの個々の細菌がおこなう代謝は、どの層に何の種が現れるかを知る手がかりにもなる。こうした棲み分けによって、嫌気性の微生物はバイオフィルムの奥で暮らし、好気的な生活様式の微生物は表面にいるというシステムができあがる。膜内の微生物は、分子機構によって絶えず互いにコミュニケーションを図っている。そして何千もの細菌遺伝子が種々のタンパク質を産生することで、細菌が歯に付着しバイオフィルムに取り込まれるのをさらにうながしているのだ。

こうした細菌はどうやって互いにコミュニケーションを図っているのだろうか？　細菌は「クオラムセンシング（定足数感知）」という驚くべきプロセスによって決断をおこなっている。これは、実は私たち人間が日常的におこなうような推論による決断ではなく、微生物が環境に対して反応する複数の手段からいわば「選択」できるようにする機構である。微生物がある種の環境に遭遇した際にとれる手段のなかには、大きな集団やバイオフィルムを形成したり、病原性をもって宿主に反撃したり、抗菌剤に対応したりといったものがある。だが、成否は紙一重だ。十分な数がいないうちに微生物がバイオフィルムを形成しようと「決断」したら、バイオフィルムはうまく作れず、その集まり全体が死んでしまう。同様に、微生物の集団が病原性をもって宿主を攻撃しだしても、十分な数がいなかったら、その決断は裏目に出て宿主の免疫系に滅ぼされてしまうだろう。

多くの種の細菌が、クオラムセンシングのシステムを進化させてきた。細菌は、シグナル伝達分子または自己誘導因子（オートインデューサー）と呼ばれる特殊な分子を絶えず作って、細胞膜の外に分泌している。一方、細菌の細胞内には受容体という別の分子もあり、これが自己誘導因子と結合する。結合が起きると、その反応が、バイオフィルムの形成や病原性の獲得など、クオラムセンシングによって制御されるメカニズムに必要な遺伝子を活性化する。このシステムでは、細菌は自分と自分以外を区別して感知しない。自分の生み出す自己誘導因子で自分の遺伝子を活性化できるからだ。その代わりに、細菌は拡散の統計をもとにシステムを動かしている。近くにいる細菌の数が少ないと、自己誘導因子は拡散するばかりで受容体を見つけられず、一定数以上の細菌が存在してようやくシステムが始動する。つまり、こういうことだ。同じ領域にいる細菌の数が増えるほど、自己誘導因子は多く生み出される。やがて自己誘導因子の密度が閾値に達すると、細菌の活動が高まり、さらに多くの自己誘導因子が産生される。そうして受容体への大規模かつ組織的な結合が始まると、カスケード効果が生じ、バイオフィルムの形成や病原性の獲得など、細菌の生理的特性に関連する遺伝子が発現するのである。

クオラムセンシングは、バイオフィルム中の細菌の生育と複製の調節に大きな役割を果たしている。たとえば、受容能刺激タンパク質という、ミュータンス菌が互いのゲノムのＤＮＡを使って形質転換するプロセスにとって欠かせないタンパク質を産生する。形質転換は細菌の重要な機能である。それによって細菌の遺伝子や機能のレパートリーが広がり、病原遺伝子が無害な細菌に転移しやすくもなるからだ。ミュータンス菌を液体培地で少量育てると、それはクオラムセンシングを使ってまわりの仲間の数をかぞえる。濃度の低い液体培地にいるような、仲間をあまり感知しない状況では、ミュータンス菌は受容能刺激タンパク質をわずかしか作らない。このタンパク質がそうした希薄な培地で影響を及ぼすのに十分な数のミュータンス菌がまわりになければ、そもそも形質転換の意味がないからだ。ところが、ミュータンス菌が幾重にも積み重なっているようなバイオフィルムでは、クオラムセンシングのプロセスで受容能刺激タンパク質の刺激により、低濃度の培地の六〇〇倍も形質転換が生じる。周囲に多くの仲間がいるのを感知することで、ミュータンス菌は形質転換をうながす適切なタンパク質を生み出せ、その結果、自身のゲノムの生存率を高めるのである。

一部の種の細菌は子どもの虫歯と関係しているが、厳密にどの細菌群がこの症状を引き起こすのかはわかっていない。連鎖球菌属のいくつかの種が関与しており、とくにミュータンス菌は歯のバイオフィルム形成に大きな役割を果たしている。だが、ミュータンス菌は健康な歯のバイオフィルムのマイクロバイオームにも存在するので、ミュータンス菌に病原性を与えているのは、一緒にいる仲間だということになる。

バイオフィルムに存在する微生物がもつ特徴のひとつは、大量に酸を作ることだ。そうした微生物が用いる主な生化学的経路のひとつに解糖経路があるが、それは糖を発酵させ、副産物として酸性化合物を生み出す。そのためにバイオフィルム内の細菌は、高濃度の酸と低いpHに耐えられなければならない。こうした細菌はバイオフィルムを作ると、私たちが食べる糖をせっせと発酵させるようになり、やがてバイオフィルムは歯を侵蝕する酸を大量に作り出す。糖の摂取をやめると、pHが再び上昇して歯は再石灰化される。つまり虫歯は、私たちの口のなかで起きる石灰化と酸化のバランスが崩れていることを示す証拠なのだ。

口腔バイオフィルムで微生物種同士がどう相互作用しているのかについては、ドイツで大勢の若者の口に薄膜フィルターを装着することによって調査されている。フィルターは一日後、三日後、五日後、九日後、一四日後に外して洗い、そうしてバイオフィルムを形成する微生物が得られた。この調査で若者たちは、いつもどおり食事をして、歯ブラシでもデンタルフロスでも好きに使うことができた。結果は予想どおりで、バイオフィルムに棲んでいる細菌の構成は各人各様だった。だが不思議なことに、被験者の細菌の構成に時間的な傾向は見られなかった。つまり、口腔バイオフィルムの細菌の構成について、時間とともに変化する――あるいは変化しない――様子に何の傾向も現れなかったのである。この調査のなにより興味深い結果は、歯から採取された細菌の主要な種類にもとづき、被験者が三つのグループに大別されたことだ。第一のグループでは、前述の連鎖球菌属の種が高い割合を占めていた。第二のグループにはプレヴォテラ属の細菌が多く、第三のグループのバイオフィルムにはプロテオバクテリアがたくさんいた。この三種類のバイオフィルムの意味はまだわかっていないが、このように主要な細菌種の構成を明らかにできたことは、ヒトの歯の健康全般を理解するうえで大いに役立つかもしれない。

歯周病という深刻な口腔疾患も、歯肉の領域の口腔マイクロバイオームのバランスが崩れた結果として生じる。歯周病は口腔内の生態系の悪化が原因と考えられているのだ。歯周領域の正常なマイクロバイオームは、基本的に歯やその周辺部と調和しながら生きている。事実、口のこの領域の健康は、不快な細菌を排除するある種の細菌のおかげで保たれているようだ。一方で、レッド・コンプレックスと呼ばれる歯周病原性細菌など、歯周領域の生態系を乱してしまう種もいる。こうした細菌――ポルフィロモナス・ジンジバリス（*Porphyromonas gingivalis*）、タンネレラ・フォルシティア、トレポネマ・デンティコラ（*Treponema denticola*）など――は、さまざまな機構を利用して宿主であるヒトの先天的なシステムをかわし、歯周病を引き起こすのである。

口から奥へ

歯と舌を通り抜けると、食道がある。消化管においてこの部位は、胃食道逆流症つまり胸焼けを理解するうえで重要だ。胃や腸に限らず、内臓を調べる際に問題となるのは、そうした部位に安全にたやすくたどり着くことだが、研究者は、胃や食道まで非侵襲的に到達するという問題に対し、エンテロテストという巧みな答えを編み出した。エンテロテストは単純な作りの装置で、元は腸の寄生虫検査のために開発された。それは一本のひもの先にサンプリング装置がついたもので、被験者はそれを飲み下す。サンプルが採れたら、ひもをたぐってその小さな装置を回収する。ひもの長さを変えれば、胃や食道のさまざまな場所にサンプリング装置をとどめることができる。これは、幼い子どもや、食道の奥や胃や腸の生検が必要な大人に対して、とくに有効な方法だ。食道のマイクロバイオームの研究はまだ始まってまもないが、これは胃酸逆流のような症状や、ほかの細菌性胃腸疾患の診断において重要な手段と言える。

胃に棲む微生物は、極端に酸性度の高い環境に直面する羽目になる（図4・3）。そのため、ほかの腸の部位に比べ、胃は微生物の数や種類がやや少ない。たとえば、腸の下部（大腸と結腸）には微生物の細胞が一ミリリットルあたり一〇〇億個もあるが、胃には一ミリリットルあたり一万個しかない。また、小腸にはエスケリキア属（*Escherichia*）、クレブシエラ属（*Klebsiella*）、ラクトバチルス属など数十種の微生物が一般に見つかり、大腸にはエスケリキア属だけでまさしく何百種も見つかるが、私たちの胃に常在している細菌はただ一種、ヘリコバクター・ピロリ（*Helicobacter pylori*）だけだ。ヘリコバクター・ピロリは、低いpHの条件に耐えられるため、消化器のなかでもきわめて特殊なニッチを開拓した――そのニッチが今、多くの人において失われている（第6章参照）。

胃腸の微生物には、常在しているのか侵入してきたのかによって大きくふたつのカテゴリーがある。第一のカテゴリーには、宿主――一般に多様な宿主――の体内にいつもよく見つかる微生物がいる。胃腸を棲みかとする、常連の歓迎すべき客だ。第二のカテゴリーは外からやってきた微生物で、ほかの宿主の体内にいつも見つかるわけではない。だが、この歓迎されざる「家宅侵入者」が大量に自己複製することで、胃腸のマイクロバイオームで主役の存在になってしまうことがある。

胃と小腸は、幽門括約筋《ゆうもんかつやくきん》という弁状の出口で仕切られている。そのためなんらかの微生物が胃から下の腸へ移動すると、胃の生態的条件が大きく変化することがある。小腸は従来、十二指腸（胃のすぐ隣）、空腸（少し下るがまだ胃の近く）、回腸（大腸の近く）に分けられている。これらの部位のpH

は胃から遠ざかるにつれ上昇し、胃では2〜3なのに対し、空腸では7から場合によっては9、大腸では7前後になる。

すでに述べたように、小腸のマイクロバイオームは概して大腸より多様性が低く、個体数も少ないが、それは小腸が細菌にとってふたつの点で大腸より苛酷な環境だからだ。第一に、小腸には多くの細菌にとって有害な胆汁酸が流れ込んでいる。第二に、小腸にはパイエル板という細胞群の小領域が並んでおり、異物の存在を免疫系に知らせる歩哨《ほしょう》の働きをしている。このパイエル板によっ

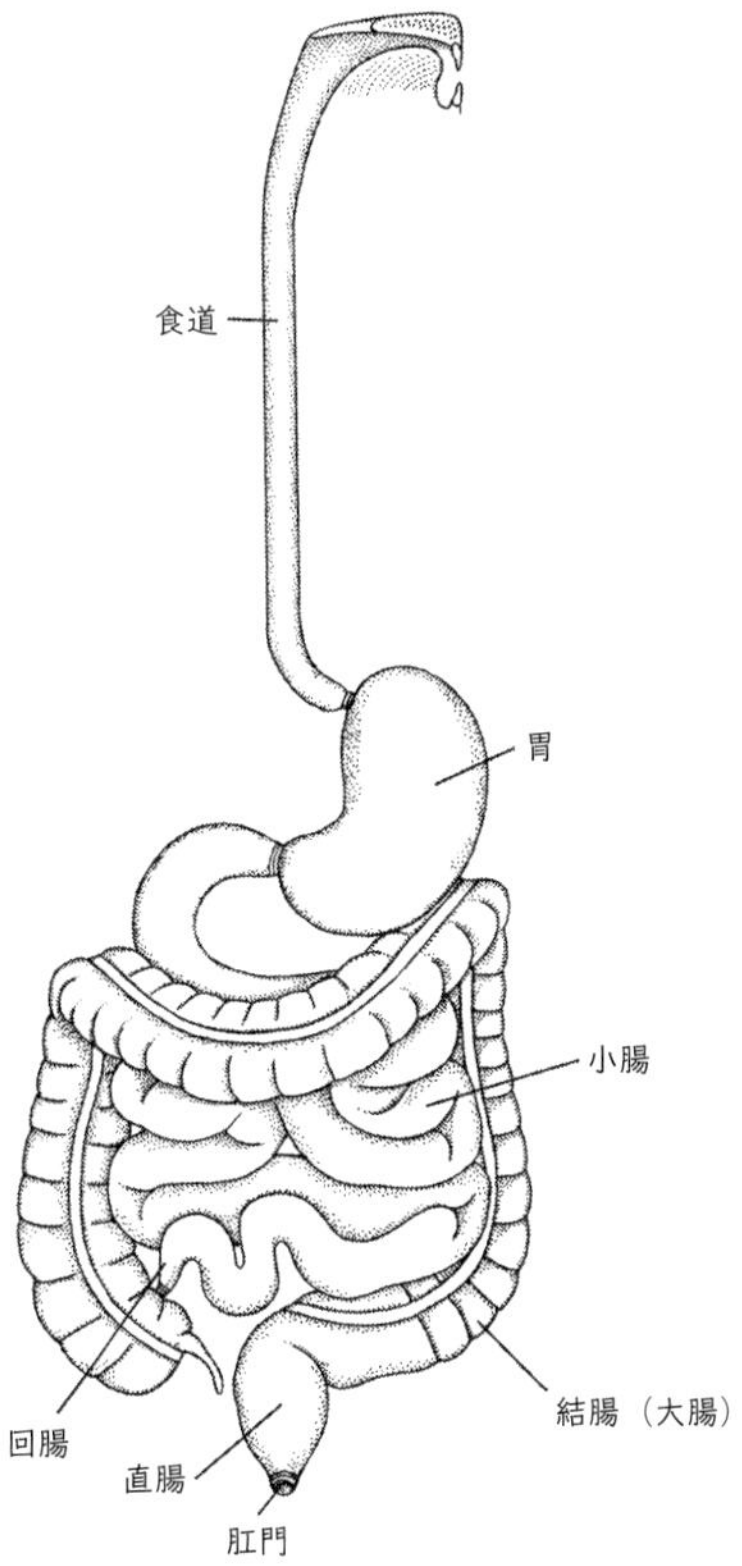

図4.3　ヒトの消化管の解剖図

て、免疫系から免疫グロブリンAという分子が大量に生み出されており、それが異質な細胞を見分けている。

大腸にはパイエル板のような細胞群はなく、小腸より容積が大きい。じっさい、大腸はかなり穏やかな場所だ。蠕動《ぜんどう》運動——食物や排泄物を前へ進ませる腸の繊細な動き——さえ小腸よりおとなしい。このような条件のおかげで、大腸では細菌が増殖して集団のサイズが莫大になる。大腸にはアミノ酸やビタミンB群を吸収できる酵素機能もないが、そうした物質は大量になると有害になりうるので、それらを吸収し、ほかにも腸のこの領域のためになる仕事をする多くの細菌の存在は、たいていありがたい。ヒトの腸内細菌の優占種で、実際にこうした重要な片利共生機能をもっているのは、アッカーマンシア・ムシニフィラ（*Akkermansia muciniphila*）という細菌である。名前が示すとおり、大腸の粘膜（mucous membrane）とかかわりのある微生物だ。この大量に存在する細菌は、腸壁のバリアの効率やなんらかの代謝機能といった、大腸のきわめて重要な機能的要素を調整している。そのためこの細菌は私たちの腸に欠かせない構成要素であり、消化器系の一部さながらの役目を果たしている。ところが、消化器系のどの器官でもそうだが、この細菌の働き——この場合、腸とのやりとり——に狂いが生じると、肥満やそのほかの消化・代謝の異常など、さまざまな問題が起こる。

出口

大腸の先には直腸があり、直腸は糞便をたくわえて最終的に排出する。直腸のサンプルを採るにはふたつの方法がある――ひとつは侵襲的な方法で、もうひとつは比較的非侵襲的な方法だ。侵襲的なサンプリング方式では、肛門鏡という器具を用いる。非侵襲的な方法では、糞便をただ採取する。いずれにせよ、得られるサンプルは直腸の微生物コミュニティの多様性を反映しており、どの微生物が消化管を通り抜けてくるのかがある程度わかる。

糞便のマイクロバイオームを明らかにしようとする多くの民間企業や公共プロジェクトの登場により、いまやかつてないほど糞便に注目が集まっている。多くの金が「ウンチのビジネス」につぎ込まれているようなのだ。とはいえ、ヒトの糞便についてはこのように関心が集まるのは新しいことであっても、糞便全般は昔から研究者の興味の対象になっており、動物の糞便はかなり詳しく調べられてきた。古生物学者は一〇〇年以上前から糞石と呼ばれる糞便の化石を研究しており、ここ数年では、大型のネコ科動物やクマなど、サンプルを採取しにくい動物の遺伝子解析に糞便が用いられている。その結果わかったのは、ヒトや動物が排便する際に、微生物だけでなく剝がれ落ちた直腸の細胞も排泄物に混じるということだ。そうした細胞に含まれるDNAは、第2章で紹介したDNAバーコーディングの手法を用いて調べることができる。

動物の糞便から、動物の正体について多くのことが明らかになる。研究者たちは、アフリカのサル数種の糞のマイクロバイオームを分析することで、サルの種名を言い当てることができた。アカコロブス、クロシロコロブス、オナガザルはどれも細菌だらけだが、棲んでいる細菌はきわめてサルの種に固有だ。それは、種の進化上の分離によるものかもしれないし、食餌が異なるためかもしれないが、両者の組み合わせが理由である可能性のほうが高い。

牛などの動物では、農業面・経済面の重要性から、微生物の多様性が調べられている。牛の新鮮な糞をただ採集してもいいが、胃腸の微生物相がとても重要なので、こぶ胃（第一胃）と呼ばれる胃の部分にすばやくアクセスできるように、カニューレという窓状の器具を横腹に埋め込み、いつでもサンプルを採れるようにすることもある（図4・4）。

牛の成長にとって重要な要素のひとつは食餌、すなわち飼料である。そこで畜牛・酪農業界は、飼料をいろいろ変えて牛のマイクロバイオームを調べることで、飼料の与えかたの違いと微生物の多様性の相関を探り、より良い肥育条件を突き止めようとした。牛には基本的に、肥育期――肥育前

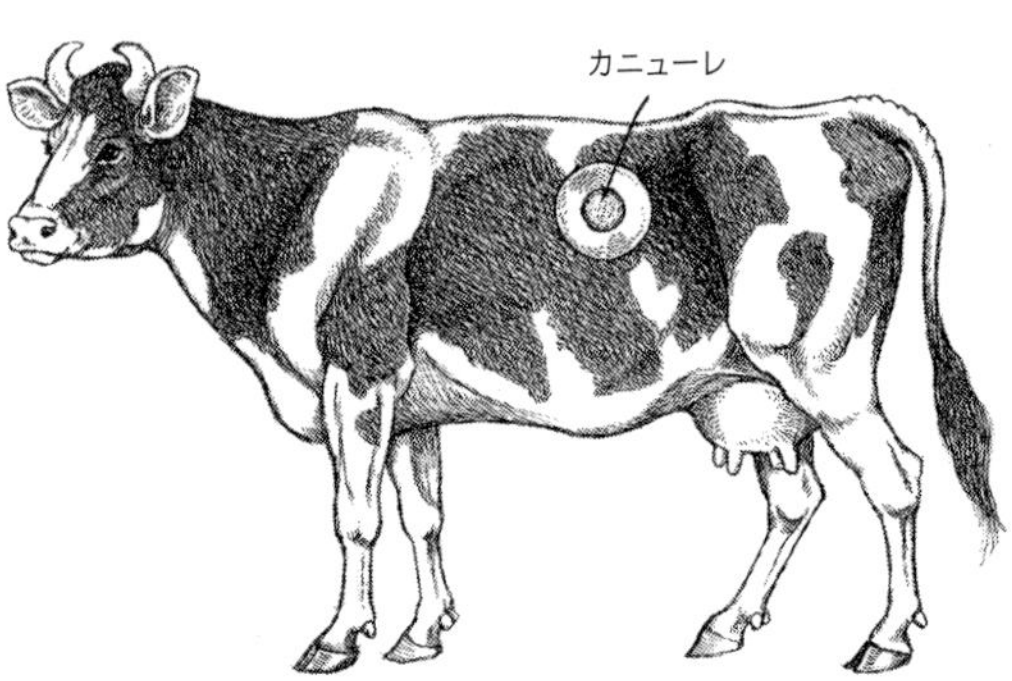

図4.4　カニューレを装着した乳牛。窓状の開口部により、複数の部屋をもつ胃に直接アクセスできる。

期、肥育後期、仕上げ期――に応じて異なる三種類の飼料が与えられる。その違いはふつう、飼料に含まれる乾燥圧ぺんトウモロコシ〔圧ぺんとは、ロール機でつぶしてフレーク状にすること〕とサイレージ〔青刈りした牧草をサイロなどで発酵させたもの〕の割合の違いによる。飼料は確かに大きな違いをもたらす。ネブラスカ州の四〇〇頭以上の牛を調べた研究では、集めた牛糞に一七万六六九二もの細菌のファイロタイプがあったが、飼料の異なる三つの牛のグループすべてに一貫して見られるのは二〇〇をわずかに超える程度だった。つまり三つのグループで重複はなんと一パーセントにすぎなかったわけで、これは、飼料が牛とその消化管のマイクロバイオームに多大な影響を及ぼし、さらには個体の脂肪量や全体的な健康にも大きく影響していることを示している。ほかの動物のマイクロバイオームも調べられ、同様の結果から、動物の糞便には途方もなく多様な微生物群が生息していることがわかっている。

ヒトの糞便のマイクロバイオームも大規模に調べられている。最も広範な調査は、マイクロバイオーム研究の権威のひとりである、セントルイス・ワシントン大学のジェフリー・ゴードンによって実施された。ゴードンらは、世界の離れた三地域――ベネズエラ、マラウイ、アメリカ合衆国――に住む五〇〇人以上の男女と子どもの糞便物質を調べた。そこで注目したのは健常者で、そのなかに一卵性や二卵性の双子もいた。微生物の多様性に個人差があるという話は、糞便物質、ひいては腸のマイクロバイオームでも成り立つ。だが、三つの集団のあいだで地域による差も存在し、アメリカのマイクロバイオームは、マラウイやベネズエラのマイクロバイオームと大きく異なっていた（図4・5）。こうした違いは、子どもだけでなく大人にも顕著に現れる。いったいどういうことなのだろう？

まず、糞便のマイクロバイオームにおける微生物種の多様性は、生後三年のあいだ年々増大した。三歳をすぎると、どの地域でも、腸のマイクロバイオームは年齢に応じて大きく変化した。その変化を起こした微生物の遺伝子を分析したゴードンのチームは、年齢に応じた変化を決定づける細菌の遺伝子が、ビタミンの生合成と代謝にかかわっていることを突き止めた。消化管を通り抜けてくるものが、地理的な変化と年齢による変化の両方に影響されやすいのは明らかなのである。

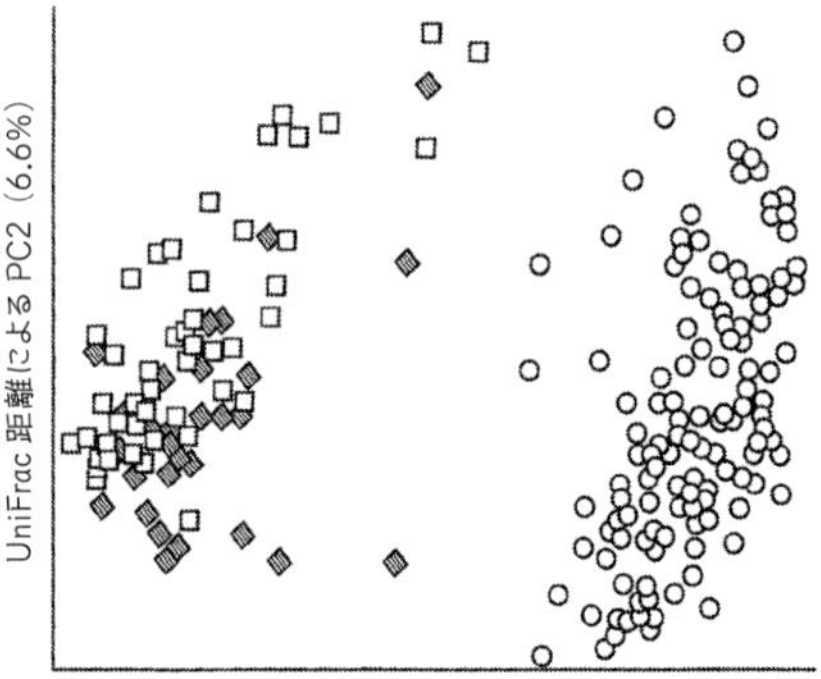

図4.5　アメリカ合衆国（丸）、マラウイ（四角）、南米先住民（影付き菱形）のヒトの糞便マイクロバイオーム。X 軸と Y 軸はそれぞれデータの変量の主成分というものを示す。個々の点は変量の主成分に対して固有の値をもっているため、そのプロットから、サンプリングされた微生物コミュニティの類似性がわかる。

一部の微生物の病原性とヒトの全体的な健康状態も、腸内微生物の活動と緊密に結びついている（第5章と第6章参照）。たとえばマウスの肥満が、特定の種類の腸内微生物の多さと関連していることは、いまやよく知られている。肥満マウスには特有の腸内微生物のプロファイル（顔ぶれ）があり、痩せたマウスにはそれと異なる特有の腸内微生物のプロファイルがある。だがこの違いは、食餌だけによるものではない。肥満の遺伝子型をもつマウスは、生まれたときに隔離して細身の遺伝子型のマウスと一緒に育てても、肥満マウスと同じ微生物プロファイルをもっている。この結果はつまり、ある個体が肥満の遺伝子型をもっていれば、腸のマイクロバイオームの構成はとにかくその遺伝子型によって決定されるということにほかならない。

ところで、これまで避けて通っていたもののひとつに、ヒトのマイクロバイオームにおけるウイルスの構成という問題がある。ゴードンらは、このテーマに研究の一部の主眼を置いていた。彼らは、何人かの母親とその成人した娘である一卵性双生児の糞便マイクロバイオームを調べ、糞便のヴァイロームが血縁度と無関係に個別のものになることを突き止めた。この個人差は、ひとりの人間のなかで見られる差異と対比させられる。研究者がこちらも一年にわたり被験者からサンプルを採取していたからだ。そのサンプリングの期間中、ひとりひとりの糞便ヴァイロームにほとんど変化はなかった。このヴァイロームを構成するウイルスはどんなものなのか？　それは細菌に感染したがるウイルスで、とくに「溶原性ファージ」と呼ばれるものだ。この種のウイルスは好んで宿主の細菌細胞へ侵入し、宿主の染色体に組み込まれ、潜伏する。それまで調べられていたウイルスと細菌の相互作用は、ほとんどが「溶菌サイクル」という別のファージのライフサイクルだった。溶菌サイクルにかかわるファージは、宿主の細菌細胞内で増殖し、風船がはち切れるように細胞を破裂させる。細菌細胞がこの溶菌性ファージに感染すると、そのファージの存在する生態系はいわゆる「赤の女王」状態に向かいやすい。赤の女王とは、ルイス・キャロルの小説『鏡の国のアリス』

（河合祥一郎訳、角川文庫ほか）で、その場にとどまるだけのためでも全力で走らないといけないと言う登場人物のことだ。事実、「赤の女王」のメカニズムで相互作用している生物集団同士では、それぞれが生き残るだけのために相手の行為に応じて急速に進化している。赤の女王仮説は、ウイルスが細胞と、また細菌がヒトと、どのように相互作用しているかについて、これまで核心的な考えとなっていた。ところが、腸のヴァイロームにおいて大半のウイルスの相互作用は、このシナリオに当てはまらないようだ。この知見から、腸内のウイルスが細菌宿主とともに変化する理由を明かそうとする研究に新たな力が注がれることとなった。

見せてくれたら見せてあげるわ、私の……微生物を

消化管と皮膚にとりわけ多様なマイクロバイオームが存在するのは、どちらも日々機能するのに微生物を必要としているからだ。皮膚と腸にマイクロバイオームがなかったら、私たちはまるで違う生き物になっていただろう――何百万年もかけて腸や皮膚が微生物とともに遂げた進化がそれを証明している。一方、人体の器官には、微生物を避けるように進化を遂げたものもある。そうした「立入禁止地帯」のマイクロバイオームはあまり明らかにされていないが、何が正常な状態かについて良い手がかりを与えてくれるので、病理と病気を考えるのに役立つ。

ヒトの生殖器は、控えめに言っても、とても興味深い。本来は生殖のためのものだが、私たち人

間は生殖と快楽の両方のために使う方法を考えついた。セックスに使われていないときも、私たちの生殖器には微生物がひしめいている。だが、招かれざる客を呼び込んでよくトラブルを起こすのは、快楽的な使いかたをしたときである。

女性の皮膚の微生物は、男性の皮膚に見つかるものとやや異なっている（第3章参照）。とくに、ラクトバチルス属の細菌がたくさんいるようだ。「膣オーム（vagina-ome）」と「ペニスオーム（penisome）」の微生物が異なることもわかっている。女性の膣の領域は、さまざまな細菌と相利共生するように進化を遂げた。膣腔の細菌構成には、これまで見てきたほかのすべてのマイクロバイオームと同じく、大きな個人差がある。ただし、この差は五種類のコミュニティに明確に分類でき、膣のマイクロバイオームに特定の微生物群が多い人同士は、同じ場所に違う微生物プロファイルをもつ人とのあいだよりも似通っている。「コミュニティ・ステート・タイプ」と呼ばれるこの分類は、細菌の一般的なグループのどれが多いかによって分けたもので、健康なヒトの膣の場合、ラクトバチルス属やプレヴォテラ属が主な構成要素となっている。たとえば、タイプⅠの膣マイクロバイオームはラクトバチルス・クリスパトゥス（*Lactobacillus crispatus*）、タイプⅡはラクトバチルス・ガセリ（*Lactobacillus gasseri*）、タイプⅢはラクトバチルス・イネルス（*Lactobacillus iners*）、タイプⅣはプレヴォテラ属（*Prevotella*）、タイプⅤはラクトバチルス・イェンセニイ（*Lactobacillus jensenii*）で主に構成されている。調査対象となった女性の二四パーセントはタイプⅣだった。こうした微生物はどれもpHの低い環境を好む――言い換えれば、高い酸性度で繁殖する。実はラクトバチルス属の細菌は、ほかの邪魔な細菌の細胞表面だけを狙って細胞膜に穴をあける分子を生み出す。このように限定的な効果をもって狙い撃つ分子を作ることで、ほかの微生物を攻撃しつつ、みずからの産物で自分が傷つかないようにすることができるのだ。

細菌性膣症は、イースト菌感染症（カンジダ膣炎）や膣トリコモナス症（トリコモナス原虫による感染症）と混同されがちな膣の病変で、ラクトバチルス（またはプレヴォテラ）属の正常なバランスが崩れると発症する。このため、ラクトバチルス属は膣に棲む重要な細菌であり、有害な細菌の増殖を防ぐことで宿主に有益な働きをするように共進化を遂げてきた。要するに、膣のマイクロバイオームは、個人差はあるがデリケートな生態系なのだ。そこに棲む種の構成、あるいは生息環境そのものが乱れると、生態系のバランスが崩れてしまう。

ペニスはどうだろう？　このテーマの文献は、膣のものよりはるかに少ない。今これを書いている時点で、全米バイオテクノロジー情報センターの文献検索システムＰｕｂＭｅｄを使って検索すると、膣とマイクロバイオームというキーワードでは二三〇の文献が見つかるが、「ペニスとマイクロバイオーム」では一一の文献しか出てこない。それでも、その一一の研究は、男性の生殖管についていくつか興味深い傾向を明らかにしている。

ヒトのペニスの微生物相を扱った初期の研究では、ペニスの数か所の領域から採ったサンプルを培養する手法が用いられていた。冠状溝《かんじょうこう》、尿道舟状窩《しゅうじょうか》、尿道、前立腺といった領域で、微生物の多様性が調べられたのだ。さらに、病気とかかわりのある微生物や、包皮を切除しているか否かによるマイクロバイオームの違いにも関心が向けられたため、そうした問題に取り組む研究がこの培養技術を用いておこなわれていた。だがその後、第2章で述べたマイクロバイオーム同定の手法でもっと詳細な全体像が明らかにされ、種の構成がはるかに高い精度で分析できるようになった。研究者は大規模なマイクロバイオーム分析をなし遂げるべく、性行動の活発な男性の「初尿」を採取する手法を用い、性感染症について陰性の男性と陽性の男性を記録した。すると、尿のマイクロバイオームは個人差が大きいが、性感染症に罹っている男性同士では尿のマイクロバイオームがよく似ており、罹っていない男性同士でもそうだった。性感染症について陽性の男性と陰性の男性では、尿のマイクロバイオームに大きな違いがあった。具体的に言うと、スネアチア属（*Sneathia*）、ゲメラ属（*Gemella*）、アエロコックス属（*Aerococcus*）、プレヴォテラ属、ヴェイヨネラ属（*Veillonella*）の細菌は、ふつう男性の尿には見られないが、性感染症に罹っている男性のサンプルには存在していた。そこでこんな疑問が生じる。こうした微生物の存在が性感染症を招いたのか、それとも性感染症が生態系を変化させてこうした微生物が棲みついたのだろうか？　今もこの疑問は解決されていない。

包皮の切除（割礼）は、少なくとも七千年前から続く文化的風習だ。亀頭と陰茎小帯のあたりの皮膚を切除するのでペニスの外見が変わり、それだけでなく、ペニスにおける微生物の主要な生息環境のひとつも変化する。包皮を切除していない男性のしぼんだペニスでは、包皮が亀頭と陰茎小帯を覆っているので、湿って温かく、粘液の多い環境が生まれる。これは包皮を切除した男性のペニスにはない環境だ。包皮の切除をおこなう前後でペニスのマイクロバイオームを調べれば、コミュニティの構成に差が見られる。切除の前には、嫌気性の微生物が多いという傾向がある。切除によって冠状溝や包皮下領域と呼ばれる場所がより多くの酸素にさらされると、この領域の環境に変化が起きる。具体的には、酸素のあるなかで育つ微生物が棲みつけるようになり、嫌気性の微生物を追い出してしまう。クロストリジウム目（*Clostridiales*）とプレヴォテラ科（*Prevotellaceae*）は、包皮を切除していない男性の包皮下領域に棲んでいる二種類だが、どちらも包皮切除後にはいなくなる。

包皮の切除は、切除前のペニスに通常見られる多くの粘液もなくす。包皮の下にたいていある粘膜がなくなると、免疫系の変化も起きる。ランゲルハンス細胞という免疫細胞は粘液を好み、粘膜のなかで活性化されて、抗体*産生をうながす細胞に抗原*を提示する。粘液がなくなると、ランゲルハンス細胞の数が減り、そのため活動する免疫細胞は少なくなってしまう。包皮を切除した男性と切除していない男性の「ペニスオーム」の同定から、ペニスにかかわる病原性は、HIVのようなひとつの病原による単純な感染症よりも複雑であることがうかがえる。男性の包皮切除は、HIVの罹患と負の相関があることがわかっている〔つまり包皮切除はHIV罹患率を下げる〕。だが、男性の包皮切除が免疫系の反応とペニスの生態環境（ひいてはペニスのマイクロバイオーム）の変化という二重の不利益をもたらすのだとしたら、HIVの感染という現象の理解はこれまで考えられているよりもずっとややこしいことになる。

あまりきれいではない息

コロラド大学教授のジェームズ・ベックは、私たちの肺と微生物についてこんなことを言っている。「健康なヒトの肺は、培養にもとづく手法で調べたかぎり、従来無菌状態だと考えられてきた」肺以外の場所についてもそうだ。人体の大半の組織や器官には循環系が入り込んでおり、循環系にある先天的・後天的な免疫系はそのため活性化されて私たちの健康を維持している。だがベックの指摘するとおり、これは培養にもとづく手法から得た知識にすぎない。実のところ、私たちの肺は数多くの細菌の棲みかとなっており、私たちの血液――とりわけ無菌状態だと一般に考えられてきた――も微生物に富んでいる。だから、ほかの器官も無菌状態ではない。ならば、そうした器官の疾患を、まるで本来無菌であるべき場所で生じた病原性感染症のように扱う現在の見方は、明らかに間違っている。

だが、器官が無菌でないとしたら、そこには何が棲んでいるのか？　私たちの肺は多様な微小《マイクロ》生息環境《ハビタット》と接しているので、肺に微生物が棲んでいたら、そのコミュニティはほぼ間違いなく多様でもあるだろう。それどころか、皮膚は確かに人体最大の器官だが、肺の内部には肺胞道という小さな通路が無数にあるため、空気に接している肺の表面は皮膚のおよそ三〇倍もあることがわかっている。肺壁の温度も二六～三二℃と幅がある。これは、メイン州とマイアミの夏の気温差に近い。肺のなかの空気にも相当な温度差がある（二三～二八℃）。また、pH、酸素含有量、ガス交換の量（このすべてが微生物のコミュニティに影響を及ぼす）もかなりばらつきが大きく、肺葉のてっぺんと底ではその差が最大になる。

肺のマイクロバイオームは、喘息、嚢胞性線維症《のうほうせい》、慢性閉塞性肺疾患（ＣＯＰＤ）のような疾患の症状の進みかたについて、多くのことを教えてくれる。ただし、正常な肺のマイクロバイオームを特定するのは、技術的な問題がいろいろあって多少難しい。たとえば、肺のマイクロバイオームを扱った初期の研究結果の多くは、痰《たん》のサンプル（肺から咳とともに出てきた痰をサンプリング容器に吐き出したもの）から得られていたが、痰は口のなかを通るので、不純物がある程度混入してしまう。さらに、「健康な」肺とは何かという定義の問題もある。私たちは日々たくさん――二万回近くも――呼吸しており、また一日のあいだにたくさん動きまわると、タバコの煙のような汚染物質はもちろん、さまざまなものの混じった空気に身をさらす。

そんな障害がありながらも、初期のいくつかの研究は、健康な肺のマイクロバイオームの定量化に挑んでいた。一部の研究者は、不純物混入の問題を回避すべく、引き算の手法を用いた。たとえば、同一被験者から痰のサンプルと口腔のサンプルの両方を採取する。痰のサンプルのなかに口腔のサンプルと異なる微生物があったら、その目新しい微生物は肺のものである可能性が高い。ほかの研究者は、気管支肺胞洗浄というもっと侵襲的なやりかたで肺から直接サンプルを採取したが、この手段のためには被験者に麻酔をかけなくてはならない。このようなサンプリング手段により、研究者は肺のマイクロバイオームが、主に存在する細菌の分類群はフィルミクテス門とプロテオバクテリア門だという点で、上気道のマイクロバイオームと似ていることを見出した。属のレベルでも、類似性がいくつかある。健康な肺と健康な気道で比べて大きく違うのは、各タイプの微生物コロニーがどれだけたくさんあるかという点だ。

科学者は肺のマイクロバイオームを調べるとき、喫煙者と非喫煙者で比較することが多い。肺活量測定という手法を使えば、呼吸の能力を測定し、正常な吸気と呼気から大きく逸脱していないかどうかを知ることができる。具体的には、吸気の速さと、吸気と呼気の量を測り、その値から呼吸流量図を作成する。意外かもしれないが、そうした検査結果の数値が良い喫煙者も多くいて、「健康な喫煙者」に格付けできることがわかる。一方、肺線維症や嚢胞性線維症、ＣＯＰＤ、喘息などの疾患をもつ人はたいてい数値が悪い。そのほかに肺のマイクロバイオームを調べて、正常な状態の肺と、かなり大きく変化した肺との比較もよくなされている。たとえば、ＣＯＰＤの症状を呈している人と健康な人でマイクロバイオームが比べられたり、肺移植の前後でドナー（提供者）の肺のマイクロバイオームが分析されたりしているのだ。

ミシガン大学アナーバー校のジョン・Ｒ・アーブ＝ダウンワードらと、ミシガン州の退役軍人保健局関連施設の共同研究者たちが手がけた研究では、「健康な喫煙者」は総じて非喫煙者とよく似たマイクロバイオームをもっていた。また驚いたことに、ＣＯＰＤの肺のマイクロバイオームは、健康な喫煙者および非喫煙者のものと区別できず、「この三つの調査対象群の細菌コミュニティには広範にわたる構成要素の重複」があると結論づけられた。指先のマイクロバイオームと違って肺のマイクロバイオームは、喫煙者やCOPD患者であっても、人によってはっきり違わないのだ。むしろ肺には、次に挙げる属の細菌からなるコア・マイクロバイオームが存在する。シュードモナス属（*Pseudomonas*）、連鎖球菌属、プレヴォテラ属、フソバクテリウム属（*Fusobacterium*）、ヘモフィルス属（*Haemophilus*）、ヴェイヨネラ属、ポルフィロモナス属（*Porphyromonas*）だ。別の研究では、喫煙者と非喫煙者の口にはわずかな違いが検出できたが、やはり健康な両者の肺のマイクロバイオームは大きく違っていなかった。また、気管支肺胞洗浄で回収された下気道の微生物の一部は、口腔内には見つからないこともわかった。つまり、肺に棲む微生物の供給源は口だけではないということだ。

環境がコミュニティに及ぼす影響の仮説を生態学者が検証するとき、主に用いる手段のひとつに、そのコミュニティを移植するという方法がある。たとえば臓器移植は、生態学者が常日ごろ考えている興味深い生態学的疑問の数々を検証できる機会を提供してくれる。だが残念ながら、とりわけ重要な答えのいくつかは、移植を受けた人体の拒絶反応からしか得られない。じっさい、閉塞性細気管支炎症候群は、移植された肺に対する拒絶反応の主因または徴候のひとつだ。研究者は、移植の前後、および移植手術後の回復期について、肺のマイクロバイオームを比較することで拒絶反応のメカニズムを知ろうとしている。移植された肺が微生物の新たな生息環境の一群を提供することは想像にかたくないだろうが、科学者が移植された肺のマイクロバイオームを比較して気づくのもまさにそのことだ。事実、移植された肺には驚くほど多様で目新しい微生物が棲んでおり、バークホルデリア科（*Burkholderiaceae*）という、興味深いが病原性をもちうる細菌も見つかっている。この科の細菌は植物への病原性でとくによく知られているが、なかにはヒトの病原となる種もある。

こうして正常な肺のマイクロバイオームの同定にかなり進歩が見られたおかげで、嚢胞性線維症などの病態が肺の生態系をどう破壊し、この重要な器官がそうした破壊にどう反応するかといったことに大きな関心が集まっている。だが、これらの疑問に取りかかる前に、体内や体表への望ましくない微生物の侵入に対する私たちの防御について探ってみよう。ある種の微生物と何百万年も共進化してきた結果、私たちの防御は時として自動的に働く。だが、ほかに防御のメカニズムが必要な場合もある。

第5章 私たちを守っているものは何か？

産褥《さんじょく》熱は、女性の生殖器官が出産中や産後に細菌に汚染されることで起きる感染症だ。今日、子を産む女性の八人にひとりがこの感染症に罹り、いまだに一〇万人に三人は命を落としている。しかし二〇〇年前には、産褥熱——あるいは当時の呼び名で産床熱——の死亡率は一〇〇〇倍ほど高かった。一八四〇年代、ウィーン総合病院の医師イグナーツ・ゼンメルヴァイスは、病院で出産してひと晩入院した女性のほうが、自宅で出産した女性よりも産褥熱による死亡率がずっと高いことに気づいた。なぜ病院での出産がそんなに危険なのか？ 産褥熱にかんする論文に、ゼンメルヴァイスはこう書いている。「何もかも謎だった。何もかも説明がつかないように思え、何もかも疑わしかった。死者の多さだけが疑いようのない現実だった」病気の勢いを食い止めるために、ゼンメルヴァイスのとった方法は観察することだった。彼はまず、医師の衛生習慣の観察から始めた。当時の医師は、手術前に手を洗おうとしなかった。それどころか、手術衣が垢《あか》や血でごわついているほど高い尊敬を集めていた。だが、同僚のひとりが病院の遺体安置所で日常的におこなっていた検死解剖中に切り傷を負ってから、ひどい感染症に罹って亡くなると、ゼンメルヴァイスはふと思い当たった。コレチュカ教授というその同僚は、産褥熱にそっくりの症状を呈していたのだ。突然ひらめいたゼンメルヴァイスは、こんなことを述べている。「コレチュカの病のイメージが頭を離れぬまま、私はいっそうはっきり認めざるをえなかった。コレチュカの命を奪った病と、膨大な数の産科病棟の患者を死に追いやったあの病は、同じものであると」それからゼンメルヴァイスは、病気の共通要因を探りはじめ、ウィーンで妊婦が出産のために行くクリニックがふたつあることに気づいた。ひとつはウィーン大学医学部所属のクリニック（第一クリニック）で、もうひとつは助産師の養成と赤ん坊の分娩をおこなうクリニック（第二クリニック）だ。これらを調査した結果にゼンメルヴァイスはとまどった。助産師のクリニックのほうが医学部のクリニックより死亡率がはるかに低かったのである（図５・１参照）。

ゼンメルヴァイスは、分娩をおこなう外科医が、医学部のクリニックで死をもたらす何かを死体解剖室から分娩室に運んでいるのではないかと考えた。そして悲しいかな、「自分のせいで若くして墓場へ送られた患者の数も神のみぞ知るところだ」ということに気づいた。ところが調査成果をまとめた論文を公表したところ、当時の医学界から激しく批判された。この論文で彼は、分娩などの処置をおこなう前に、塩素処理した石灰水〔次亜塩素酸カルシウム（カルキ）の水溶液のこと〕で手洗いするよう外科医に奨励していた。その考えが同僚たちの心を動かすことはなかったが（ウィーン総合病院での彼の任期は更新されなかった）、ゼンメルヴァイスは、自身の研究がいく

	第一クリニック			第二クリニック		
	出生数	死亡数	死亡率	出生数	死亡数	死亡率
1839	2781	151	5.4%	2010	91	4.5%
1840	2889	267	9.5%	2073	55	2.6%

図 5.1　イグナーツ・ゼンメルヴァイスによる産褥熱の研究から抜粋したデータの表
「第一クリニック」はウィーン大学医学部所属で、「第二クリニック」は助産師養成の産科。ゼンメルヴァイスの観察をもとに医師の手洗いの指針ができ、無数の人命が救われた。

つもの命を救ったことに少なくとも慰めを見出すことはできた。

イギリスの外科医ジョゼフ・リスターは、ゼンメルヴァイスの論文を公表当初は読んでいなかった。だが、ルイ・パストゥールの論文を読み込んでゼンメルヴァイスとまったく同じ結論にたどり着いた。リスターは、腐敗して悪臭のする下水にフェノール化合物がよく撒かれていることに注目した。フェノールはにおいを消すのだが、リスターはにおいの元が微生物にちがいないと見抜き、外科医の洗浄液の開発に乗り出した（のちにアメリカで発売された消毒薬の名称は、彼の名をとってリステリンとなっている）。フェノールは石炭酸とも呼ばれる単純な化合物だ。それがどんな働きをするのかについて、リスターは問題にしなかったが、エメリー・I・ヴァルコという化学者とその同僚A・S・デュボアは関心をもった。ヴァルコは、石炭酸石鹸などは細菌を殺すのでなく「眠らせる」だけではないかと言い、そんな石鹸による処理のあとで、眠った細菌の細胞を蘇生できることも明らかにした。ヴァルコによると、正に帯電した石炭酸にこうした麻酔効果があり、細菌細胞を増殖させないのだという。そして正電荷が取り除かれるか中和されるかすると、細菌は蘇る。この現象を化学的に説明しよう。細菌の細胞壁を構成する脂質は、片方の端に正、もう片方の端に負の電荷をもっている。これにより細菌は、土や垢や脂がついたせいでさまざまな電荷をもつ手などの身体部位に貼りつくことができるのだ。その手を石鹸で洗うと、石鹸は細菌の細胞膜に作用するとともに、細菌と手の表面とのあいだの結びつきをゆるめるので、よりしっかりと細菌を洗い流せる。この研究は大きな反響を呼び、一九四二年の『タイム』誌にまで掲載された（現代の石鹸のなかにも抗菌性の化学物質を含むものがあるが、これは昔ながらの石鹸とはまったく働きが違う。この問題にはのちほどまた戻ろう）。

ワクチン

感染症を防ぐはるかに古い方法は、インドと中国に起源をもつ。この方法は、数千年前にまでさかのぼれるかもしれず、致死性の病気に近いがそれより危険性の低いタイプに由来するものを人に接種し、危険な病気に罹るのを未然に防ぐものだ。天然痘のワクチン接種がこの手法の見本であり、良性の牛痘に由来するものを、恐るべき殺人ウイルスが引き起こす天然痘の予防接種に使い、大きな効果をあげた。このようにして予防されている病気はほかにもいくつかある。

ワクチンをとりわけ多く生み出した開発者のひとりが、モンタナ州出身の異色の科学者モーリス・ヒルマンだ。厳格なルター派の家庭に育ったヒルマンは、少年時代から鋭い知性をもち、科学の目で世界をとらえるようになった。進化論は、そんな彼が生物学を理解するうえで重要な役割を果たした。進化論的に自然界を理解したいあまり、『種の起源』をあろうことか教会で読みさえしたほどだ。ヒルマンは微生物学者になると、Ｅ・Ｒ・スクイブ・アンド・サンズ社〔現ブリストル・マイヤーズ・スクイブ社〕やメルク社などの製薬会社で華々しい成功を収めながら、四〇を超えるワクチンを開発した。ヒルマンは、ヒトの免疫系がどのように働き、体内に侵入する微生物をどのように認識するのかについて、鋭く理解していた。免疫系の働きの分子的・遺伝的なメカニズムは、二〇世紀の最後の四半世紀になるまで明らかにされなかったが、二〇世紀半ばの微生物との戦いにおいて、ヒルマンは最も多くの勝利をあげた戦士だった。ポリオ（小児麻痺）というひどい病気のワクチンを作り出したジョナス・ソークやアルバート・セービンほど、名声を獲得したわけではない。しかし微生物が、さらに言えば微生物の部分が、免疫系をいかに作動させるかについて、彼の理解はかなり進んでいた。

ワクチン接種がヒトの免疫系を刺激する仕組みは興味深い話だが、まずヒトやほかの生物の免疫系について説明しないとそれは語れない。それは、ヒトマイクロバイオームに存在する微生物が私たちと共存する仕組みの理解にかかわる話でもある。すでに指摘されていることだが、ヒトの免疫系が何をしているかよりも、ヒトの免疫系が何であるかを説明するほうがずっと易しい。ヒトの免疫系は、ひとことで言えば「複雑」で、ふたことで言えば「とても複雑」だ。一〇〇〇語、いや一万語、さらには一〇万語であっても、説明するのは至難の業だ。そのため、これから掘り下げるのも、免疫系の「氷山の一角」にすぎない。だが、進化論的なアプローチにより、その複雑さにいくらか切り込むことはできる。ここでなにより重要なのは、免疫系が、現在ヒトが直面しているのとはまったく異なる問題を抱えていた共通祖先のころに進化を遂げたということかもしれない。

免疫の第一歩は自己の認識だ。あなたが細胞で、ほかの細胞を破壊するメカニズムを進化させるとしたら、「味方の誤射」で自身の細胞を破壊しないようにしたほうがいい。すると、自己と異物を見分けるシステムはなによりもまず必要になる。

免疫系のおおもと

微生物はかなり単純な生活をしていると思う人もいるかもしれない。生物が生きるための三原則（逃げる、食べる、つがう）について言えば、微生物はきっと大半の時間を第二の原則に費やしているにちがいない。確かに、逃げたり身を守ったりする能力はほとんどないように見える。なにしろきわめて初歩的な防御システムしかもたない単細胞生物なのだから。だが第4章で明らかにしたとおり、微生物は、クオラムセンシングというプロセスで環境に対して協調的に応答すべく、同じ種の仲間とコミュニケーションを図ることができる。

ハワイミミイカの発光器官で、きわめて興味深い生物発光の事例を考えてみよう。このイカは、カモフラージュのためにその器官から光を生み出すメカニズムを進化させた――つまりこの小さなイカは、体から発する光の量を制御することで、捕食者から自分たちの姿を見えなくすることができるのだ。発光量の制御のために、彼らはビブリオ・フィシェリ（*Vibrio fischeri*）という細菌の一種と共生関係を共進化させた（同じビブリオ属の別種であるコレラ菌（*Vibrio cholerae*）は、ヒトにコレラをもたらす悪性の病原体で、これが病原性を獲得した経緯も面白いのだが、本章で扱う範囲を超える）。イカから栄養をもらうのと引き換えに、V・フィシェリは、イカが進化させた発光器という器官で光を生み出す。光が発光器で生み出され、イカの姿を隠すほど明るくなるためには、十分な数のV・フィシェリが同時に光を発する必要がある。実のところ、発光器内の細菌の密度が一ミリリットルあたり細胞一〇〇〇億個を超えてようやく、捕食者の目を欺けるだけの光が生み出せる。では、V・フィシェリはどうやって一〇〇〇億という数をかぞえるのだろう？　発光器内のV・フィシェリは、クオラムセンシングを使って臨界となる集団のサイズを感知すると、生物発光を引き起こす分子（発光酵素《ルシフェラーゼ》という）を必要なときにだけ作る。具体的に言えば、自己誘導因子を少量産生し、発光器内の集団が一〇〇〇億という臨界のサイズになると、閾値に達する。この段階で自己誘導因子が受容体に結合しだし、それがV・フィシェリのゲノムの遺伝子による発光酵素の合成をうながすのだ。するとなんと光が出る！　それはイカと細菌の双方に役立つ光なのである。

細菌は互いに情報をやりとりする必要があり、分子を使ってそれをおこなう。細菌もまた、数十億年かけて進化を遂げた分子でできており、この分子は私たちの体で使われている分子に比べ、かなり特異なものに見える。クオラムセンシングのシステムと同じく、こうした特異な分子はとくに細菌が必要とする仕事をするようにできているため、真核生物の細胞とはまるっきり異質に見える。そしてこの異質さを利用して、動物や——なんと——植物の免疫系は、自己と異物を見分けているのである。

人体の防御システム——ある細菌の体験

あなたが感染性の細菌だとしよう。人体の新たな棲みかへ移るとき、あなたは何と出会うだろう？　人体へ侵入できるルートはたくさんあり、ほかの感染性をもつ仲間も、おのおの宿主の体に入る方法を編み出している。ある者は食べ物や飲み物にまぎれ、宿主がそれを口にするときに入り込む。別の者は、生殖器のまわりや宿主の性行為にかかわる液体に身をひそめている。傷口から入る者もいれば、口のなかへ直接入り、軟らかい組織を見つけて定着する者もいる。へそや脇の下や足の指のあいだなど、体のくぼみに棲む者もいる。ここでのあなたは、気道からの侵入を専門とする空中浮遊菌の一種だとしよう。あなたは空中に浮かび、あなたの餌食となる人が呼吸とともに吸い込んでくれるのを待っている。空中浮遊菌であるあなたの目標は、肺などのしかるべき組織にたどり着き、くっつくのに良い場所を見つけて身を落ち着け、分裂してあなたのゲノムをもつ子を作ることだ。

皮膚には出くわしたくないとあなたは思う。動物の皮膚は、最初の本格的な防衛線だからだ。皮膚は何を出入りさせるかについて、きわめて限定的となるように進化を遂げた。皮膚に出くわせば、あなたの目標はくじかれる。皮膚は乾燥していて棲みにくい。だが、そばをうろついていたあなたは、皮膚の上で問題なく暮らしている種もたくさんいることに気づく。あなたは運よく皮膚を回避し、鼻孔に吸い込まれるが、あなたの目標を阻もうとする鼻毛の束に出くわす。それをどうにかかわし、鼻孔を抜けて肺へ落ちる。そこで肺胞という無数の小さな通路のひとつに入り、粘液で覆われた滑走路に行き当たる。あなたは、粘液中に分泌された物質から身を守る術《すべ》をもっているとして、そこを切り抜けたら、肺胞の表皮組織に降り立つ。そうして身を落ち着けたあなたは、タンパク質を作りはじめる。宿主細胞に対し、とどまる意図を明確にする行為だ。だがこのとき、宿主の体が先天性免疫機構*というものによって細胞レベルで——すぐさま荒々しく——反応しはじめる。この反応は激しく、巧みに設計されている。なにしろ何百万年もかけた進化の産物なのだから。

細菌のあなたは肺まで無事にたどり着いた。ところが、いざ肺胞に居つこうとすると、あなたの一〇〇倍ほども大きい細胞があなたをのみ込もうと忍び寄る。好中球という名のこの細胞は、あなたの存在を感知できるのでとにかくしつこい。好中球はあなたが感染した脊椎動物の先天性免疫機構の一部であり、食作用というプロセスによってあなたのような細菌を食べることを仕事にしている。脊椎動物では、免疫細胞以外にさまざまな細胞が食作用をもっている。それどころか、一部の単細胞生物も、ほかの生きた微生物をのみ込むことによって暮らしている。また第1章で指摘したように、真核生物のふたつの細胞小器官であるミトコンドリアと葉緑体は、初期の真核細胞が細菌細胞をのみ込んだ結果生まれたものなのだ。

一方、ヒトの免疫系には、侵入する異物に対するもっと複雑な食作用のシステムがある。食作用にかかわる細胞が、食べるものをかなり恣意的に選ぶからだ。あなたという細菌は、「細菌のにおい」を手がかりとして残すケモカインという物質を分泌しており、食細胞はケモカインの受容体をもっているおかげでこの物質を追いかけることができる（ヒト免疫系の食細胞が、侵入する細菌をしつこく追いまわす様子を収めた見事な動画がいくつか、インターネットで見られる。https://www.youtube.com/watch?v=KxTYyNEbVU4）。細菌であるあなたを追う好中球のケモカイン受容体は、あなたが侵入した宿主のゲノムにある遺伝子によって作られている。こうした受容体にはさまざまなものがあり、多様な微生物の脅威に対して死に至らしめる反応を用意できるようになっている。だが、あなたの宿主であるヒトのこうした先天的な機構は、どうしてここまで特殊化して効果を発揮するようになったのだろうか？

植物の免疫

植物は、地球上で最もヒトから遠い多細胞生物の親類である。菌類（キノコや酵母）よりもずっと遠い。それでも、植物も自己と異物を見分けられる免疫系を進化させており、異物と感知したものは何であれ撲滅しようとする。おまけに、自分に近づいて侵入を試みる多くの細菌に対して種特異性の高い反応を示すことができるし、一部の侵入者に対しては免疫記憶ももっている。そんな植物の体とヒトの体との大きな違いのひとつは、植物は単純な維管束系でしか体の末梢部分とやりとりできず、高度に組織された循環系をもってはいないということだ。動物は循環系のおかげで全身に分子を運べ、感染によって体が直面する問題にすばやく対応することができる。しかし植物は、循環系がないのにどうやって身を守るのだろう？

病原微生物が植物に出会うと、まず頑丈な細胞壁にぶつかる。この細胞壁は、防御力を高めるために特殊な分子で強化できる。こうした初期の強化は、植物細胞がフラジェリン（細菌の鞭毛を構成する重要なタンパク質）など、細菌細胞に特有の分子を認識したときに起きる。植物は細菌の分子を感知し、それをパターン認識受容体というものに結合させることで、そのような強化をおこなっている。植物のパターン認識受容体は、実はＴｏｌｌ様受容体など、動物の免疫反応におけるパターン認識分子と構造が近い。しかし大半の研究者は、この構造の類似性は「収斂」ではないかと言っている——つまり、それぞれの系統（植物と動物）が進化した結果、両者の受容体が独立によく似たきわめて効率的な分子設計になっただけで、一方の系統が他方に影響を与えたわけではないということだ。

このように結合した受容体は、抵抗性タンパク質（Rタンパク質ともいう）の産生をうながし、植物はそれを利用して感染体と戦う。この全体のプロセスを過敏感反応という。感染した宿主である植物の細胞が傷つくか死ぬかして、感染した植物細胞のそばにいる微生物を殺す分子が放出されることで、この反応が起きるからだ。動物の細胞が感染を認識するのにまず用いるプロセスとは多くの点でかなり異なっているが、研究者はこれも「先天性」免疫反応と呼んでいる。

下等動物の免疫

好中球は病原菌を追いまわすとき、無害と判断したほかの細菌には目もくれない。生命の系統樹で動物の枝の下のほうにいる動物の免疫系を調べれば、好中球が追いかける相手を選り好みする理由がわかる。下等動物も先天性の免疫をもっている。多細胞動物の共通祖先は、六～七億年前のきわめて苛酷な世界に生きていた。細菌などの単細胞の微生物はそれより前から長く存在していたが、こうした新しい多細胞生物は、微生物と共通の祖先をもつものの、たくさんの侵入者や「ろくでなし」と戦わなければならなかった。そして多細胞動物と植物は進化の歴史のどこかで共通の祖先をもっていたが、植物はこの共通祖先から分かれたあとでみずからの先天的な免疫系を進化させ、動物は独自の戦略を考案することになったのである。

最初期の多細胞動物、つまり後生動物の進化には議論の余地があり、過去一〇年にわたり研究者があらゆる後生動物の「母親」探しに取り組んでいるが、どの動物が系統樹の根元のほうになるのかはわかっている。すると現生の下等動物において、微生物の感染への免疫を与える遺伝子がどう進化したかをたどれば、微生物の侵入に対するヒト自身の免疫反応が形成された一連のステップを再現できるのだ。

ヒドロ虫類は、生命の系統樹で、このように多くの研究者の注目を集めてきた根元近くに位置する奇妙な外見をした生物だ。彼らは刺胞動物と総称される大きな一群に属し、サンゴやクラゲやイソギンチャクもこれに含まれる。ヒドロ虫類の一属であるヒドラには、上端（そのため「頭」と呼ばれる）と下端（同じくそのため「足」と呼ばれる）がある。また、それはふたつの細胞層――内胚葉と外胚葉――からなるが、（ヒトを含む）ほかの大半の動物は三つの層からなる（図５・２）。微生物はたいてい細胞層にコロニーを形成するので、こうした細胞層の状態を把握するのは重要だ。ヒドラ属にはいくつかの近縁種も存在し、下等動物の生態の研究に使われている。ヒドロ虫類は、きわめて単純な動物で脳をもたないが、神経網と呼ばれる神経系は備えている。

ヒドロ虫類のような下等動物も、限定的ではあるが先天性免疫機構を進化させている。植物と同じくパターン認識受容体をもち、それが、異なる生物（たいていは微生物）の作った分子の存在を感知する。ヒドラの場合、この分子は微生物関連分子パターン（ＭＡＭＰｓ）という。この免疫機構は、危険を察知する一手として、宿主であるヒドラが作ったものではない微生物由来の分子を認識しようとする。細菌が近くにいるために、細菌の熱ショックタンパク質などの分子が浮遊していると、ヒドラの先天性免疫機構にあるＭＡＭＰ受容体のひとつが熱ショックタンパク質に結合し、その結合がヒドラの体内でふたつの反応を引き起こす。感染されたヒドラは、第一に抗菌分子を産生して侵入

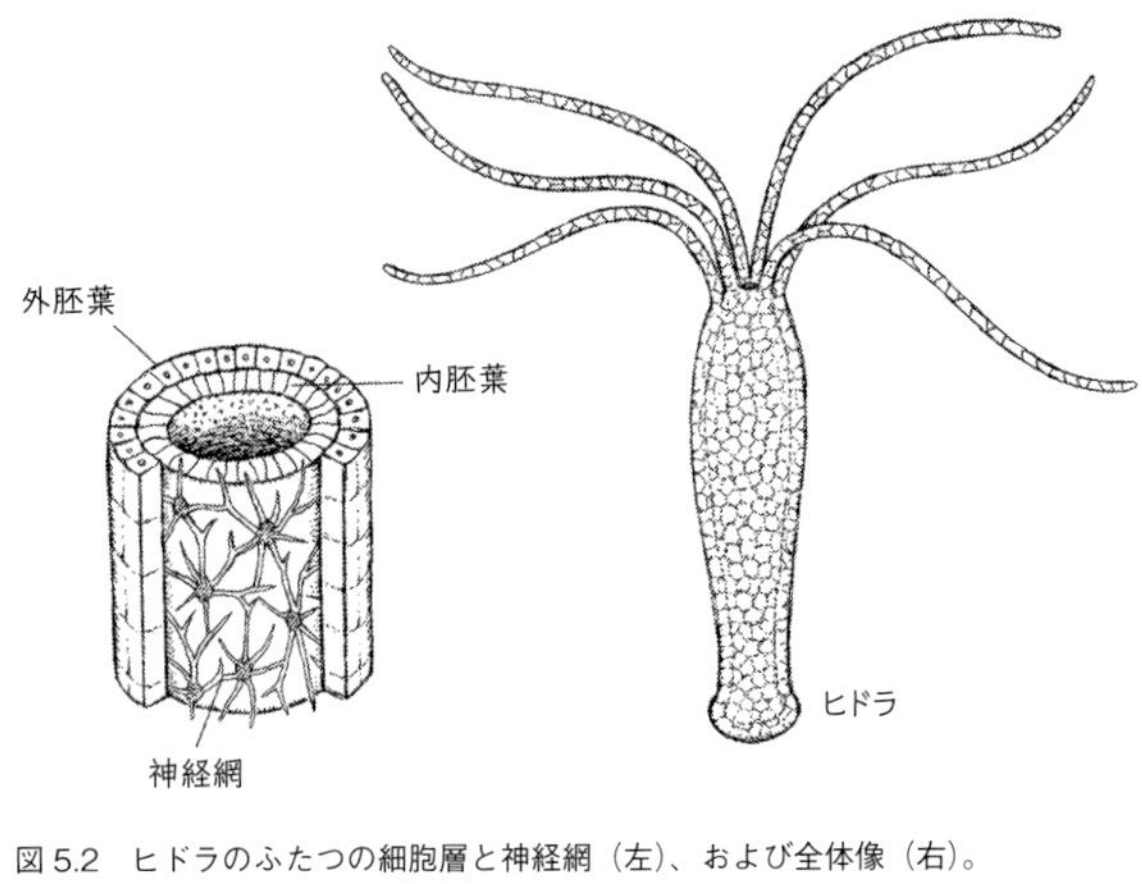

図5.2　ヒドラのふたつの細胞層と神経網（左）、および全体像（右）。

者を攻撃し、第二に感染された細胞に死ぬように命じるのだ。この後者のような細胞の自殺はアポトーシスと呼ばれ、一見したところ残酷に思われるが、ヒドラの体でほかの部分にとっては重要な役目を果たしている。ヒドロ虫において先天性免疫反応を起こす受容体は二種類ある。ひとつは先ほど紹介したがＴｏｌｌ様受容体で、もうひとつはＮＯＤ様受容体（ヌクレオチド結合オリゴマー形成ドメイン様受容体の略）だ。これらふたつの受容体の遺伝子は、高等動物のゲノムにも存在し、じっさい無脊椎動物と脊椎動物の両方の先天性免疫反応で利用されている。

こうした先天性免疫機構は、微生物全般の侵入から身を守る効率的な手だてである。しかしそれは、ありとあらゆる異物を締め出す城壁となるだろうか？　ヒドロ虫類の研究者トマス・ボッシュによれば、先天性免疫機構はただの優れた防壁にとどまらないという。ボッシュは共同研究者とともに、ヒドラ属の数種にかかわる微生物を調べ、種によって関連する微生物のコミュニティが異なることに気づいた（図５・３）。事実、それらのコミュニティを構成する細菌の種は、ヒドラ属の種に対してきわめて特異的だった。このような結果は、微生物とその宿主であるヒドロ虫との関係がきわめて種特異的であることを示しているので、重要だ。別の言いかたをすれば、微生物は宿主と共進化を遂げたようにも思える。微生物とヒドラが共進化を遂げたのなら、微生物種の一部は、ヒドロ虫類の生活様式と生存にとって実際に重要な役割を果たしているのかもしれない。

このことが示すのは、一部の微生物は先天性免疫機構の通過を許される必要があるということだ。さらに言えば、ひょっとすると私たちの先天性免疫機構は、第一に感染を防ぐのではなく、むしろ生物の生存に役立つ微生物のバランスを適正に保つように進化を遂げたのかもしれない。

侵入する細菌が好中球を振り切ったとしても、防御できたり、防御しようとしたりする分子はほかにもある。一九九〇年代後半にショウジョウバエで見つかったＲＮＡｉ経路というシステムは、ほかの動物や植物さえももつ重要な先天性免疫機構だ。ショウジョウバエがもつこの経路とほかの三つの経路の詳細については本書では触れないが、その基本的なメカニズムをよく見れば、異質な分子のもつパターンがプロセスの川下で特定の反応を引き

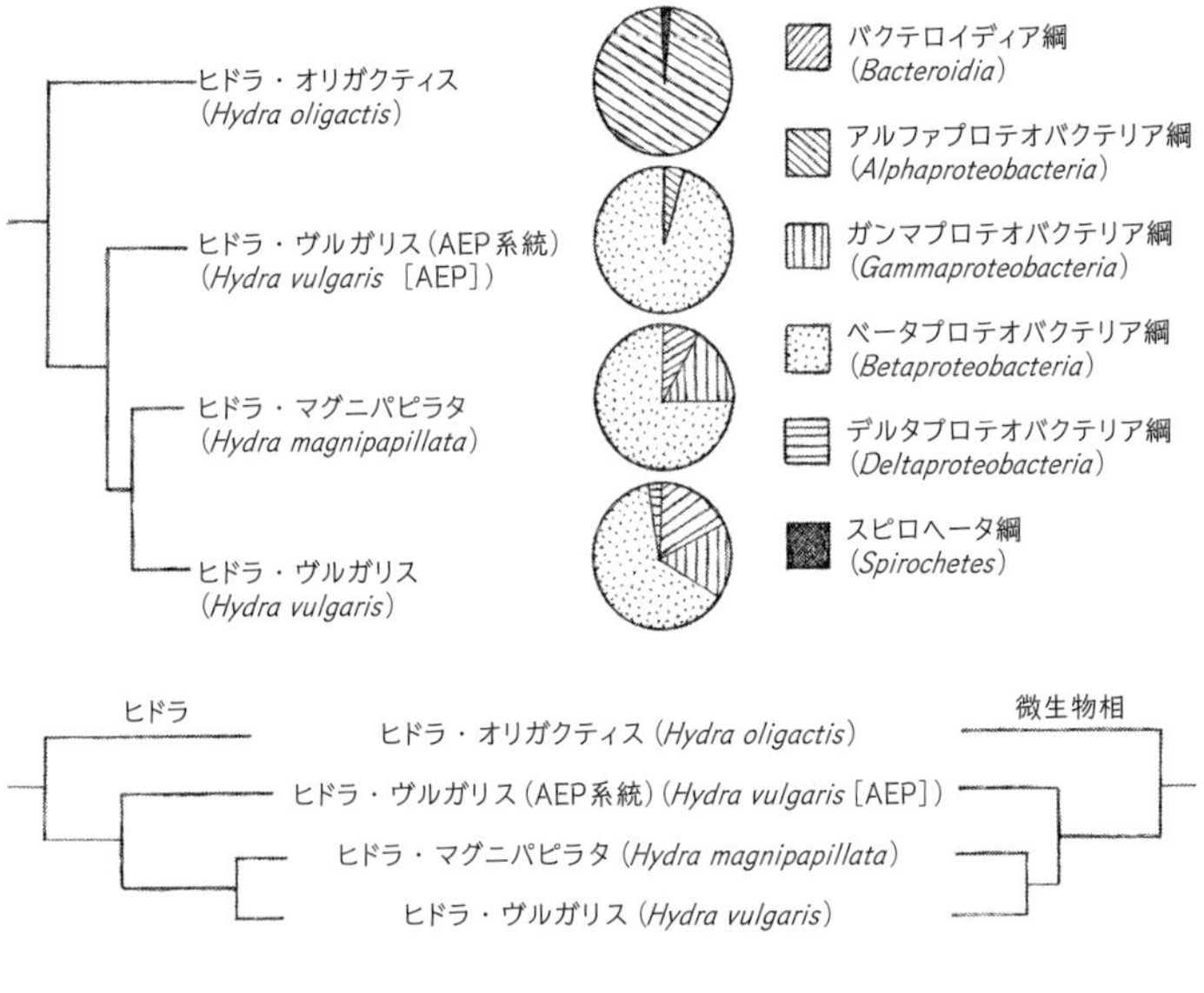

図5.3　上は、４種のヒドラの関係を表す系統樹。それぞれの種のヒドラに棲んでいる微生物コミュニティを、種名の横の円グラフに示した。下は、ヒドラの系統樹の隣に、その４種のヒドラがもつマイクロバイオームの類似性を表す樹形図を並べたもの。左右の図が同じ形を描いていることに注意。

起こす仕組みについて議論を始められる。

ＲＮＡｉ経路は、一九六〇年代にアメリカのテレビ番組で売られた最初期のフードプロセッサーのひとつ、「ベジオマティック」に似た働きをする。この経路が異質なウイルスを検知すると、ダイサーと呼ばれるタンパク質がウイルスのＲＮＡを切り刻む。そうしてこのＲＮＡが、サイレンシング複合体という大きなタンパク質複合体に取り込まれ、それがウイルスＲＮＡのゲノムに結合する。次に、そのサイレンシング複合体を分解系が認識し、ウイルスＲＮＡのゲノム（のみならず、サイレンシング複合体にくっついたほかのものもすべて）を破壊する。ほかの三つの経路――Ｔｏｌｌ、Ｉｍｄ、Ｊａｋ－ＳＴＡＴ――は、シグナル伝達経路と呼ばれる。これらの経路の受容体は、侵入する微生物に固有の分子パターンに気づいてその微生物と結合すると、ショウジョウバエでは抗微生物遺伝子の発現のスイッチを入れる。こうした遺伝子のいくつかには、セクロピンＡ、ドロソマイシン、ディフェンシン、ドロソシン、ディプテリシン、アタシンＡといった名前がついている。これらの遺伝子が合成する抗微生物ペプチドは、それどころか動物の先天性免疫機構が生み出す抗微生物ペプチドは皆、おのおの形が異なり、おのおの異なる種類のウイルスや細菌や菌類を攻撃する。だが全部をひっくるめると、攻撃の範囲はかなり非特異的（総合的）になる。

細菌の攻撃の話に戻ろう。一部の分子が細菌の細胞表面にくっつきだす一方、補体系というさらに別の防御システムが活性化される。このシステムは、カスケード（段々に落ちる滝）という表現がぴったりで、先述の下等動物や植物にも存在する。「補体系」と呼ばれるのは、（後述する）後天性免疫機構の一部と協調して、つまりそれを補うようにして働くためだ。

補体系は、二〇種類のタンパク質をひとつ以上使い、細菌の細胞表面にくっついた分子に結合することによって機能する（補体タンパク質は細胞膜から突き出た炭水化物という糖分子に直接取りつくこともできる）。補体タンパク質が細胞表面に結合すると、またたく間に動的な応答が開始される。補体分子はプロテアーゼ*（タンパク質分解酵素）というタンパク質の一群に属し、名前が示すとおり、細菌のタンパク質を分解する。補体タンパク質であるプロテアーゼは、炭水

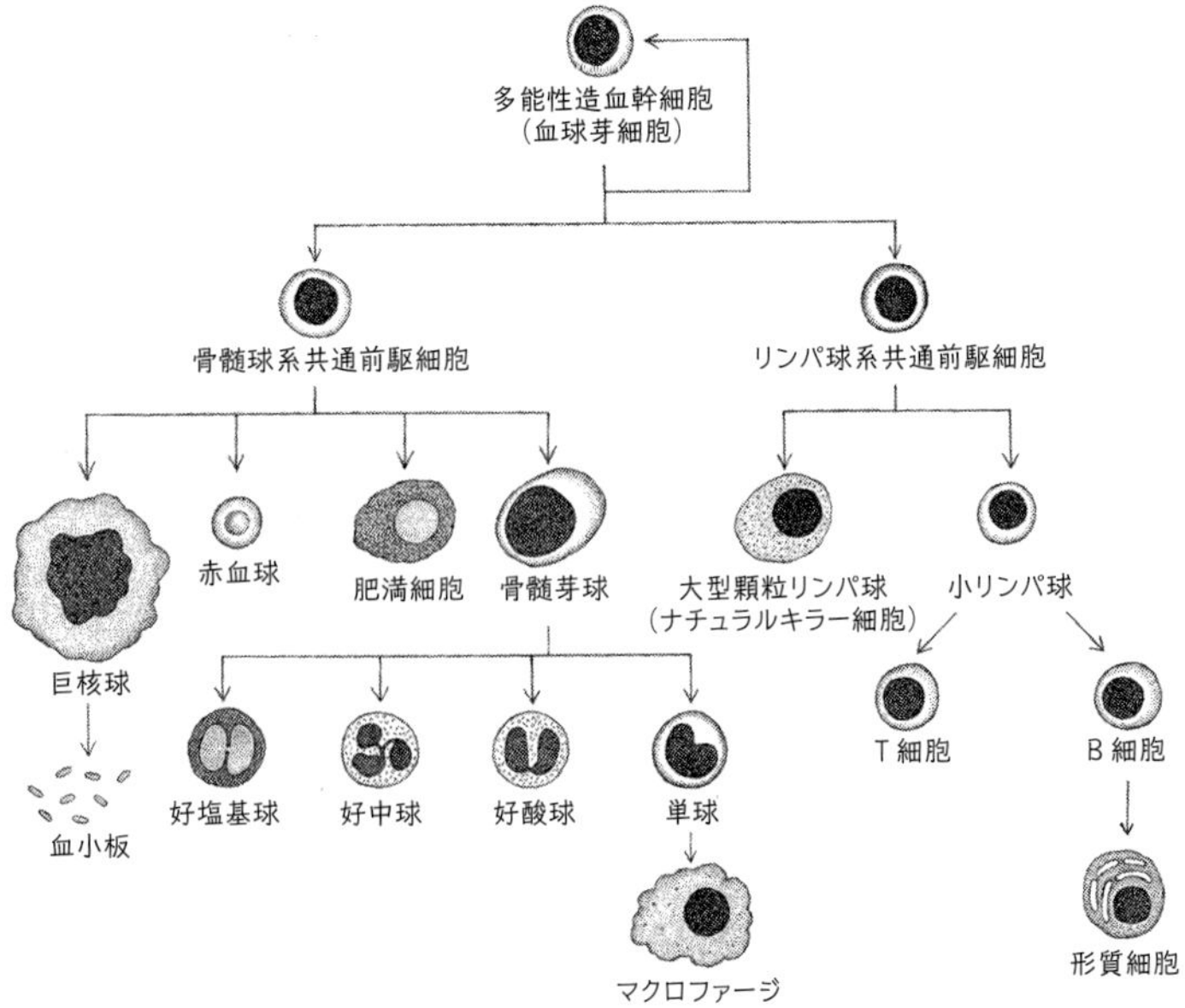

図5.4　脊椎動物の循環系における細胞の「家系図」。循環系のすべての細胞が、多能性造血幹細胞または血球芽細胞と呼ばれる前駆細胞に由来することを示している。

化物やほかの免疫分子と結びついて初めて活性化される。すると細菌などの微生物にとって苛酷な連鎖反応が始まる。最初に補体タンパク質が活性化されると、次々と別の補体分子の活性化を引き起こすのだ。このカスケードが起きると、やがて微生物は補体分子で覆われ、その補体分子がほかの免疫細胞をその場へ誘導する。補体タンパク質は、微生物の細胞膜に孔をあけることで微生物自体を殺すこともできる。

微生物を攻撃する宿主細胞（好中球や、マクロファージ*という血液由来の免疫細胞）は、宿主の体内にある一種類の前駆細胞から生じる。人体には――さらに言えばどの脊椎動物の体にも――数百種類の特殊化した細胞があるが、一方で前に述べた板形動物や海綿のように、細胞型のレパートリーが非常に少ない生物もいる（図５・４）。さまざまな細胞型が一個の受精卵から発生するプロセスはなんとも壮大で、免疫系の特殊化した細胞が生じるプロセスは、細胞分化の全体的なストーリーのなかではひとつの筋書きにすぎない。ヒトの免疫細胞や脊椎動物全般の循環系の細胞は、多能性造血幹細胞というひとつの前駆細胞型から発生する。この込み入った名前の細胞が、脊椎動物の血管系や免疫系の一五あまりの細胞型のどれにでも変わりうる。枝分かれのように分化を繰り返し、ついにはそれぞれの型ができるのだ。最初の分化では、リンパ球*と骨髄球のどちらになるかが決まる。骨髄球はさまざまな細胞型を生み出し、赤血球や、先天性免疫機構の話ですでに紹介した細胞のいくつかもそれに含まれる。

多能性造血幹細胞から作られる骨髄球の一部は、白血球と呼ばれる。ヒトの先天性免疫機構を構成する食細胞だ。人体の白血球の大半は、前にも登場した好中球である。それは侵入する細胞や異物のかけらを食べまくり、おまけにあちこち動きまわるのにも長けている。人体の一部分に感染が起きると――傷を負って細菌が侵入したときなど――痛みを感じ、熱をもち、赤くなり、腫れができる。細菌やウイルスの攻撃を受けて傷ついた細胞は、インターロイキン（マクロファージとやりとりする）、ケモカイン（血流内の化学物質の認識にかかわる）、インターフェロン（抗ウイルス反応を起こす）といった種々の化学物質も生み出しはじめる。インターロイキンとケモカインは、食事が用意されたというシグナルを好中球に送る。すると好中球が血流に乗って感染地点へ向かう。ウイルスが細胞に感染した場合には、インターフェロンの放出が、感染された細胞に死ぬべきときが来たというシグナルを送る。

招かれざる微生物がウイルスなら、ナチュラルキラー細胞が身体に呼び出される。この種類の細胞は先天性免疫機構において重要な役目を果たし、風変わりな方法で感染を回避する。あなたを痛めつけかねないたちの悪いタンパク質や酵素を作り出すが、その主眼は、病んだ宿主細胞を標的として自殺に仕向ける（免疫学者いわく、アポトーシスを誘導する）ことだ。ここで、ナチュラルキラー細胞は感染されていない宿主細胞には手をつけない点に注意してほしい。これができるのは、感染されていない正常な細胞が、主要組織適合遺伝子複合体クラスⅠ（ＭＨＣⅠ）マーカーという分子をみずからの表面に提示するからである。このマーカーはナチュラルキラー細胞に、攻撃を止めて次の細胞に移動せよというシグナルを送る。主要組織適合遺伝子複合体には、ＭＨＣⅡというクラス

Ⅱの分子もあり、こちらは後天性免疫機構で重要な役目を果たしている。だがひとまず、何かたちの悪い細菌がどうにかしてこうした免疫の防御をすべてかわしたとしよう。次はどうなるだろうか？

後天性免疫機構

過去五億年にわたる脊椎動物の進化とともに、侵入する微生物と戦う第二の手だてが現れた。この後天的な免疫反応は、何を標的としてどう働くかという点ではるかに特異性が高い。先天性免疫機構がかなり適応性に富むことを示す証拠もいくつかあるが、出会って破壊した微生物や異物のことを実は記憶しない。この免疫機構は、異質なものに遭遇するとほぼ毎回、一から対応を始める。だがもっと効率よく侵入を防ぐ（あるいはヒドラの例が示すように「善玉」を招き入れる）には、過去に出会ったものやその出会いの良し悪しを、免疫系が覚えているほうがいい。そうした高度なシステムは、脊椎動物で実際に進化を遂げた。後天性免疫機構あるいは適応免疫機構*と呼ばれるそれは、あらゆる有顎脊椎動物の共通祖先で進化を遂げたらしい。

脊椎動物の免疫機構に第二の次元が加わると、話はいっそう複雑になる。ふたつの免疫機構——先天性免疫機構と後天性免疫機構——が別々に働くのなら、そうしたプロセスの説明はかなり楽になる。ふたつの話が別々にあるだけなのだから。ところが、後天性免疫機構は先天性免疫機構と協調しながら進化を遂げたため、ふたつのシステムには大いに重複がある。こうした防衛線の働きを理解するには、どの細胞が後天性免疫反応にかかわり、その細胞がどこから生じたのかを知る必要がある。

　これまで触れていないが、後天性免疫反応に欠かせないものに、B細胞、キラーT細胞、ヘルパーT細胞という三つの細胞型がある。こうしたリンパ球（B細胞やT細胞にナチュラルキラー細胞も含めた一群）はすべて、造血組織なる血球全般の源で作られ、体内のそれぞれ特定の部位に居を定める。骨髄系前駆細胞はほぼ骨髄に存在するが、リンパ組織*はリンパ節、脾臓《ひぞう》、胸腺、そして意外にも消化管と気道の粘膜に存在する。主要組織適合遺伝子複合体の分子と複雑な相互作用のダンスを踊りながら、免疫グロブリンという特殊化した分子と、先ほど挙げた三つの細胞型それぞれが、後天性免疫反応を形成しているのだ。

　なかでもB細胞のきわめて特異的かつ効果的な応答は、この巧みなダンスをよく示している。B細胞は、抗原――異物の分子やその一部、あるいは異質な細胞のかけら――にくっつきやすい抗原受容体という分子に覆われている。ここまでは、異物に対する受容体をもつ先天性免疫機構にやや似ているようにも思える。だが、ここから話は違う展開を迎える。抗原がB細胞の表面の抗原受容体に出会うと、B細胞はもっと受容体を作って細胞外空間に分泌しはじめる。こうして浮遊する受容体は、抗体または免疫グロブリンと呼ばれる（図5・5）。さらに、B細胞は過去の感染を記憶するので、前に出会ったことのある抗原にはより猛烈な攻撃を仕掛けられる。B細胞は増殖する際、記憶している抗原に部分的にもとづく抗体遺伝子の系統を作り出す。その後、こうした抗体遺伝子はいろいろ組み換えを起こし、ひとつひとつが一種類の抗原を攻撃するように手を加えられた最終産物が大量にできる（同じように抗体を使って異質なタンパク質や抗原を認識するT細胞は、B細胞が活性化されて特定の抗体を作るうえで重要な役割を果たしている）。抗体は保存された要素をもちながら、宿主の体に侵入する多様な微生物に対応しなければならない。さらに、侵入する病原体の分子に結合することに特化した可変領域もなくてはならない。

抗体が微生物によくくっつくのは、微生物の細胞表面にあるタンパク質のどれかと、鍵と鍵穴のような働きをするからだ。細菌であるあなたが死力を尽くして毒素を生み出し、宿主の生物に危害を加えようとしても、ほかの抗体がその毒素と結合して無害化できてしまう。そうなると細菌のあなたは抗体に覆い尽くされ、あたりにいるスカベンジャー細胞（清掃細胞）のごちそうと化している。細菌としてのあなたの生涯は終わり、あなたは大食らいの白血球にのみ込まれて死ぬのである。

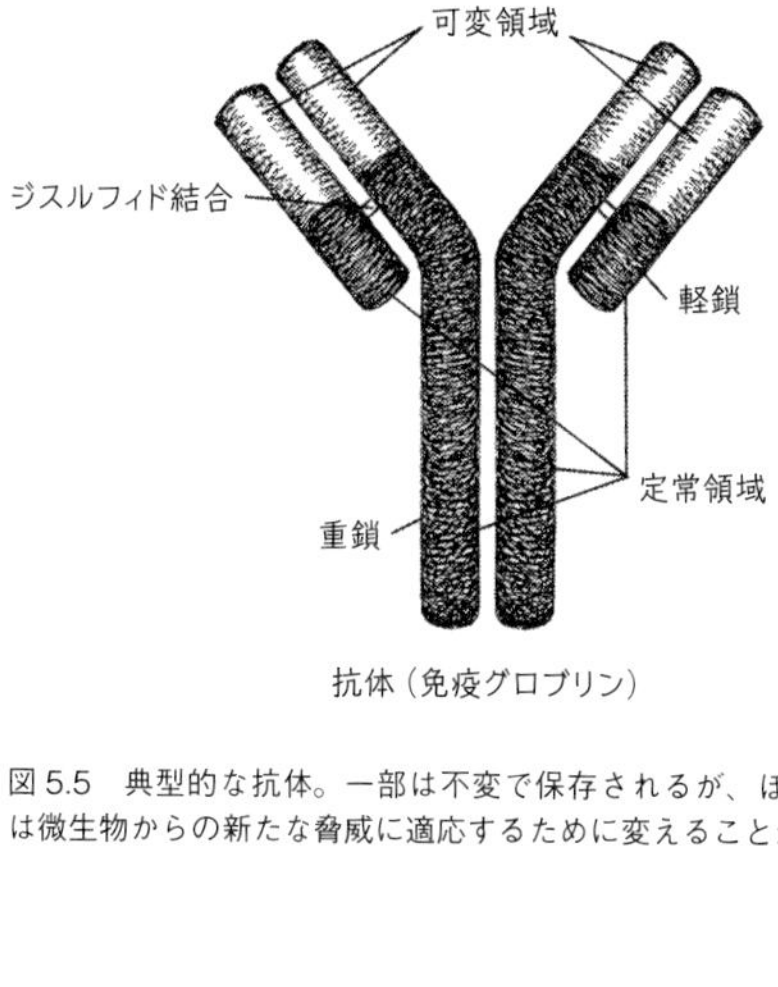

図5.5　典型的な抗体。一部は不変で保存されるが、ほかの部分は微生物からの新たな脅威に適応するために変えることができる。

免疫系は、なんとも驚くべき進化的適応の産物だ。学習するし、途方もない記憶力をもっている。うまく働いているときは、私たちにとって有益な細菌を体内や体表に棲まわせる一方、有害な細菌を攻撃する。細菌やウイルスを感染前に撃退するように、免疫系に教え込むこともできる。前に述べたワクチン接種は、この先制攻撃能力の好例だ。モーリス・ヒルマンは、ヒトに対して病原性をもつ微生物のかけらを、生きたまま丸ごと人体に与える方法で、四〇ほどのワクチンを作り出した。彼が細菌やウイルスを切り刻み、ヒトの免疫系にもち込むと、リンパ球がそれらを異物と認識し、T細胞とB細胞の相互作用がカスケードを起こして、活性化されたB細胞が抗体を作り出した。病原微生物がのちに同じ人体に侵入すると、B細胞は病原体を記憶しているので、それと戦うための抗体をすぐさま大量に産生する。特定の感染への備えのできたB細胞があることで時間が節約できるおかげで、病原体が増殖して私たちを病気にしたり始末に負えない状況にしたりする前に感染を食い止めることができるのだ。

動物と植物の世界では、微生物の感染への対策が複数考案されてきた。すでに、植物と動物の先天性免疫機構がどちらも細胞レベルで最初の防衛線を築いているものの、両者が異なる分子を使ってこの仕事をしていることは明らかにした。さらに言えば、ナチュラルキラー細胞はマウスとヒトで異なる働きをするようだ。マウスのナチュラルキラー細胞はレクチン受容体というものを使うが、ヒトのナチュラルキラー細胞は抗体様受容体を使う。ヌタウナギやヤツメウナギなどの無顎脊椎動物も、かなり異なる抗原認識受容体をみずからの後天性免疫機構で使っている。ヒトと同じタイプの後天性免疫機構は有顎脊椎動物にしか見られない。

抗菌剤とは？

初めて科学で開発された抗菌剤は、怠慢から生まれたそうだ。スコットランド出身の微生物学者アレグザンダー・フレミングは、田舎で夏の休暇を過ごしてロンドンの研究室へ戻ったとき、ペトリ皿を何枚か処分し忘れていたのに気づいた。休暇の前、ブドウ球菌属の細菌を寒天培地で培養していたのだ。観察は終えていたが、その後急いで休暇に出かけたフレミングは、ペトリ皿を洗わず実験台に放置した。フレミングが田園地方で楽しく過ごしているあいだに、培地にはカビが生えはじめていた。菌類（真菌）がきっと入ったにちがいない。休暇の前に培地のブドウ球菌を観察しようとしたとき、ペトリ皿のふたをもちあげ、空中を漂う菌類の胞子が紛れ込んだはずだからだ。有能な微生物学者がどんなに気をつけても、この手のことはよく起きる。

休暇明けのその朝のことを、フレミングは恥ずかしげにこう語っている。「一九二八年九月二八日、夜明けすぎに起きた私は、まさか自分が世界で最初の抗生物質、つまり細菌を殺すものを発見して、医学全体に革命をもたらそうとは思いもよらなかった。だがまさしくそれをなし遂げたようだ」実験台のペトリ皿を調べた彼は、カビの斑点から離れたブドウ球菌のコロニーは元気に育っているのに対し、カビに近いブドウ球菌は死んでいるかずいぶん育ちが良くないことに気づいた。フレミングは、カビがどうにかしてブドウ球菌を殺しているのだと考えたが、それには、カビがみずからのコロニーの周囲に何かを分泌しているとしか考えられないこともわかっていた。フレミングはそのカビをペニシリウム属（*Penicillium*）（図5・6）の一種と同定したあと、純粋培養して分泌物を単離した。分泌物は当初「カビの汁」と呼ばれ、のちに「ペニシリン」と改称された（図5・7）。この発見がきっかけとなり、ペニシリンのような抗菌物質の働きがわかりだしたのである。

フレミングが最初に単離した菌類の株からペニシリンが精製されると、化学者はその構造を決定し、ペニシリンを実用的な市販の抗菌剤にすることができた（図5・7）。ペニシリンは比較的小さな分子で、細菌がもつトランスペプチダーゼというタンパク質（酵素）に結合して不活性化する。トランスペプチダーゼの活性部位に入り込み、その酵素を自壊させることで、それをおこなうのである。トランスペプチダーゼは細胞壁の形成にかかわるタンパク質なので、細菌の細胞に欠かせない。そしてペニシリンに対して感受性をもつ細胞は、増殖できないのですぐに死んでしまう。

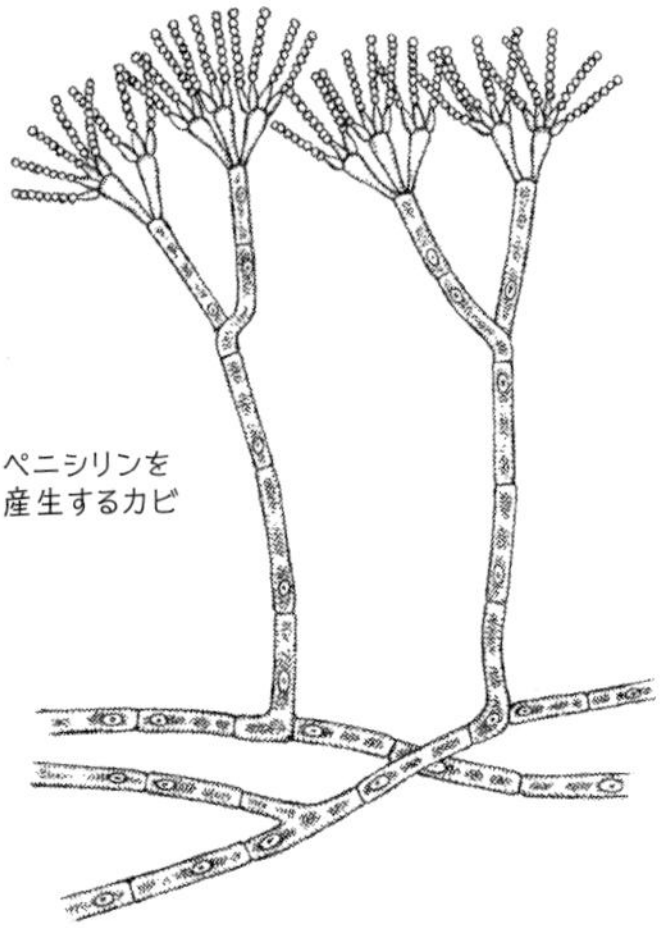

図5.6　典型的なペニシリウム属のカビ

実を言えば、ペニシリン感受性をもつ細菌は、細胞分裂のプロセスをすべてたどるが、ふたつの娘細胞の構成要素を実際の細胞に分配できないので、満タンになって破裂してしまうのだ。ペニシリンの誘導体はたくさんあり、それらは元のに比べて分子構造がわずかに違うが、どれも基本的に同じ原理で働く。

私たちが病気になると、医師は私たちを悩ます感染症のそれぞれに対する抗菌剤を処方することができる。使用する抗菌剤にはさまざまな種類がある。抗菌物質の開発にキャリアのすべてをかけたのは、セルマン・ワクスマンというニュージャージー州の科学者だった。ワクスマンは自分の教え子や助手とともに、ストレプトマイシンやネオマイシンなど、二二種類の抗菌剤を開発し、その長年の輝かしい功績によりノーベル賞を受賞した。ワクスマンが熱心に取り組んだテーマは、ある種の化合物が細菌の日常的活動を妨げる可能性だった。それらはペニシリンの場合のように細菌の細胞壁の形成を妨げることもあれば、ストレ

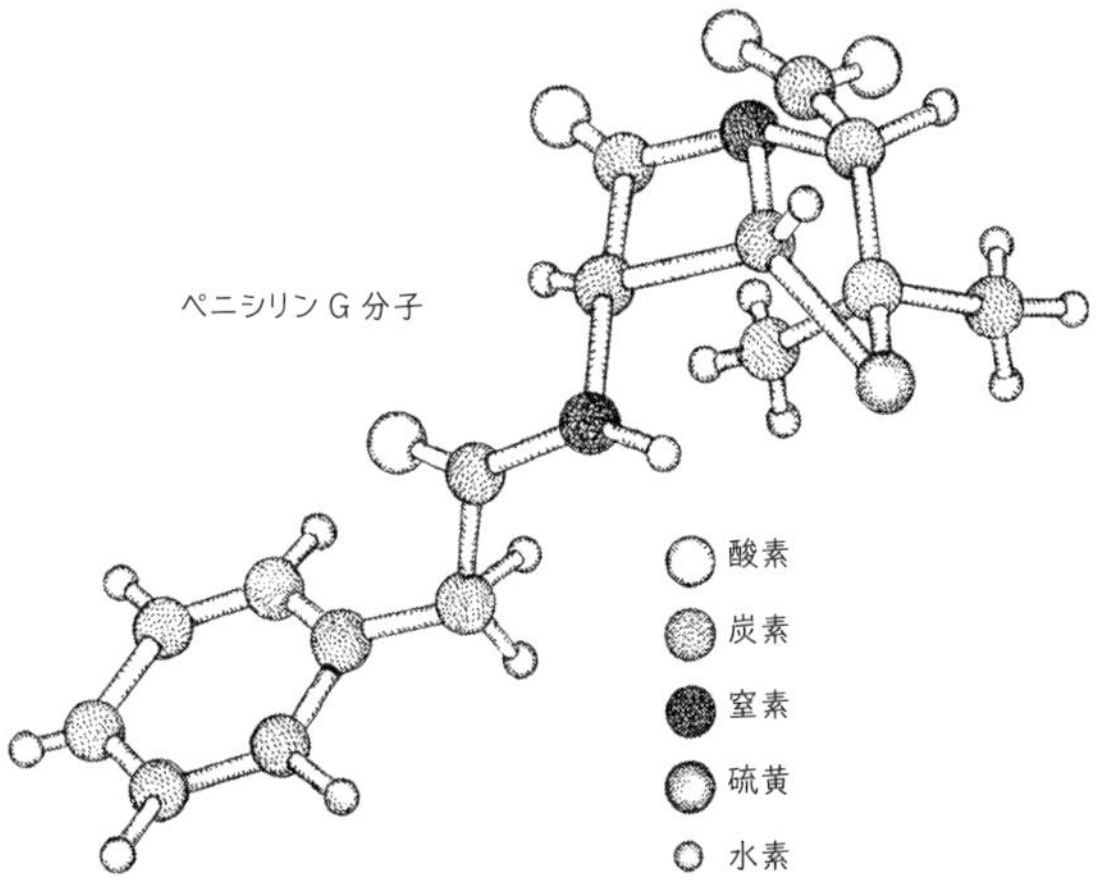

図5.7　ペニシリンG（静脈に投与される抗生物質の一種）の分子構造

プトマイシンのようにタンパク質の翻訳を阻害することもあり、あるいはまた細菌の遺伝子転写のプロセスを攪乱《かくらん》することもあった。

どのように働くにせよ、こうした薬はどれも基本的にほぼ同じメカニズムを利用しており、「耐性」の問題を引き起こす。細菌やウイルスは、耐性をもつように、つまり抗菌剤や抗ウイルス剤が作用しても生き延びるように進化できる。耐性は単一のウイルスや細菌の変化をきっかけに生じるが、抗菌剤や抗ウイルス剤への耐性が集団レベルの現象であることは留意しておく必要がある。そのような耐性は、対象となる細菌やウイルスの集団によっては急激に生じることもある。たとえばＨＩＶ（ヒト免疫不全ウイルス）は、数週間、あるいは数日のうちにも、耐性を進化させられる。

多様性が重要

チャールズ・ダーウィンは、多様性の虜だった。自著『種の起源』では、自然界の生物の驚くべき多様さについて事細かに語り、ハトの多様性だけでも三〇〇〇語以上用いて説明している。だがダーウィンの多様性への執着は、それが世界を揺るがせた彼の着想――自然選択説*――の中心をなしていることを思えば納得できる。多様性なくして自然選択は進みえないことを、ダーウィンは明らかにした。彼は多様性という概念と遺伝を苦労して結びつけようとしたが、それは適切だった。存命中にその努力は実を結ばなかったものの、グレゴール・メンデルの研究が再発見され、遺伝学の二大法則が改めて定式化されると、遺伝は確かに自然選択と結びついた。

この多様性はどこから生まれたのだろう？　最も基本的なレベルでは、遺伝物質の変異が起きている。実際、集団での微生物耐性が急激に生じる理由の一部は、遺伝物質が変異して自然選択の対象となる新たな変異体ができる頻度と関係している。別の一部は、その変異から生まれた新たな変異体に対し、選択圧がどれほどの強さで有利または不利に働くかということと関係している。ＲＮＡウイルスは非常に速く変異する――真核生物や単細胞生物の約一〇万倍の速さだ。そしてＨＩＶでは、一世代でゲノムのおよそ一〇にひとつの塩基が変異する。すると数百万個のＨＩＶの集団では、自然選択が働くための変異が十分にあることになる。変異体のなかには、ほかよりうまく増殖できるものがあるからだ。ある変異体が別のものより自然選択の点で成功を収めることがある理由は、抗ウイルス剤や抗菌剤の働きを考えれば理解できる。ある抗菌剤を増殖中の細菌集団に吹きかけて、変異をもつ一個以外すべての細胞がその抗菌剤に対して感受性をもつとしたら、抗菌剤で処理したあとに残るただひとつの細胞が変異体をもつ細胞となるのだ。

すると、耐性の発生率が、抗菌剤や抗ウイルス剤の効き具合によって変わることにもなる。変異体の選択効率が一〇〇〇分の一であるような何千ものウイルス集団では、好ましい変異体の存在頻度は、非常にゆっくりとだが着実に増す。変異体が一〇分の一や、さらに大きな割合で選択される集団では、変異体の存在頻度は急激に増していく。おまけにその変異体が唯一生き延びられる遺伝子型だったら、存在頻度は爆発的に増すだろう。

　生物やウイルスが環境の変化にすばやく対応するためには、遺伝子の多様性が必要になる。また、多細胞生物が抗菌剤の脅威に集団で対応するためにも、遺伝子の多様性がなくてはならない。多様性があってこそ自然選択は生じるからである。この多様性のニーズに応えるべく、いくつかのメカニズムが進化した。真核生物は、変異率が細菌と同程度で、遺伝子の多様性を増すためにかなり効率の良いメカニズムをもっている――有性生殖だ。真核生物の有性生殖ではふたつのゲノムが一緒になるが、減数分裂で新たな精子や卵子ができる際、ふたつのゲノムは「交叉」という、DNAの二本鎖が遺伝物質を交換するきわめて複雑な分子機構によって、組み換えを起こす。分子レ

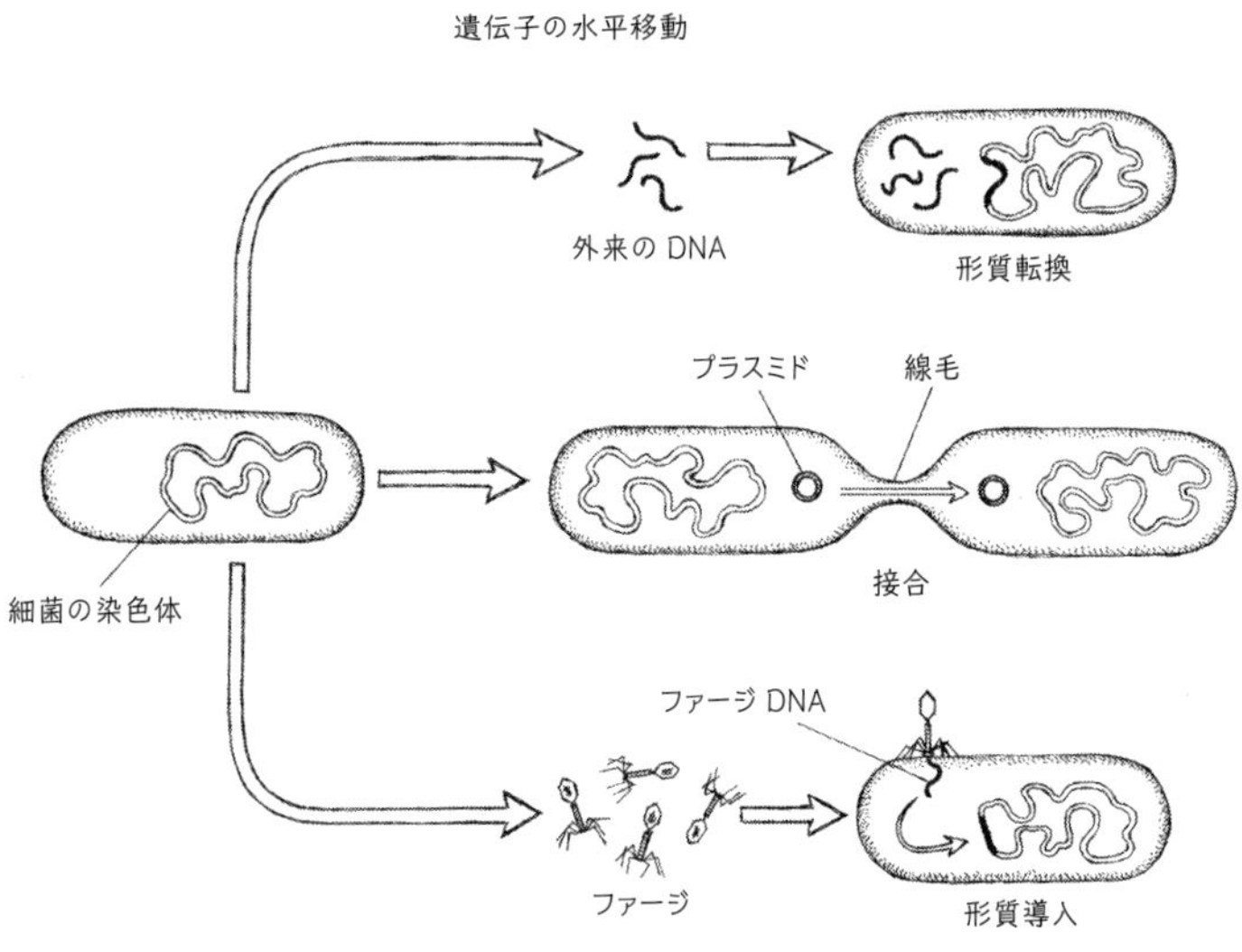

図 5.8　遺伝子の水平移動の三大方式――形質転換、接合、形質導入。

ベルでの真核生物の有性生殖は、受精のプロセスによってふたつの異なる生物の遺伝子を混ぜ合わせるだけだ。しかし有性生殖で真核生物は多種多様なゲノムを作り出せるので、集団を自然選択に対応させることができる。一方、性のない細菌は、多様性を生むために、変異に加えてほかのメカニズムを進化させた。それらは一般に「遺伝子の水平移動」という用語にまとめられる（図5・8）。

遺伝子の水平移動を起こせるメカニズムは主に三つある。第一のメカニズムは、「形質転換」によるものだ。DNAの鎖はいたるところに浮遊しており、この外来のDNAはときに細菌細胞と接触する。形質転換のプロセスは結構いいかげんで、外来のDNAが細菌細胞にのみ込まれると、あとはその細菌と共存するか、その細菌の染色体に組み込まれる。第二のメカニズムは「形質導入」で、細菌細胞がファージと呼ばれるウイルスに感染することで起きる。そのプロセスでは、細菌細胞の表面に結合するファージによって、異質なウイルスのDNAが細菌細胞に形質導入される。このDNAは、細菌の染色体に取り込まれると、そのまま溶原化という状態でとどまる。ファージは複製に必要な細胞機構を作る遺伝子をもたないので、その機構を宿主である細菌に依存する。複製すべきときが来ると、ファージは複製を起こして外被と尾部を再構成し、細菌の染色体から自身を引き抜いて次の細菌へ移ることで急激に広まる。その過程で、宿主の細胞を破裂させたり溶解したりして殺してしまうこともある。ファージは細菌宿主から自身を引き抜くとき、しばしば宿主のDNAの一部まで一緒に乗せる。そうしたファージが新たな細菌宿主に感染してゲノムに組み込まれると、その遺伝子や、ときには遺伝子一式までもが、宿主に「手土産」として渡される。そのような遺伝子が新たな細菌宿主の増殖にメリットがあるものなら、宿主はそれを保持して利用する。

第三のメカニズムは「接合」と呼ばれ、細菌細胞の内部に生じる小さな環状のDNAを細胞から細胞へ運搬する。この運搬は線毛というものによってなされる。線毛は構造上DNAを行き来させる導管にすぎない。環状のDNAはプラスミドと呼ばれ、遺伝子を乗せて運ぶことができ、（ファージによく似た）内部寄生体のような働きをするが、細菌の染色体には組み込まれない。それでも、宿主の複製・転写・翻訳の機構に完全に依存してみずからのコピーを作るので、寄生性と言える。時としてその寄生関係が「相利共生」となり、プラスミドと宿主細胞の両方が相互作用の恩恵にあずかることがある。これが起きるのは、プラスミドが、抗菌剤耐性遺伝子のような、細菌宿主の増殖の可能性を高める遺伝子や遺伝子群を運ぶときだ。プラスミドは自身のコピーを作れるので恩恵にあずかるし、細菌もある種の抗菌性化合物への耐性を手に入れるので、状況が良くなるのである。

プラスミドは単離しやすく、細菌細胞内での操作が楽なので、分子遺伝学の実験では数十年前から使われている。プラスミドは概してかなり小さいし、もっている遺伝子のレパートリーも少ないが、さまざまな機能をもつ多くの遺伝子を運ぶことができる。最小のものはヌクレオチドの数が一〇〇〇ぐらいで、カナマイシンなどの抗菌剤に耐性のある遺伝子を運ぶ。一方、最大級のプラスミドになると、平均的な細菌の染色体の半分近いサイズで、数百個の遺伝子を運ぶものもある。プラスミドは微生物の集団に効率よく多様性を生み出すため、抗菌剤耐性遺伝子を運ぶ一部のプラスミドは、サルモネラ・エンテリカ血清型ティフィムリウム（*S. typhimurium*）などの現代の感染症を抑え込もうとする人々にとって手強い難敵となっている。腸内病原菌の一種であるサルモネラ・エンテリカ血清型ティフィムリウムは、アンピシリン、クロラムフェニコール、ストレプトマイシン、スルホンアミド、テトラサイクリンといった一般的に処方されている治療薬への耐性を付与するプラスミドで抗菌剤に対抗している。プラスミドがとりわけひどい耐性を付与する例として、メチシリン耐性黄色ブドウ球菌（ＭＲＳＡ）もある。このプラスミドは、多くの抗菌剤への耐性を付与する。また、多くの感染症に対して「頼れる」薬であるバンコマイシンへの耐性を初めて示したプラスミドのひとつだったので、とくに懸念されている（図５・９）。ＭＲＳＡのプラスミドは、自身の生存と、ひいてはそのプラスミドをもつ黄色ブドウ球菌株の生存を保証してくれる遺伝子を集めることで、計画的に事を運んできたようなのだ。

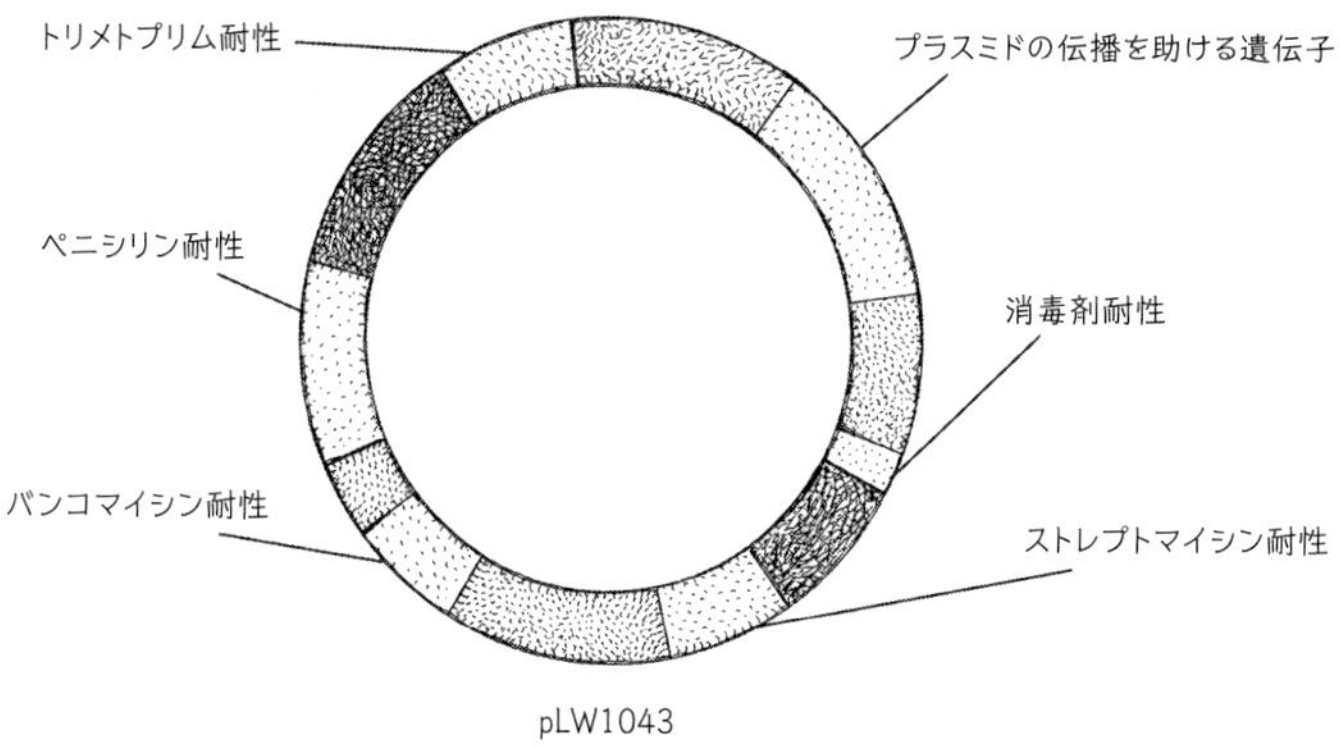

図 5.9　黄色ブドウ球菌のプラスミド pLW1043
このプラスミドは、さまざまな抗生物質への耐性を付与することができる。

細菌の耐性と適応という脅威は、細菌が遺伝子をあちこちへ動かすのに長けている理由を探る多くの研究をうながした。それによるひとつの大きな発見は、遺伝子のグループが浮島《うきしま》のように動けるということだ。こうしたいわゆる病原性アイランド（PGI）は、時としてDNAの大きな塊からなり、ファージやプラスミドによって運ばれたり、自律的になれたりする。PGIはたいてい、生物への感染力や自身の生存の可能性を高める遺伝子群を備えている。その一例が「TAdアイランド」で、これは多くの細菌にかなり広く見受けられる。TAdとは「密着（tight adherence）」のことで、TAdPGIにはバイオフィルムの形成を助ける遺伝子がぎっしり詰まっている。こうした耐性のメカニズムは、抗菌剤を使うヒトの集団において健康を維持する方法を理解するうえできわめて重要なので、第6章で改めて論じよう。

ここまで私たちは、ヒトの免疫系、ワクチン、抗菌剤について見てきた。だが、病原微生物から身を守る手だてはもうひとつある。私たち自身の生態環境を変えることだ。

ラクダの糞の大いなる神秘

一九四一年にナチスドイツの軍隊が北アフリカへ侵攻したとき、ドイツ軍の戦車の操縦手たちは、ラクダの糞の山を轢《ひ》くのは験担《げんかつ》ぎになると思っていた。だがそのラクダの糞が生死を分けるものになるとは思いもよらなかった。連合軍はさっそく偽物のラクダの糞の山をこしらえ、爆薬を仕掛けて、験担ぎに来た戦車が轢くと爆発するようにした。その偽装は実に周到で、戦車の操縦手を騙して突っ込ませるように、偽物の糞の山にタイヤの跡までつけていた。ところが、本物のラクダの糞には命を救う鍵が握られていた。当時、兵士たちのあいだに赤痢が蔓延しており、ナチスの医療部隊が派遣され、流行を抑えるべく、水や食べ物に含まれるどの微生物が感染源か突き止めようとしていた。まもなく、地元の遊牧民が解決の鍵を握っていると目された。彼らは赤痢にめったに罹らなかったからだ。それどころか、赤痢が流行りだすと、いや少し下痢をしただけでも、遊牧民はしきりにラクダのあとをついてまわった。そしてラクダが糞をすると、すぐさま取り上げて、まだ湯気が上がっているうちにいくらか食べた。排便したての糞だけが赤痢に効き、冷めた糞ではだめなのだった。医療部隊は、自分たちが相手にしている赤痢は微生物によるものである可能性が高いと知っており、その糞をよく調べた結果、なかに大量の枯草菌（*Bacillus subtilis*）がいるのを発見した（この細菌種は、炭疽という致死性の高い肺疾患を引き起こす病原性の高い種である炭疽菌［*Bacillus anthracis*］と同じ属だが、この発見以後、ヒトに「有益」と見なされる細菌の仲間入りを果たした）。いったい枯草菌のどこがそれほど有益だから、アラブの遊牧民はラクダの糞を食べていたのだろう？　この種はウイルスやほかの細菌をむさぼり食い、腸に入ると、ほぼありとあらゆる細菌を一掃する。ラクダの温かい糞を摂取することで、遊牧民は腸内の生態環境を本質的に変えて赤痢の病原体を駆逐していたわけだ。枯草菌は温かい糞にしか存在せず、糞が冷めると死んでしまう。兵士たちにラクダの糞を食べてもらうわけにはいかないので、ドイツ軍の最高司令部と医療部隊は代わりに大量の枯草菌をタンクで培養し、その培養液を飲ませて赤痢の流行を止めた。ナチスの医療部隊は、さらに兵士たちのために枯草菌を乾燥させて粉末にする方法も編み出した。ナチスによるラクダの糞での経験以後、枯草菌は抗赤痢剤としてほぼ同じやりかたで使われている。

多くの動物も自分の糞を食べる。ウサギの赤ん坊は母親の糞を食べるので有名だが、これは仔ウサギの適応を助ける行動だと説明されている。この方法で腸のコア・マイクロバイオームを手に入れていると考えられるからだ。具体的に言うと、仔ウサギは、生まれた直後に獲得するバクテロイデス科（*Bacteroidaceae*）の細菌をなくし、代わりにフィルミクテス門、ラクノスピラ科（*Lachnospiraceae*）、ルミノコックス科（*Ruminococcaceae*）の細菌を消化管に取り込む必要がある。仔ウサギが母親の糞を食べられなかったら、消化管のマイクロバイオームが崩壊し、必ずや食物を消化する能力に影響を及ぼすだろう。

新聞のチラシなどには、ヒトがさまざまなものを摂取して腸内の生態環境を変え、消化機能を高めたり、病原体を駆逐したり、知らず知らず免疫系を刺激したりする事例があふれている。こうした行為の多くは効果も安全性も確認されていないので避けたほうがいいが、一方で近年、私たちが健康のために口にするものの常識をやがては覆しそうな、驚くべき新発見もいくつか登場している。たとえば、土を食べることは先進国では異常な食行動と見なされるが、ヒトの胃で生態環境を変えるのに役立つことが、少なくともいくつかの例で証明されている。また、糞便の一部や特定の微生物の懸濁液《けんだくえき》を患者に与えることを勧めるのはばかげているようにも見えるが、こうした手法でヒトの全体的なマイクロバイオームが調整できると考えられており、免疫学研究で大きな注目を集めている。

第6章 「健康」とは何か?

二〇一三年、米国医師会は肥満を病気に分類した。肥満は謎めいたものだ。広く見られ予防もできるのに、知られているかぎり最も死につながる疾患なのだから。多くの文化で、太りすぎは豊かさと健康の特質とされている。太っていると、あなたは十分な食糧が得られるほど健康で裕福ということなのだ。それどころか、エイズが流行しているいくつかの発展途上国では、セックスの相手に痩せている人より太っている人のほうが好まれる。エイズはたいてい「痩せる病気」だと思われているので、太った相手のほうがエイズに罹っていない可能性が高いと見なされるのだ。

文化によって「健康」の定義が異なることを示すもうひとつの例として、ビルハルツ住血吸虫症が挙げられる。熱帯の国々に多い消耗性疾患で、国によってはマラリアに次いで二番目に社会経済的被害の大きい病気である。この病気は、淡水に棲む巻貝が吸虫《きゅうちゅう》という小さな寄生虫を媒介して引き起こす。吸虫は膀胱などの内臓に侵入し、ダメージを与えて血尿を引き起こす。ビルハルツ住血吸虫症があまりに蔓延して、日常生活の一部になっている国もある。エジプトでは、感染した男性に血尿の症状が出ても問題視されず、むしろ「男の生理」などと呼んで済まされてしまう。同様に、マラリアの感染率が高い国でも、マラリアは当たり前のものと見なされている。とても多くの人がこの病気とともに生きなければならないからだ。

明らかに、だれが病気でだれがそうでないかということに対する私たちの考えかたには、文化的規範の影響が大きく出ている。すると当然、人体に棲む無数の微生物にどう対処していくかを論じるときにも、こうした文化的背景が重要になる。事実、病気と健康にまつわる私たちの認識は、私たちの微生物相、文化的態度、ゲノム、そして総合的な世界観と絡み合っているのだ。

病原微生物との共進化

私たちにとって何が有害で何がそうでないかは微妙な問題で、ヒトの免疫系は絶えずこの問題に取り組んでいる。病原体が宿主におかしな難題を突きつけながらも共存している例はたくさんある。いったい病原微生物は、どのように共進化した末にヒトの集団に残ったのだろう？　この疑問に答えるための第一歩として、ヒトにマラリアを引き起こす寄生性の微生物について考えよう。マラリアは毎年一〇〇万人もの命を奪っている消耗性疾患で、プラスモディウム属（*Plasmodium*）の血液寄生虫（マラリア原虫）によって引き起こされる。この単細胞の寄生性真核生物は、人体に感染すると血球のなかに棲みつく。蚊を媒介として血流に入り込むのだ。

マラリア原虫は自身とつながりの深い特定の属の蚊を媒介者として利用するので、マラリアはその蚊が好んで棲む地域で流行する。このため、生息範囲はアフリカ、インド、東南アジアといった温暖で湿潤な地域にほぼ限られるが、かつてはギリシャやイタリアなどでも見られた。この寄生虫はなぜか人類の発生当初から私たちと共存してきたようで、多くの場合、ほかのヒト科や類人猿との共通祖先とも共存していたらしい。鳥やトカゲにさえ寄生するマラリア原虫の種があり、宿主を飛び移った種もあるようだが、何百万年も前からこの寄生虫が多様な脊椎動物とかかわっていたのは間違いない。マラリア原虫は赤血球に好んで棲みつくので、赤血球の生物学的機能はこの寄生虫の繁殖にとってきわめて重要な意味をもっている。

ヒトの血液は、さまざまな細胞が組み合わさった興味深い集まりからなる。マラリア原虫に感染される血球は赤血球で、血液中に最も多い種類の細胞である。その主な役割は、酸素を運んで体の隅々に届けることだ。インペリアル・カレッジ・ロンドンのジョン・チェンバーズらは、一〇万人以上のゲノムを調べて、赤血球にタンパク質を作る遺伝子が七五個あることを明らかにした。こうしたタンパク質が変わると、貧血を筆頭とするさまざまな血液疾患をもたらしうる。なかでも重要なタンパク質のひとつであるヘモグロビンは、実は四つのタンパク質がつながった複合体で、四つのうちのふたつをαグロビン、残りのふたつをβグロビンと呼ぶ。ヘモグロビンは鉄と結合し、鉄は酸素と結びつくので、赤血球にはヘモグロビンが非常に高い濃度で存在する。赤血球は、自身の内部でヘモグロビン濃度が高くなりすぎたために、核とミトコンドリアをそぎ落とし、ヘモグロビンのために細胞内のスペースをできるだけ広くした。赤血球は円盤状で、真ん中を少しへこませたトローチのような形をしている。これは循環系を移動する能力を最大限高めるためであり、細い毛細血管を通り抜けられるように弾力にも富んでいる。

αグロビンとβグロビンの遺伝子に変異が生じると、ヘモグロビンタンパク質の形状と機能が変化する場合がある。ある変異は、βグロビンタンパク質の重要な部分でアミノ酸をひとつ変化させるが、これは鎌状赤血球貧血という消耗性の血液疾患に関係している。この変異が生じるとβグロビンの構造が損なわれ、赤血球が鎌状になる（病名の由来はここにある）。この変形した赤血球は弾力も失うので狭い場所を通り抜けられず、血管に詰まって血流を完全に止めてしまうこともある（図6・1）。正常な赤血球は約六〇秒で全身を一周するが、鎌状赤血球ははるかに遅い。それだけではない。鎌状赤血球は、正常な赤血球の一〇分の一ほどの時間しか生きられない。すると貧血になる。骨髄が新しい赤血球を作っても、死にゆく血球のほうが速すぎて追いつかないのである。

ヒト遺伝学は、ヒトのヘモグロビンの振る舞いについてかなり明らかにしている。ヒトゲノムには二万個あまりの遺伝子が二セットあり（男性のY染色体遺伝子については例外）、母親から一セット、父親から一セットを受け継いでいる。そのためヒトには、遺伝コードから正常なタンパク質を獲得

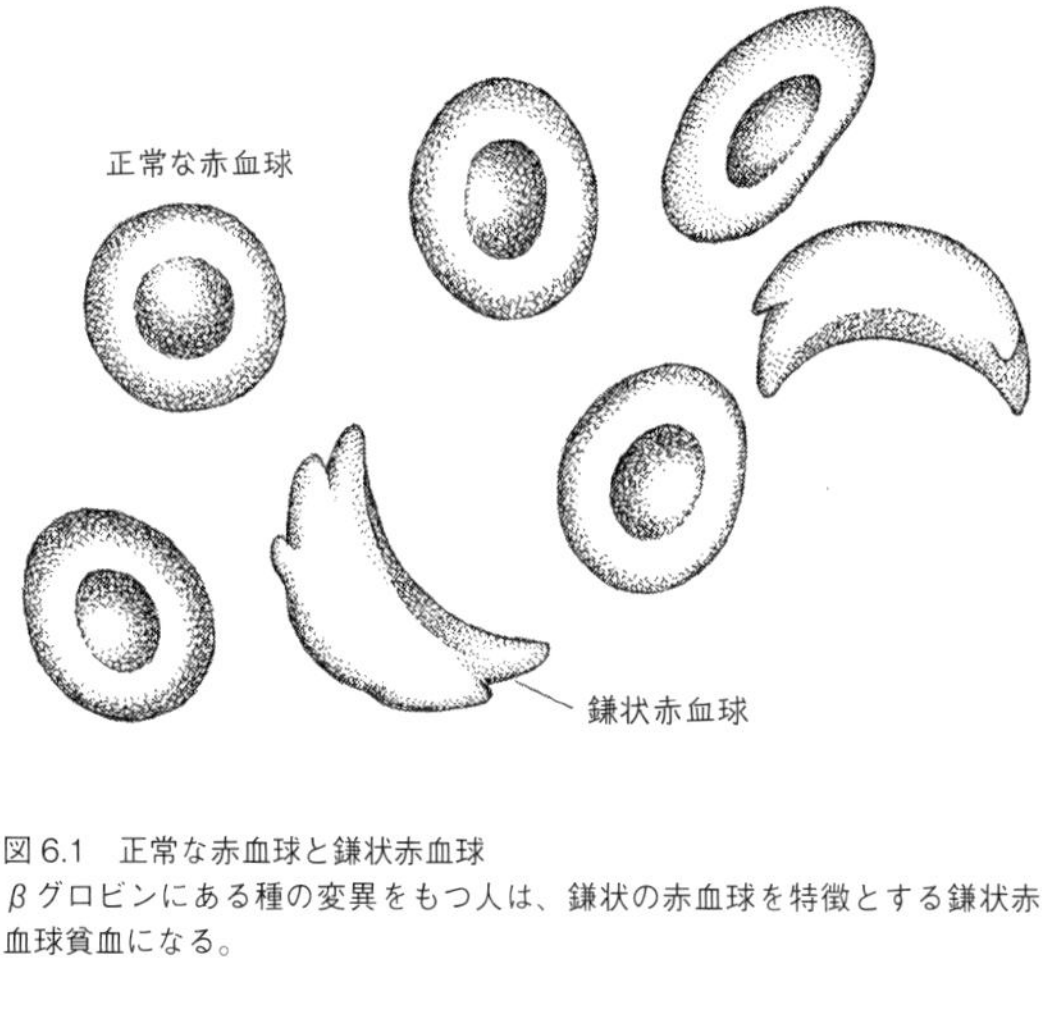

図6.1　正常な赤血球と鎌状赤血球
βグロビンにある種の変異をもつ人は、鎌状の赤血球を特徴とする鎌状赤血球貧血になる。

できるチャンスが二回ある。ある人が正常なβグロビン遺伝子をふたつもっている場合、その人のヘモグロビンは正常で赤血球はトローチ形で弾力に富んでいる。一方、ヘモグロビンSの遺伝子をふたつもっている場合には、ヘモグロビンが鎌状になって、その人は重度の鎌状赤血球貧血となる。地球の大半の場所では、ヘモグロビンSの対立遺伝子はきわめて有害なので、その地域の集団から排除される。その遺伝子をふたつもつ人の適応度に致命的な打撃を与えるのだ。ところがマラリアが存在する集団では、この対立遺伝子は正当な理由があって残る。

ヘモグロビンSの対立遺伝子と正常な対立遺伝子をひとつずつもっている人の場合、酸素の足りない赤血球は鎌状になり、酸素を十分にもつ赤血球は正常な形を保つことがわかっている。さらに、マラリア原虫が赤血球にいると、この寄生虫が赤血球のヘモグロビンをむさぼり食ってしまうので、赤血球の酸素が不足する。つまり、ヘモグロビンSの対立遺伝子と正常な対立遺伝子をひとつずつもつヒトがマラリア原虫に感染すると、感染された赤血球の多くが鎌状になるわけで、こうした鎌状赤血球はほかの血球より早く免疫系に破壊されると考えられる。するとマラリア原虫は、複製を起こしてライフサイクルを完成させる前に鎌状赤血球とともに排除される。だから、ヘモグロビンSの対立遺伝子と正常な対立遺伝子をひとつずつもっている人は、マラリアへの耐性が強いのだ。そのため、マラリアの流行地域では、こうした異型接合と呼ばれるタイプの人が集団内で最も健康となっている。その集団は進化しても、マラリア原虫がいるかぎり、ヘモグロビンSの対立遺伝子と正常な対立遺伝子を両方もちつづけるだろう。

病原体が人類の遺伝的特質に影響を及ぼしたのは、鎌状赤血球貧血とマラリアのケースだけではない。トリパノソーマもそうした病原体の一種で、ヒトに感染するおぞましい単細胞生物である。この寄生虫は、睡眠病やシャーガス病などの、消耗性でしばしば命を奪う疾患を引き起こす。また、マラリア原虫に似て複雑なライフサイクルをもち、昆虫によって媒介される。睡眠病の病原となるトリパノソーマは、ヒトに感染するときツェツェバエの吸血を通じて血流に入り、最初に発熱、頭痛、かゆみ、リンパ節の腫れを起こす――これは、トリパノソーマが血流とリンパ系に存在することを示している。病気が第二期に進むと、睡眠障害（ここから病名がついた）と、振戦（不随意なふるえ）や運動麻痺、パーキンソン病に似た症状といった多くの神経性障害が現れ、これは、寄生虫が血液脳関門を越えて脳にひどいダメージを与えていることを示している。ヒトゲノムはこの寄生虫と戦うように進化を遂げたが、話はそこで終わりではない。トリパノソーマの感染を効果的に防げるように進化した人は、総じて腎臓病に罹りやすくなってもいるのだ。

このような遺伝的特質と環境要因の相互作用を探り出すには、まず、ジュリオ・ジェノヴェーゼなどの医学者の研究を伝えておかなければなるまい。彼らは、アフリカ系アメリカ人に見られる二種類の腎臓病が、ヒトゲノムの単一遺伝子の変異に由来することを明らかにした。このふたつの疾患――高血圧による末期腎臓病（Ｈ－ＥＳＫＤ）と巣状分節性糸球体硬化症（ＦＳＧＳ）――は、アポリポタンパク質Ｌ１（ＡＰＯＬ１）遺伝子の変異と関係し、このタンパク質は、高密度リポタンパク質（ＨＤＬ）――通称「善玉」コレステロール――を構成するうえでささやかな役割を担っている。

だが、先のふたつの変異がアフリカ系アメリカ人によく見られることは、アポリポタンパク質遺伝子がほかにどんな働きをするかを考えないとほとんど納得できないだろう。アポリポタンパク質はHDLの一部だが、トリパノソーマを溶解できる血清因子としても知られている。APOL1の対立遺伝子が鎌状赤血球の対立遺伝子のように異型接合で優位となることを示す研究は今のところないが、これらふたつのAPOL1変異体が血液からトリパノソーマを排除する点で選択上有利に働いた結果、アフリカ人の集団にとどまった可能性は高い。

病原体抵抗性とのかかわりが示唆されているヒト遺伝子疾患は少なくとも二〇あり、今後もまだ増えるだろう。異型接合体優位の主張を受け入れない研究者もいるが、ヒトゲノムについて、また感染性微生物の生態や、そうした微生物が私たちとするやりとりについて、もっとわかるにしたがい、進化論的な見方はますます重要になるばかりだろう。

あなたが七万年前に生きていた善意のエイリアンで、宇宙船で旅をしていて地球を見つけたとしよう。地球に降り立ったあなたは、言語でかなり高度なコミュニケーションをして直立歩行をする、毛のない奇妙な種を見つける。どうやらこの種は、アフリカの温暖で比較的湿潤な地域にだけ、孤立した小さな集団で暮らしており、多くの遺伝子疾患のリスクにさらされているようだ。遺伝子疾患は、こうした小集団で高い頻度に達している。おそらく、この奇妙な種の集団のサイズが小さく、遺伝的浮動というプロセスによってまれな対立遺伝子がたまたま高い頻度に達したのではないか、とあなたは思う。直立歩行をする毛のないヒトは地球のほかの地域にもいるが、そちらはアフリカの集団ほど言語能力が高くはなく、アフリカと同じ遺伝子疾患を抱えていない。『スタートレック』のような「最優先事項《プライム・ディレクティブ》」はないので（つまり、ここであなたは、遭遇した異星文明の発展に干渉することを許されているので）、あなたはこの奇妙な種の健康と繁栄の手助けができるか確かめてみることにする。あなたはどうにかして自分の降り立ったアフリカの地域に住むヒトの全集団のＤＮＡサンプルを手に入れ、この奇妙な種の罹っている病気が主にふたつあることを見出す。ひとつは貧血で、もうひとつは致命的な腎臓病だ。あなたはふたつの病気の原因である遺伝子損傷を特定し、なにしろ善意のエイリアンなので、アフリカのすべての小集団からふたつの病気の対立遺伝子を操作することにする。

仕事を終えたあなたは、すぐに別の銀河系の探査へ向かう。それから相対論とタイムトラベルを考慮に入れて、七万年後に地球へ戻ってくることにする。再び降り立ってみると、かつて助けようとした、直立歩行をする毛のない種が絶滅したことを知って愕然とする。

このシナリオを最初に提示したシカゴ大学の生物学者マーティ・クレイトマンは、親切なエイリアンであるあなたがそれらの血液疾患と腎臓疾患をなくした結果、日々奮闘して生きている種からマラリアとトリパノソーマ症に対して耐性のある遺伝子までなくしてしまったのだと指摘している。あなたが救おうとした種は、マラリア原虫とトリパノソーマの感染というダブルパンチを生き延びられなかったのだ、と。これはＳＦとして仕立てられたものだが、かなり現実に近い話でもある。私たちの遺伝子と、微生物と、それらの相互作用（生態系）は、密接に絡み合っているのだ。

ヘリコバクター・ピロリ

歳をとると体のあちこちにガタがくる。少なくとも食通にとって、加齢がもたらす最大の問題のひとつは、消化の問題だ。若いころはサラミやタマネギ、ハラペーニョ、スパイシーなトマトソースをたっぷりのせたピザを丸ごと一枚たいらげていても、歳をとるほど深夜の胸焼けを避け、むしろマイルドなトマトソースのかかったふつうのチーズピザを選ぶようになる。このように私たちの多くが加齢とともに食事を変える羽目になるのは、細菌の生活様式と、私たちの細菌との付き合いかたに起因している。とくにヘリコバクター・ピロリ（ピロリ菌）という種のたどってきた歴史は、私たちが微生物と親密な共進化を遂げてきたことを十分に明らかにしている（図6・2）。

私たちは少なくとも一〇万年前から、ピロリ菌とそれなりに調和しながら生きてきた。この人類進化の初期に、私たちはまだアフリカにいた（アフリカから出るのはもう四～五万年先のことだ）。それほど前からピロリ菌が私たちの祖先の体内にいて、胃腸に都合の良い住民でさえあった可能性については、かなり十分な証拠がある。ニューヨーク大学医学部のマーティン・ブレイザーは、ピロリ菌

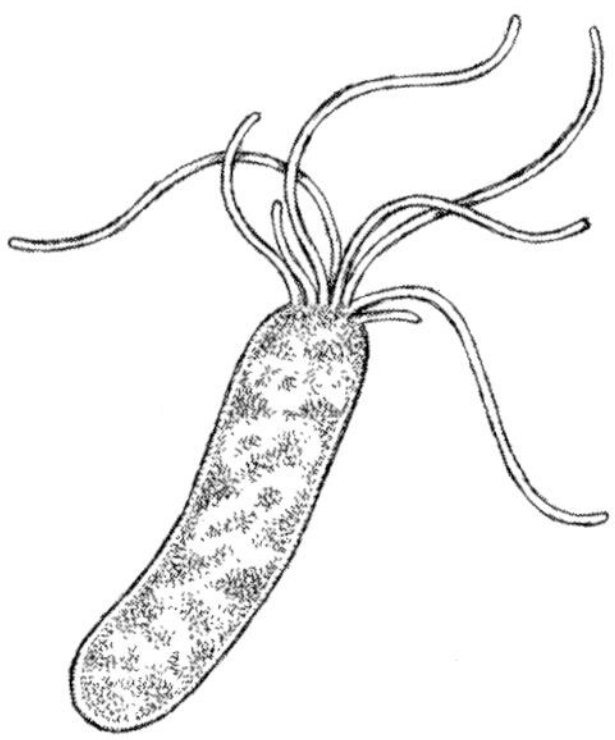

図6.2　ヘリコバクター・ピロリ

が、私たちの祖先を下痢から守りつつ、さらに重要なことに、日常的な身体機能を効率よく保守するのに欠かせない働きをしていた可能性があることを示唆している。当時のヒトは、おそらく胃腸の細菌相の一部であるピロリ菌を利用して、健康な生活を維持していたのだろう。およそ一万年前、ヒトの生活様式は、狩猟採集型のものから、より定住型の暮らしと、より集中的な人口構造へと一変した。そうした変化とともに食事が変わり、きっと胃腸の細菌相も変わったにちがいない。ヒトの暮らしかたが変わったこの時期、ピロリ菌はヒトとの共進化の絆を強めた。そして一〇〇〇年前、ヒトは都市へ移り住むようになり、ヒト同士が日常的に密接に接触するようになった。このころまでは、すべての成人の胃腸にピロリ菌がいたにちがいない。実のところ、この時代のヒトに私たちと共通点があるとしたら、それは彼らの胃腸のマイクロバイオームにもピロリ菌が主要な種のひとつとして存在していたことのはずだ。

はるかに最近になって一〇〇年ほど前には、衛生習慣の改善と抗生物質の登場によって、ヒトの健康に対する考えかたとその健康の維持のしかたが大きく変化を遂げる。こうした変化は、ピロリ菌を胃腸のマイクロバイオームから組織的に取り除く結果となった。今日、ピロリ菌を胃腸マイクロバイオームにもつ子どもは一〇パーセント程度しかいない。およそ一〇〇年前にはほぼだれの胃にもピロリ菌がいたことを考えれば、これは微生物コミュニティの生態において史上最大級の急激な変化だと言える。ピロリ菌を棲まわせていると、消化性潰瘍や胃がんのリスクが高まるなど、確かに代償はある。こうした疾患は、ピロリ菌が胃壁に炎症を起こして胃ホルモンの量や分布を変えると、より高い確率で生じる。この変化はまた、消化生理機能にも大きな変化をもたらす。

だが、ヘリコバクター・ピロリはまったくの悪者というわけではない。その存在は、胸焼けを起こす胃食道逆流症（ＧＥＲＤ）をはじめ、たくさんの病気（たとえばＧＥＲＤは喘息や食道腺がんとも関連がある）の発生リスクを低減する。そのため、胃潰瘍になるからとピロリ菌を除去してしまうと、今挙げたような別の病気のリスクを高めることになるのだ。ピロリ菌は、レプチンとグレリンの代謝に欠かせない胃ホルモンの産生にも関与している。レプチンとグレリンは、空腹感や満腹感を高める小さなペプチドで、それゆえ食欲の生理機能にかかわっている。その証拠に、レプチンとグレリンが欠乏すると、肥満やⅡ型糖尿病になりやすくなる。明らかに、前世紀にはひとつの病原体と考えられていたものが、今ではもっと複雑なシステムの一部と見なされつつあるのだ。

こうして微生物と人体が多様で複雑なやりとりをしていることに気づいた現在、私たちは明らかに病原体の定義づけを変更する必要がある。この目標をなし遂げるには、微生物のコミュニティが私たちと、つまり人体の内部や表面や周辺とおこなっている生態的な相互作用について考えるべきだ。そこで本章では、この意味で人体の三つの部位に注目しよう。まずは、人体に棲む微生物の大半が存在している胃腸。次に、ヒトの行動が微生物の生態系に多大な影響を与える生殖器。それから意外かもしれないが、脳だ。そこの微生物の生態系は、ヒトの行動に明確な影響を及ぼすことがわかっている。また、食べるものは人体に棲む微生物の生態系を変えうるとりわけ影響度の高い要因なので、当然ながら消化管のマイクロバイオームとそれに影響する生態的パラメータが、マイクロバイオームとヒトの健康を対象とする研究で主眼となっている。消化管の微生物の構成と生態は、がんから肥満や私たちの行動に至るまで、あらゆるものに関与しているのである。

生態学的な視点

生態学者は、生物学の世界で長く積み重ねた伝統を築いており、生物の相互作用について私たちが得ている知識は彼らの貢献によるところが大きい。生態学者は、コミュニティ内部とコミュニティ間の両方のレベルで相互作用を調べる。生態学的なコミュニティの分析で基本的な目標のひとつは、さまざまなレベルでコミュニティの多様性を明らかにすることだ。このような方法で研究する場合、まずはコミュニティに属する種を特定する必要がある。人体にかかわる微生物コミュニティについては、数年前まで体表や体内の微生物コミュニティにおいて特定できるのは培養可能な種に限られていたので、その事情だけ考えても、過去のコミュニティレベルの微生物研究が不十分だったことは容易にわかるだろう。

第２章で私たちは、「α多様性」と「β多様性」という二通りのやりかたでコミュニティの多様性を考えた。α多様性とは、特定のコミュニティの内部における多様性のことをいう。たとえばへそが多種多様な微生物にとって良好な生息環境なら、へそのα多様性は高い。一方、β多様性とは、コミュニティ間における種のばらつき具合のことをいう。したがって、異なる人々のへそのあいだにβ多様性は存在するが、同一人物や他人同士で、へそのコミュニティと、たとえば脇の下のコミュニティのあいだにも、β多様性は存在する。

マイクロバイオームを比較すると、興味深いことに、ひとりの体でコミュニティ（へそと脇の下など）を比べたβ多様性のほうが、別々の人の体で同じ部位のコミュニティを比べたβ多様性より高いことがわかる。ならば、この二種類のβ多様性は区別して考える必要がある。これまでの章でコア・マイクロバイオームについて触れたが、コア・マイクロバイオームの概念が有用なのだとしたら、それを、体表や体内の個々の環境のあいだで見られるβ多様性か、異なる人同士で同じ環境のあいだで見られるβ多様性のいずれかにもとづいて、定義する必要があるのだ。

マイクロバイオームの研究において生態学がいかに大きな役割を果たしているのかを理解するうえで重要なもうひとつの要素は、動植物の生態的コミュニティの時間的変化を明らかにする古典的な方法から得られている。pHや温度などの環境条件の変化や、生息環境への侵入は、コミュニティの環境を変えかねない多くの要因の一部であり、コミュニティはそうした変化に主として三通りの方法で応じている。第一の方法は、「耐性のあるコミュニティ」なるものを生み出すことである。このコミュニティは環境変化の影響をあまり受けず、α多様性は「特徴のはっきりした平均的な多様性」の範囲内に収まっている。第二の方法は、「回復力のあるコミュニティ」を作ることだ。このコミュニティは攪乱されたときに全体のα多様性が激しく変動しても、やがて元のα多様性に戻る。このふたつのコミュニティは、種の構成に急激な変動が生じることはあっても、ある程度安定しているると考えられる。そしてコミュニティの応じかたの三つ目は、撹乱に従って長期的に種の構成を変えることで、特徴的な新しいα多様性を作り出すという手である。この種の生態系やコミュニティの変動は、微生物生態学者が「共生バランス失調」と呼ぶものの結果としてもたらされる。共生は、種が互いに助け合うほど仲良く相互作用することだが、共生バランス失調では、正常に共生している種の集まりやコミュニティがすっかり乱されて、マイクロバイオームの顔ぶれも新しく異常な微生物構成に変わる。共生バランス失調は、予期せぬ相互作用につながるので、このような相互作用が体内や体表で生じると、ときに病原性を獲得することがある。

共生バランス失調は複雑であり、健全な生態系に——多雨林であれ腸内であれ——さまざまな原因で生じうる。邪魔者や侵入者の存在、健康な微生物コミュニティに組み込まれたどれかのメンバーの消失も、コミュニティの構成を変化させる。細菌性膣症を引き起こす微生物が膣のマイクロバイオームを撹乱してしまうのは、その好例だ。第二に、微生物の「勢力均衡」——つまり構成する種の存在量比——の変化も、正常なマイクロバイオームの撹乱を招く。このような共生バランス失調は、食生活が変化したり、重い感染症に罹って治療のために抗生物質が投与されたりしたときの腸によく見られる。さらに、遺伝子の水平移動は第三のタイプの共生バランス失調を引き起こし、この場合、種の構成ではなく、存在する遺伝子の種類を変化させる。この第三のプロセスは、病原性の点でより興味深い微生物感染症のいくつかに関与している。

細菌のブルームと病気

淡水や海の生態系が崩れたことを示す確実なしるしのひとつは、ブルーム〔藻類や微生物などの急激な大発生〕だ。藻類のブルームが海や湖の広範囲を覆っている壮麗な衛星写真を見たことのある人は多いだろう（図6・3）。私たちの胃腸をはじめとする体内の領域にもブルームは発生するが、藻類のタイプとは異なる。ヒトの胃腸では、ふだん数の少ない種が多くなるときにブルームが起こる。胃腸の低密度微生物とは、そこにわずかな細胞数しかいない微生物のことだ。だから、たとえばあなたの胃からどろどろしたものを一ミリリットル取り出して寒天培地で培養したときに、特定の種の微生物が一〇〇個も育たなかったら、その種は低密度の種だとわかる。一方、胃に多い種なら一ミリリットルに何百万個も存在する。

どのような環境変化で胃腸にブルームが生じる条件が整うのか？　池や海の場合、急激な温度変化やpH変化、栄

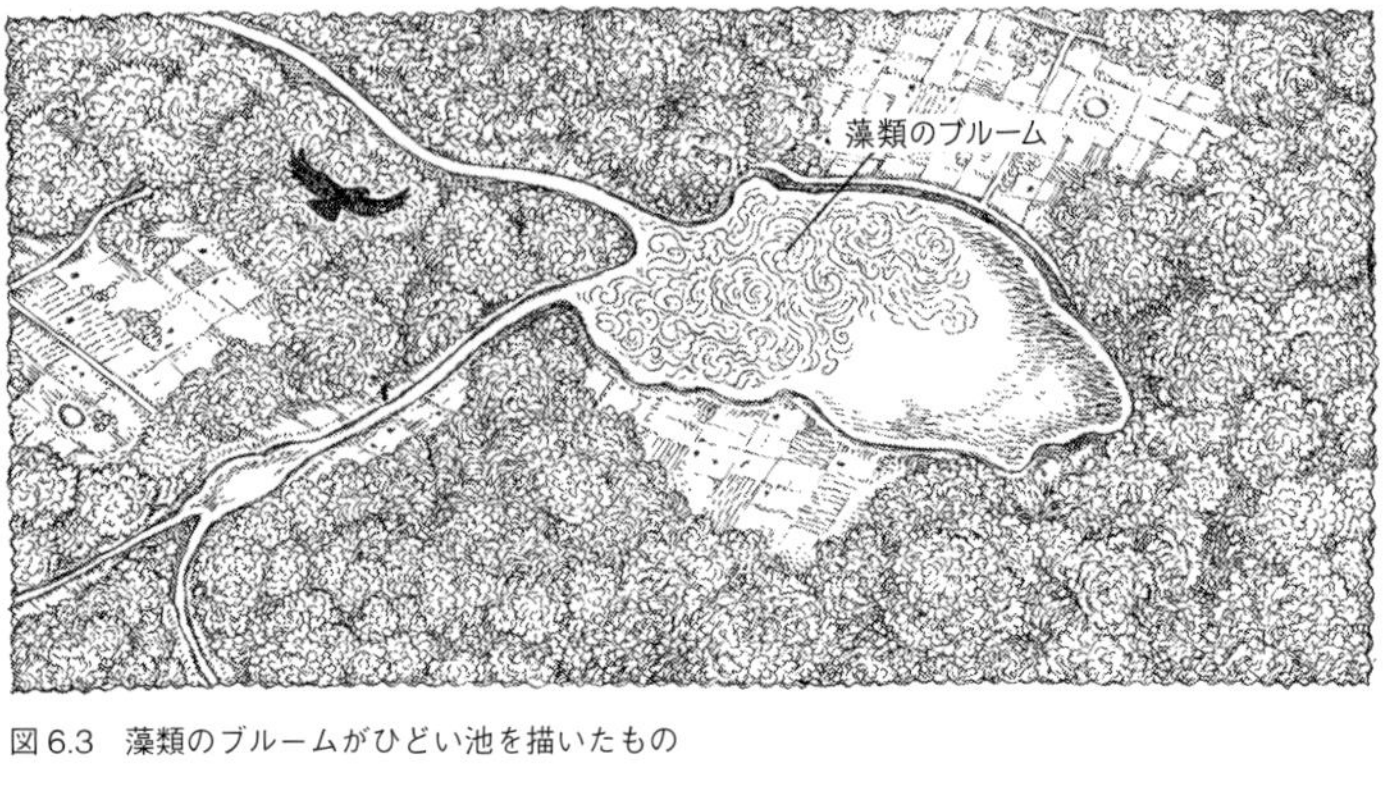

図6.3　藻類のブルームがひどい池を描いたもの

養の流入、その生態系に通常共存する生物を排除する汚染物質の混入などがそれにあたるだろう。そうした変化によって、生態系に厄介者が増える余地ができてしまうのである。

胃腸の微生物のブルームも環境変化によって引き起こされるが、それは食生活の急激な変化などだ。胃腸の持ち主であるヒトの遺伝的素質がブルームの一因になりうることもわかっている。胃腸の微生物ブルームは、負の連鎖反応を生み出すからとくにたちが悪い。まず、ブルームのなかに胃腸の繰り出す防御に耐性のある微生物がいたら、その耐性微生物はかなり強いはずなので、自然選択はその増殖に有利に働く。同じ理屈で、ブルームのなかに耐性細菌が何種類かいて、その厄介な細菌のあいだで適応度に差があったら、最も適応度の高い種が増殖するが、それは最も病原性の高い種かもしれず、そうなると共生バランス失調のサイクルが起きて病気をもたらす。さらなる生態的な惨事の可能性を実証すべく、そうして成功を収めた微生物が、適応効果を与える遺伝子をほかの種に水平移動させることができるとしよう。あるいは、抗菌剤の投与で、あなたの微生物生態系の大半は消え去るが、その成功を収めた厄介な細菌は生き延びるという可能性も考える。どちらのシナリオでも、結果的に、ひどく感染症を起こしたがる微生物の集団ができる。

バブル・マウス

研究者はいくつか非常に興味深いマウスの系統を育て、その腸内を微生物のブルームが乗っ取るプロセスを観察している。こうしたマウスは、微生物学者が実験をおこなう生きたペトリ皿のようなものだ。マウスは、免疫系に異常があったり、なんらかのタンパク質を欠いたりするように育てられ、その個体と胃腸の生態系がさまざまな攪乱に対してどんな反応を示すかテストされる。だが、生体の腸でマイクロバイオームの生態がどう変化するかを調べる究極の手だては、微生物にかんして白紙状態の動物、つまり「バブル・マウス」を使うことだろう。

まっとうな微生物学者が実験の前にまずおこなうのは、すべての素材、ガラス器具、ペトリ皿、実験をする場所全体の滅菌だ。標準的な手順は、あらゆる器具を一二一℃以上でオートクレーブ*（加圧滅菌器）にかけるというものだ。もちろん、マウスなどの実験動物を扱う研究者は、無菌の実験動物を得るためにこの手段を使えない。そこで彼らは、ジェイク・ジレンホールが映画『バブル・ボーイ』で演じた主人公の「バブル・ボーイ」さながらに、無菌のバブル〔内部を加圧した泡（バブル）のような隔離容器〕のなかで育てるマウスに頼っている。このマウスはどうやって微生物に汚染されずに母親から生まれるのだろう？　どの種であれ、経膣分娩では微生物のまったく新しいコミュニティが子に取り込まれてしまうので、このマウスは高度に滅菌された状況で帝王切開によって生まれる。その後、赤ん坊マウスは無菌の環境で無菌の代理母に育てられ、映画のバブル・ボーイの家に似た無菌の居住空間へ移される。このようなマウスを使う研究者は、一般に「ノトバイオート・マウス」〔ノトバイオート（gnotobiote）とは既知の生物を意味する造語で、実験では無菌状態で育てた動物に既知の微生物を一種ないし数種加えるため〕と呼んでいるが、私たちは「バブル・マウス」の名のほうが好きだ。

「擬似無菌」マウスと呼ばれる、慎重に育てられるマウスもいる。このマウスには、腸に対して二重、三重、さらには四重の打撃を加える「抗菌剤のカクテル」の入った広域抗生物質が与えられる。アンピシリンとネオマイシンの入ったカクテルは、マウスの腸内微生物の九〇パーセントを取り除け、バンコマイシン、ネオマイシン、メトロニダゾール、アンピシリンの四種のカクテルは、腸内のほぼすべての微生物を取り除ける。このように抗生物質を投与されたマウスは、厳しく管理された無菌環境で育てられる。

このような実験では近親交配を重ねたマウスの系統が使われるため、ふつうに育てたマウスと無菌状態で育てたマウスとで、ゲノムはほぼ一致している。そこで、特定の変異が微生物による腸のコロニー形成にどんな影響を及ぼすのか知りたい研究者は、その変異をもつマウスの系統を作り出し、その系統の一集団を「バブル」のなかで育て、別の集団を通常の条件で育てる。すると、バブル・マウスにかなり正確に微生物を届けて、特定の微生物の相互作用がマウスの成長や発生や健康に及ぼす影響を確かめることができる。しかし、バブル・マウスにも、元からの問題やふつうに育てたマウスとの差異がないわけではない。たとえば、無菌マウスはふつうに育てたマウスより盲腸が大きく、当然ながら免疫系がとても未熟であまり活動しない。また、ふつうに育てたマウスほど排便がうまくできず、雌の生殖周期にも異常がある（そしてなんと、バブル・マウスに正常なマイクロバイオームをもち込むと、これらの症状がすべてたちまち消える）。したがって、無菌マウスで実験をするときには、マウスがもともと抱える身体的・生理的な問題を考慮する必要があるのだ。

前に述べたとおり、胃と腸〔ここでは胃と直腸のあいだの小腸・大腸といった消化管を指している〕と直腸のマイクロバイオームは、細菌種の構成も生息数も異なっている。ここでは腸に注目する。ヒトの消化管全体のなかでも、細菌の細胞数という点で最大のマイクロバイオームをもっているからだ。腸がきちんと機能するためには、ふたつの目標をなし遂げなければならない。第一に、スムーズに食物を消化し、大腸に送り、最終的に体外に出すのを妨げる侵入者を防ぐ必要がある。そのためには、危険な感染性微生物を排除しながら消化に役立つ微生物は保持するメカニズムがないといけない。また第二に、より重要なことだが、胃を通り抜けた食物や液体から栄養を吸収する必要がある。ヒトの腸はどちらの仕事を果たすのにも大変都合よくできている。腸はとんでもなく長く、吸収のために内部に二〇〇平方メートル近くの広大な表面積をもつ。そのうえ、すべての消化管の内面は粘液の層で覆われている。第4章で明らかにしたとおり、粘液の層は、消化器系のこの部分にいる有益な微生物の健康を支える重要なものだ（図6・4）。粘液はいくつかの仕事をおこなっており、たとえば、消化した食物が通りやすいように通路を滑らかにしたり、危険な侵入者から腸を守る粘膜免疫細胞をかくまったりしている。小腸の粘液層はとても薄く、結腸の粘液層の一〇〇分の一程度の厚みしかない。その粘液はいみじくもムチンと呼ばれる〔ムチン（mucin）の語源は粘液（mucus）〕一群のタンパク質からなり、なかでもムチン2（MUC2）が主な働き手だ。このムチンというタンパク質はグリコシル化されている。つまり、グリカンの分子で覆われているということである。グリカンの分子は糖の分子によく似ているので、粘液のなかのムチンタンパク質は「糖で覆われた」状態とも考えられる。ムチンは糖の衣をまとっていてサイズも大きいため、ゼリーによく似た振る舞いをし、それは消化物の通路を滑らかにする役目を果たしている。粘液層自体は二層に分かれている。粘液層内のムチンは格子状につながり合っているので、微生物はつながり合ったムチンより下には入り込めない。微生物はこのように上の層に局在することが大事で、その結果、生息環境と生態学的特性が特定の種類の微生物を引きつけるのだ。

『サイエンス』誌の編集者ジョン・トラヴィスによると、先天性免疫機構は「ナイトクラブの用心棒のようなもので、好ましい微生物を入らせ、好ましくない微生物を蹴り出すように教え込まれている」のだという。健康な小腸の粘液層は、まさしくナイトクラブの腕利き用心棒だ。役立つ微生物と害をなす微生物を見分けて、ブルームが生じないように――つまり、その場所が過密状態にならないように――している。この

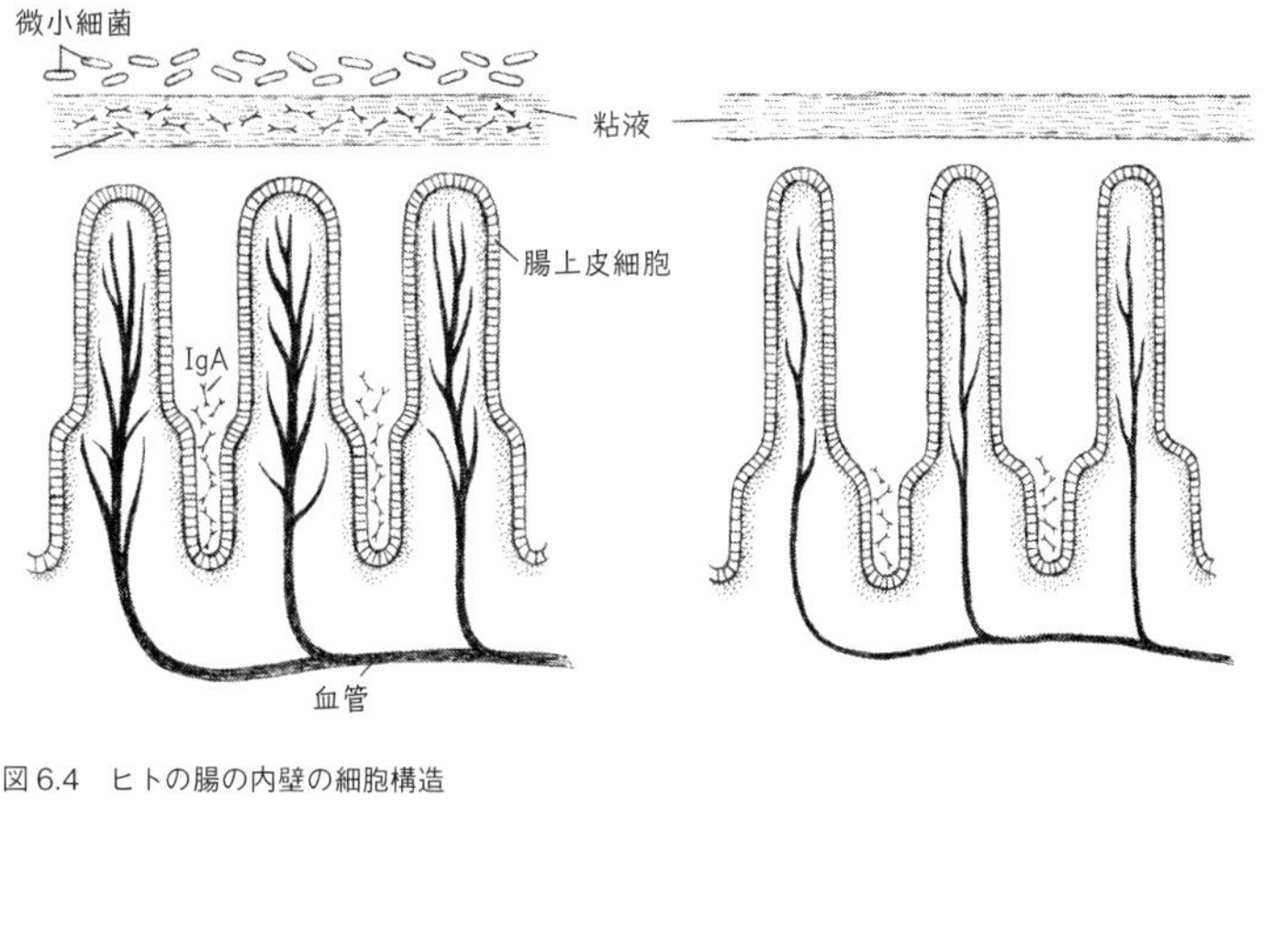

図 6.4　ヒトの腸の内壁の細胞構造

ようにして微生物の集団を調節するために、粘液層は免疫グロブリン（とくにＩｇＡ）と小さな抗微生物タンパク質であふれかえっている。どちらも一部の微生物に死をもたらすものだ。

不健康な腸では事情が異なる。バブル・マウスの実験からわかるのは、微生物がいない腸の粘液層は、典型的なマウスの腸の粘液層と明確に異なるということだ。ふつうに育てたマウスの粘液層よりずっと薄く、そのうえ腸の内側にある微絨毛《びじゅうもう》という指状突起が通常のマウスより細くて長い。さらに、無菌マウスの免疫系は比較的活動が鈍いため、ＩｇＡ分子や抗微生物ペプチドのような免疫系の産物が、あったとしてもふつうに育てたマウスより低濃度なのである。

通常のマウスと無菌マウスを操作するふたつの興味深い実験が、免疫系の働きについて多くのことを教えてくれる。まず無菌マウスに細菌由来の分子（ペプチドグリカンやリポ多糖など）をもち込むだけで、そうした分子がバブル・マウスの免疫系を刺激し、先ほど挙げた問題の大半が正される。リポ多糖は、ある種の腸内細菌の外膜に多く見られる単純な分子だ。細菌が腸に入り込むと、一部は消化されるが、そのときに破壊された外膜のリポ多糖が血流に入る。リポ多糖が血流に入ると、宿主の免疫反応で炎症が起きる。なかにはきわめて厄介なリポ多糖をもつ種もあり、そうしたリポ多糖はほかよりはるかに大きなダメージをもたらす。たとえば、大腸菌に代表される腸内細菌科（*Enterobacteriaceae*）の微生物がもつリポ多糖は、私たちの腸でやはりリポ多糖を大量に生み出しているバクテロイデス科の細菌のものより一〇〇〇倍以上も毒性が強い。さらに言えば、肥満マウスの血漿には痩せたマウスの場合に比べ、細菌由来のリポ多糖が大量に存在する。また肥満マウスには、リポ多糖の濃度上昇による腸の炎症も見られる。じっさい、大腸菌からリポ多糖を単離し、ふつうのマウス用飼料を与えられている通常のマウスにわずか四週間注射するだけで、マウスは肥満になり、炎症を起こして、インスリンに反応しなくなる。その後、抗生物質を投与すると、マウスの腸のマイクロバイオームが変化してリポ多糖の濃度が下がり、肥満やインスリン非感受性はなくなる。こうした結果は、腸内微生物に由来するこの単純な分子に対する免疫反応が十分に大きいため、免疫系を刺激して、個体の防御システムを発達させ、調整することを示している。どうやら細菌の「におい」だけでも、免疫系は活性化されるらしい。

もうひとつの実験では、ふつうに育てたマウスから粘液層自体を取り除き、それが果たしている役割を確かめる。不活性のＭＵＣ２遺伝子（粘液層を構成する主要なタンパク質を生み出す遺伝子）をもつマウスの系統を作ることが、その実験のアプローチだ。このようにある遺伝子を働かなくしたマウスの系統はノックアウトマウスと呼ばれ、ＭＵＣ２ノックアウトマウスが微生物にさらされると、腸壁に微生物があふれて、結腸の炎症である結腸炎に罹りやすくなる。以上ふたつの実験から、腸壁の適切な働きを保つうえで、粘膜が重要な役割を果たしていることがわかる。腸のマイクロバイオームに一般に存在する微生物は、腸細胞が正常に育って腕の立つ「用心棒」となるために不可欠なものなのだ。

肥満、食事、遺伝的特質

肥満は、治療の難しい病気である。食事と大いに関係があるが、たいていの人は食べる量の制限や加減が難しいので、ほかの方法を試している。そうした方法のひとつには、肥満にかかわる微生物相と、肥満のゲノム研究が関与している。この方法に注目した実験では、従来無菌マウス（ノトバイオート・マウスであれ擬似無菌マウスであれ）が使われていたが、食事が腸の微生物相と肥満に及ぼす影響を調べた画期的な研究のひとつは、無菌マウスを使わずになし遂げられている。この研究では、マウスにずっと高脂肪食を与えた。映画監督のモーガン・スパーロックが自身のドキュメンタリー映画『スーパーサイズ・ミー』でしたのと同じようなことだ。そしてスパーロックと同じく、マウスも体の調子がおかしくなった。スパーロックはあるファストフード企業の食品しか食べない生活を三〇日だけ続けたが、この実験のマウスは八四日間ずっと高脂肪食を与えられた。「スーパーサイズ・ミー」食を始めて一二週間後、マウスは肥満になり（脂肪が六〇パーセント増加）、インスリン抵抗性を示した。インスリン抵抗性は、マウス（やヒト）の健康にとって非常に危険なものだ。糖尿病につながるからである。

実験をしたとき三二歳だったスパーロックは、体重が一一キログラム近く増え、心理的機能障害に陥り（うつと性欲減退）、肝機能の数値が大幅に変わり、ついにはコレステロール値がきわめて高くなった。体重とコレステロール値と性欲が実験前の状態に戻るまで一四か月もかかったという。

スパーロックがみずから実験台となったのは二〇〇三年のことだが、ほぼそのころ、マイクロバイオームのハイスループット（高速大量処理）検査の構想も進められていた。スパーロックが再度この実験に挑み、腸の微生物サンプルを途中で採取してもらおうとはきっと思わないはずだが、スーパーサイズ化していくあいだの彼のマイクロバイオームを追跡していたら、さぞや興味深かったにちがいない。だが気を揉むことはない。すでにマウスの実験をした科学者たちが、マウスの腸の内容物と糞便を採取し、肥満になるまでと、結果的に正常な体重に戻るまでの（肥満マウスには一〇週間、通常のマウス用飼料だけの厳しい食餌制限を課した）過程で、マイクロバイオームの変化を追跡しているからだ。最終的に、食餌制限をされたマウスは体重が減ってインスリンへの反応性を取り戻し、肥満時より総じて健康になった。対照群のマウスは、実験中ずっと通常の飼料を与えられた。またそれは食餌制限をされたマウスと遺伝子が同じなので、マイクロバイオームを比較するうえで絶好の基準となった（図６・５）。

肥満マウスとなるべく食餌を変えた結果は期待どお

図6.5　典型的な野生型マウス（左）と典型的な肥満マウス（右）

りだった。つまり、スーパーサイズ化マウスのもつ細菌の種類が、たちまち対照群のマウスと大きく異なる配分になったのだ。ところが、スーパーサイズ化してから再び通常の飼料に制限して四週間経つと、食餌制限マウスの腸マイクロバイオームの種構成が、対照群マウスのものの種構成に収斂しだした――そして一〇週間後を迎えるころには、双方のマウスのマイクロバイオームは見分けがつかないほどになった。こうした研究によって、肥満の個体の腸マイクロバイオームが肥満でない個体のものとかなり異なり、健康な体重に戻るにつれ、その種に固有のマイクロバイオームに戻ることが初めて証明されたのである。

この事実が明らかになると、食事や遺伝的特質と肥満との相関の本質を突き止めるための実験が多くおこなわれることとなった。この問題を解決しようとして、セントルイス・ワシントン大学のピーター・J・ターンボウらは、遺伝子のそっくり同じ無菌マウスをふたつの群に分けた。ひとつの群には肥満マウスの腸の微生物相を与え、もうひとつの群には痩せたマウスの腸の微生物相を与えた。どちらの群も飼料は同じだったので、栄養面の違いは与えられた微生物だけだった。この実験で微生物と飼料の食餌を継続的に与えられたあと、ふたつの群を分析すると、肥満マウスのマイクロバイオームを与えられたマウスは、痩せたマウスのマイクロバイオームを与えられたマウスより脂肪の量がはるかに多いことがわかった。第4章で述べたとおり、肥満の原因がバクテロイデス門（*Bacteroidetes*）（B）とフィルミクテス門（*Firmicutes*）（F）というふたつの支配的な細菌の門の存在量比にあることは、よく知られている。肥満マウスの腸マイクロバイオームでは、B対Fの比の値

（B/F）が小さかった。肥満マウスのマイクロバイオームを与えられた無菌マウスでも、痩せたマウスのマイクロバイオームを与えられた無菌マウスより、B対Fの比の値は小さかった。さらにターンボウらは、肥満マウスのマイクロバイオームが、痩せたマウスのマイクロバイオームよりも食物から効率よくエネルギーを獲得していることを明らかにした。つまり肥満というのは、このようにマイクロバイオームがより多くのエネルギーを処理できることによって生じているのだ。

B対Fの比は、個体が肥満になるか痩せるかについてかなりのことを教えてくれるが、どの微生物がその差をもたらすのかをすっかり説明するわけではない。二〇一三年に研究者たちは、B対Fの比が変われば、粘液層に棲むアッカーマンシア・ムシニフィラという片利共生の有益な微生物の数も変わることを明らかにした。具体的に言えば、マウスでもヒトでも、肥満した個体の腸内ではA・ムシニフィラの数が減るのだ。この現象が知られているのは、高脂肪食を与えられたマウスではA・ムシニフィラが少なく、リポ多糖の濃度が高いからだ。ならば、肥満した個体にA・ムシニフィラを大量に与えさえすればいいのではないか？　研究者はコッホの原則のいくつかにもとづき、まさにその実験をやってみた。高脂肪食で育てたマウスに生きたA・ムシニフィラを四週間与え、また同じ条件のマウスに高温で殺したA・ムシニフィラを四週間与えたのだ。すると、生きたA・ムシニフィラを与えられたマウスでは、リポ多糖の濃度が下がって脂肪が減り、血漿グルコース（ブドウ糖）濃度も低くなった（血漿グルコースは細胞のインスリンへの反応性に関係している）。こうして下がった濃度は、通常の飼料を与えられた対照群での濃度とほぼ同じだった。一方、高温で殺した細菌を与えられたマウスは、脂肪も、リポ多糖の濃度も、インスリンへの反応性も取り戻さなかった。生きたA・ムシニフィラを与えられたマウスをさらによく調べると、脂質の分解と増えた脂肪組織の代謝にかかわる遺伝子（要するに、脂肪の減少にかかわる遺伝子）が、対照群のマウスより高い割合で発現していることもわかった。

高脂肪食は腸の粘膜を荒らすことで悪名高い。事実、腸の粘膜とその下にある腸自体の組織まで部分的に破壊する。どうやらA・ムシニフィラは、高脂肪食によってひどいダメージを受けた粘膜の修復をおこなっているようだ。A・ムシニフィラを与えられたマウスの腸壁を調べた研究者たちは、この微生物が実際に腸の粘液層を修復し、腸を通る消化物と腸の組織自体とのあいだのバリアを強化することで、肥満や糖尿病によってもたらされる病変を治すことを突き止めた。この考えを確かなものにするために、研究者たちはフラクトオリゴ糖という分子を混ぜた高脂肪食をマウスに与えてみた。この分子は腸内微生物を適正に保つのに役立つプロバイオティクス（体に良い影響を及ぼす食品となるもの）として、ほかにも多くの治療の場面で使われている。すると驚いたことに、高脂肪食を与えられたマウスでも、A・ムシニフィラが大幅に増える。そうした効果がヒトにも現れるかどうかはまだわかっていない。

バブル・マウスはまた、糖分の多い「西洋型」食生活の影響を研究するためにも使われている。無菌マウスに糖分の多い西洋型の食餌を与えても、肥満にならない。それどころか、継続的に与えても、淡白な通常の食餌を与えられた対照群のマウスと比べて大きく体重が増えることはなかった。

こうした実験マウスはそもそも無菌で、無菌の食物を与えられているので、食物から得るエネルギーの処理に影響する微生物が腸内にいない。つまり、マイクロバイオーム（あるいは、ここではその欠如）は、個体が肥満になるか否かの決定に大きく影響するのである。この研究のひとつのバリエーションとして、通常の食餌を与えた無菌マウスの対照群と、糖分の多い西洋型の高脂肪食を八週間与えた無菌マウスの一群を比較したところ、西洋型の高脂肪食は脂肪のかなり多いマウスを作り出すことがわかった。この結果は、一見したところ直前に挙げた研究の結果と矛盾しているようだが、最初の八週間が過ぎると、西洋型の食餌を与えられたマウスは体重が減りだし、さらに八週間が過ぎると、通常の食餌を与えられた対照群のマウスと比べても肥満度にあまり差がなくなった。

こうした研究はマウスを使ったものではあるが、ヒトの腸のマイクロバイオームがどのように食事に反応し、さらに重要なことに、どのように肥満をもたらすのかという問題に対し、私たちの理解をうながしてくれるのは間違いない。

遺伝子についてはどうだろう？　肥満に遺伝子が関係していることはよく知られており、先ほど紹介した実験のいくつかもこの疑問に取り組んでいる。ほかのマウスに与えるマイクロバイオームを採取された肥満マウスは、レプチン欠乏という状態にある。レプチンはグレリンと並んで肥満に深くかかわるタンパク質だが、そうしたレプチン欠乏マウスはレプチンの機能をノックアウトする変異をもっている。宿主であるヒトやマウスの免疫系は腸内微生物の調節に複雑にかかわっており、もちろん、遺伝子が最終的にその免疫系をコードしている。レプチンそのものは腸の免疫反応に影響を及ぼしており、実のところ、胸腺で作られるT細胞の種類を制御することで後天性免疫機構の一部を引き起こしたりコントロールしたりする、サイトカインの一種だ。レプチンは好中球の産生や移動にも関与する。したがって、あるマウスがレプチン欠乏の状態で、そのためレプチンの機能がノックアウトされている場合、レプチンの濃度の低さが免疫系の活動に影響する可能性が高いことになる。

　ほかにも食事と遺伝子が免疫系に与える影響が、マウスとヒトの両方で調べられている。細菌に由来する短鎖《たんさ》脂肪酸という低分子は、免疫反応に大きな影響を与える。私たちヒトは、多くの食事をみずからの遺伝子産物で消化できない。たとえば、植物の多糖類を分解するタンパク質や酵素を作る遺伝子をもっていない。ところがヒトの腸マイクロバイオームの微生物は、発酵のプロセスによって、それを分解できる。発酵は、微生物が自身に栄養を供給するために使っている主要反応経路のひとつである。細菌の発酵の最終産物は短鎖脂肪酸なので、短鎖脂肪酸があれば、なんらかの微生物が存在するあかしとなる。ヒトの免疫系は、この短鎖脂肪酸を検知して、さまざまな先天性免疫機構で応じるようになった。そしてこうした免疫系の反応が、マイクロバイオームの構成に影響を与えているのである。

膣のマイクロバイオーム

前に女性の膣に棲む微生物の構成を示したとき、健康な膣のマイクロバイオームには基本的に五つのタイプがあると結論づけた（第4章参照）。だが、本当にそうなのか？　ある膣のコミュニティが健康と見なせるか否かは、一般に性感染症の罹りやすさが基準となっている。しかし、この基準は実は適切ではない。そのようなわけで、膣の微生物相は、マイクロバイオームの時代に病変を定義しなおすべき理由を示す一例となったのである。

ヒトの膣に最も多い病変は、細菌性膣症という疾患だ。女性の疾患として特別ひどいものではないが、性感染症の危険因子と考えられている。大半の場合は、抗生物質を飲むか抗生物質入りのクリームを塗ることで治る。アメリカで細菌性膣症の有病率は三〇パーセント近い。つまり、三〇パーセントの女性が生涯に一度は罹っているということである。細菌性膣症は、性感染症の危険因子であるばかりか、ＨＩＶや骨髄炎をはじめとするもっと深刻な病気の感染とも関係しているので、ある程度注意すべきだ。膣のマイクロバイオームが特定される前、臨床医は、アムセルとニュージェントのスコアという二種類の尺度をもとに細菌性膣症のリスクと存在を判定していた。これは、基本的に膣腔内のラクトバチルスの量を測定するものだ。膣腔内のラクトバチルス属の種が、栄養物を発酵させて乳酸を作り、それが膣のpHを下げて微生物の増殖を抑制するので、実は有益であることを思い出してもらいたい。これまで一般に、ラクトバチルスの存在は、膣の生態系をいわば微調整し、細菌性腟症やイースト菌感染症などの性感染症を引き起こす細菌の増殖を防いでいると考えられていた。ラクトバチルス属の種は確かに一部の腟マイクロバイオームにおいて大部分を占めているが、腟にいる微生物は決してそれだけではない。それどころか、健康な腟のマイクロバイオームでも、ラクトバチルス属がコミュニティで最も多くはないことさえある（第4章参照）。

明らかに「腟の疾患」は定義しなおすべき頃合いだろう。腟の生態系の特定に使われるアムセルとニュージェントのスコアは、腟から採ったサンプルにラクトバチルス属の微生物がどれだけ多いかという点だけにもとづいている。腟マイクロバイオームにラクトバチルスの多い女性がすべて細菌性腟症を免れているのは確かだが、逆は正しくない。つまり、ラクトバチルスの数が少ない（そのためニュージェントのスコアでは陽性となり、問題があることを示す）多くの女性には、細菌性腟症の症状が現れていないのだ。だから、腟マイクロバイオームにラクトバチルス属がどれだけ多いかという基準では、健康な腟を定義できない。マイクロバイオームにかんして言えば、健康な腟をもつ状況はひとつに限らないのである。

同様に、不健康だったり細菌性腟症を起こしていたりする腟をもつ状況もひとつではない。要するに、細菌性腟症はひとつの不健康な状態と見なされているが、広域スペクトル疾患とも呼ぶべきものなのだ。この「広域スペクトル」という概念は現代医学で広く使われるようになっており、疾患の定義と、何が健康で何がそうでないかということに対する現代の見方を整理するのにきわめて有効なものとなっている。これまで細菌性腟症のあらゆるケースをひとつの疾患にまとめてしまうことで、臨床医は微妙な差異を多く見逃し、それがこの疾患の発生を過剰診断する傾向につながっていた。それればかりか、細菌性膣症のあらゆるケースがひとくくりにされて、膣の微生物コミュニティの生態的な複雑さも見過ごされていた。一方、広域スペクトルの枠組みでは、性感染症の危険因子と見なされるような細菌性膣症はもはや研究の主眼ではなく、むしろ膣腔の生態系をもっと包

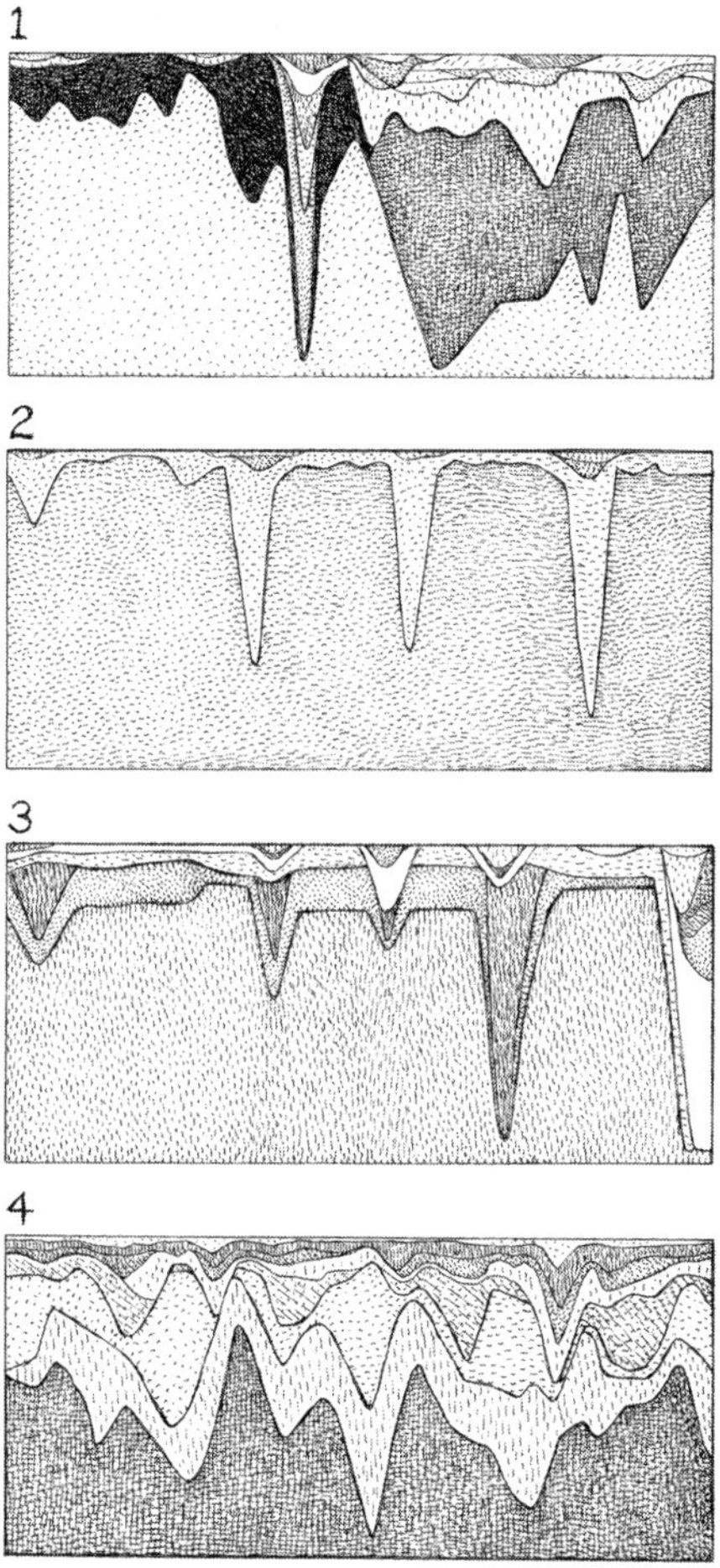

図 6.6　女性４人の膣の微生物コミュニティを構成する微生物の推移を表した図。濃淡の違いは細菌の種類の違いを表し、細菌の構成比は縦方向の Y 軸にあたる。サンプルを採取した日は横方向の X 軸にあたり、全体で調査期間の 16 週間にわたる。各グラフの周期性（一部の細菌が一定の間隔で落ち込むこと）は女性の生理周期によるもので、約４週間ごとに生じていた。

括的に理解することが主眼となっている。このような人体の重要な生態系を詳しく分析することが、ひょっとしたらその部位の疾患の複雑さを理解する唯一の手だてなのかもしれない。

これを目的として、メリーランド大学のビン・マーとアイダホ大学の共同研究者たちは、女性ひとりひとりの健康な膣の微生物コミュニティの時間的変化を明らかにする長期的研究をおこなっている。彼らは、出産可能年齢の健康な女性における膣のコミュニティの構成を調べるため、三二人の女性のサンプルを一六週間にわたって週に二回採取し、各サンプルのマイクロバイオームの構成のほか、各人の月経の時期と長さも記録した。すると、第4章で最初に膣腔のマイクロバイオームを特定したときのように、女性のあいだにかなりの程度のβ多様性が見られた。さらに、膣の微生物コミュニティの構成が短期間で大きく変化する被験者がいる反面、あまり変わらない被験者もいることが、長期的研究から明らかになった。たとえば図6・6で、被験者2の膣のコミュニティは一六週間のサンプリング期間を通じてかなり安定していることがわかる。それに対し被験者1では、研究が中盤にさしかかった八週目ごろ、マイクロバイオームの構成が大きく変化しだしている。ここで、すべての被験者で種の構成の変化を示すグラフにおいて、およそ四週間ごとにスパイク（鋭いピーク）が見られることに注目してほしい。このスパイクは月経と対応しており、月経は膣のコミュニティの共生バランス失調をもたらす主因であることが、ここでの長期的研究によって示されている。一方、月経周期においてエストロゲン値の高い時期や、エストロゲン値とプロゲステロン値の両方が高い時期は、膣の微生物コミュニティがとくに安定していた。この研究では各女性の性行為についても記録がなされたが、この要素は微生物コミュニティの構成をいくらか変化させたものの、月経の影響には比べるべくもなかった。女性の正常な生殖周期の一部にあたるこの活発な変化が、膣マイクロバイオームの特定を難しくしているわけだが、一方でそれは、細菌性膣症のような疾患を時間的な一点の比較をもとに――細菌性膣症に罹っている女性と罹っていない女性のマイクロバイオームを対比させる場合のように――理解するのでなく、より大局的な全体像を理解する重要性も強調している。人体の表面や内部における個々の環境の生態系を明らかにすべくうまく設計された長期的な研究は、日々の健康的な相互作用について私たちの知識を広げるだけでなく、病気の結果として生じる変化を理解するための基準も与えてくれる。こうした人体にかかわる複雑な生態系をもっと幅広く完全に理解することで、病気の診断がより正確になり、新しい治療法がもっと生み出しやすく、もっと効き目があるものになることが望まれる。

胃とうつ

男心をつかむには胃袋から、とはよく聞くことわざだが、心が頭にあるならそれは正しい（女心にも言えることだが）。こうした胃腸と脳のつながりは「腸脳軸」と呼ばれて実在し、かなりよく解明されている。人が食物や飲み物を体に取り込むとき、単に咀嚼したり飲んだり消化したりする以上のことが起きている。食物は、口、胃腸、膵臓《すいぞう》、そして脳に無数の反応を引き起こす。実際には食物を取り込む前から反応が起きているのだが、それは、食物を見たりにおいを嗅いだりするだけで、胃腸と脳に影響を及ぼす生理反応やホルモン反応が誘発されるためだ。微生物は、こうした腸脳軸を行き来する情報にきわめて大きな影響を与えている。

腸脳軸の主な役割のひとつは、食欲の調節である。体は生き延びるために、いつ空腹でいつ満腹かがわからなければならない。そこで、この軸に沿ってすばやく正確に効率的な情報交換ができるように、ある複雑なシステムが進化した。胃腸は、主に胃からだが、一部はほかの身体部位からも、内分泌系へ分泌されるホルモンによって、脳とやりとりをしている。こうしたホルモンのいくつか——インスリン、グレリン、オベスタチン、コレシストキニン、グルカゴン様ペプチドなど——は食欲の調節と関係しており、ある意味で、人体の第二の脳と言える胃を作り上げている。脳がこうしたホルモンに出会うと、食物を探したり避けたりする特定の反応が引き起こされる。胃が脳とのやりとりに用いる主な神経経路は迷走神経で、これは視床下部のような脳の特定の場所と情報交換している。迷走神経は、胃腸で消化作用が起きているという情報を受け取ると、食物をどうするべきかの指示を脳に直接送る。

ホルモンが分泌されると、食欲の抑制や増進をコントロールでき、それぞれ食欲抑制反応と食欲増進反応という。ヒトの脳はこのふたつの反応から指示を受け取る。あるときには、脳は食べるのをやめる（あるいは、少なくとも食べるスピードを落とす）ように指示され、別のときには食べ物を探すように指示される。食欲抑制反応を引き起こす刺激にはさまざまなものがあるが、十二指腸にある脂質や脂肪はそうした刺激のひとつだ。脂質と脂肪は、胃腸で消化される食物の産物で、これらは要するに腸壁細胞のスイッチを入れてコレシストキニンというホルモンを作らせる。このホルモンは食欲のコントロールに多くの点で影響を与えるが、第一の役割は消化管で迷走神経のニューロンとやりとりすることだ。それが起きると、胆嚢と膵臓を経て放出される胆汁が脂肪と脂質を分解し、迷走神経のニューロンがほかのホルモンとやりとりする態勢に入って、そこから脳へ指示が送られる。コレシストキニンは、この連鎖反応と早い段階でかかわっているので、腸脳軸において非常に重要なホルモンなのだ。

腸内のグルコース（ブドウ糖）は、食物が消化されたことを示すもうひとつのサインであり、その量が増えると、食欲の制限が必要なことが脳に知らされる。グルコースの存在は、それからインスリンという、体や脳に連鎖的な影響を及ぼす別のホルモンの産生をうながす。そのほかにも脳に満腹を知らせる生理作用にかかわるホルモンがいくつかあり、そうしたホルモンに影響する制御系は複雑なものとなっている。

食欲増進ホルモンには、胃から分泌されるグレリンや、脂肪組織から分泌されるレプチンなどがある。このふたつの食欲増進ホルモンは、視床下部に送られると、相乗作用で食欲に影響を及ぼす。グレリンの濃度は食事の前に上がり、食物が消化されると下がる。食欲の制御にかかわる重要な低分子だが、グレリンはあちこちの組織に存在するので、体に広範な影響を及ぼしていると考えられる。

胃腸と脳でこれだけホルモンが複雑な働きをしているのなら、胃腸の生態系の変化で、ヒトの生理機能において多くのものが損なわれたり、反対に改善されたりすることがあっても不思議はない。胃腸の細胞は、ヒトゲノムにある二万個あまりの遺伝子のいくつかを発現させている。だが、胃腸に棲む何百万種もの細菌は、腸内で数百、ときには数千種類もの遺伝子を発現させることができ、それは平均的なヒトが発現させる遺伝子の数よりはるかに多い。胃腸の微生物は、いろいろ深遠なやりかたで私たちの健康に影響を及ぼしているのだ。

マイクロバイオームの重要性が認識されてきたおかげで、従来の疾病管理の手法に欠けていた点に目が向けられている。たとえば肥満を考えよう。米国医師会の定義によれば、この病気はさまざまな全身性の問題を引き起こし、やがては健康を損ねて寿命を縮める。だが、肥満はがんにも関係しているかもしれず、がんが肥満の人の問題となる理由は結局のところ細菌なのだと言われたら、あなたは納得するだろうか？　齧歯類を使った研究から、肥満は遺伝因子と高脂肪食の組み合わせで起こせることがわかっている。こうした齧歯類では、肥満は腸内微生物のコミュニティを変化させる。つまり、肥満になるということは、ある種の微生物に腸を乗っ取られるということなのだ。具体的に言えば、肥満マウスの腸の微生物相には、クロストリジウム（*Clostridium*）属の種が多く棲みつきやすい。この属の細菌は、食物の消化のために肝臓で大量に作られる胆汁酸を好む。一方でこの細菌は、ゲノムにコードされた一連の化学反応を用いて胆汁を分解する——胆汁をデオキシコール酸（ＤＣＡ）に変えるのだ。これは発がん物質である。肥満マウスの腸内でクロストリジウムの濃度が高まると、マウスの腸細胞にとって有害な環境となり、細胞老化関連分泌現象という、腫瘍成長にかかわる現象を引き起こすのである。

　腸脳軸で神経とホルモンが複雑に相互作用していることを示すもうひとつの確かな例を挙げれば、研究者たちは過去五年間で、無菌マウスを使ってストレスとうつがマイクロバイオームと強く結びついていることを明らかにしている。うつは、ＨＰＡ（視床下部・下垂体・副腎系）軸と呼ばれるものの化学的性質の変化と関連がある。人体のこの三つの領域は、気分も含め、さまざまな行動や脳の働きの調整に複雑にかかわっている。こうした人体の主要な調整部位のあいだのやりとりに変化が生じると、その影響を受けた人がうつ状態になることがある。二〇〇四年、九州大学の須藤信行《のぶゆき》らは、腸脳軸における微生物の関連を初めて示した。無菌のバブル・マウスと、対照群となるマイクロバイオームをもつマウスを使って、微生物のコミュニティが宿主のストレスに及ぼす影響を調べたのだ。マイクロバイオームの異なるマウスのストレスレベルが測られ、脳内の化学的性質が比較された。すると、一般に無菌マウスは、多様なマイクロバイオームをもつマウスほどストレスを感じていないことがわかった。具体的には、マウスのストレスや不安の抑制にかかわる副腎皮質刺激ホルモン（ＡＣＴＨ）とコルチコステロンの両方が、ＨＰＡ軸に沿って高い濃度で現れていたのだ。こうした結果から、マイクロバイオームがＨＰＡ軸で分泌されるホルモンに影響を与え、ひいてはマウスのストレスレベルに影響を及ぼしているという仮説が導き出された。

　この実験で面白いのはここからだ。自分たちの考えを検証するために、須藤らは、コッホの原則の筋道に沿って足したり引いたりの実験をいくつかおこなった。正常なマイクロバイオームをもつマウスに、よく知られた腸内細菌である大腸菌を二株——病原遺伝子をもつ株ともたない株——与え、両者で比べたときにストレス反応に変化があるかどうかを問うたのだ。結果はどうだったか？

良性の大腸菌株を与えられたマウスは無菌マウスの実験のときとよく似た反応を示したが、病原性の株を与えられたマウスはストレスが増してＡＣＴＨとコルチコステロンの濃度が減った。次に須藤らは、無菌マウスに、病原性大腸菌を与えられたマウスの糞便を、三つの異なる成長段階で与えた。成長初期に病原性の糞便物質を与えられた無菌マウスは、ＡＣＴＨとコルチコステロンの濃度が抑えられ、ストレステストの結果が悪かった。ところが、成長中期のマウスに糞便を与えてもＡＣＴＨとコルチコステロンの濃度は変化せず、正常なストレス反応を示した。ＡＣＴＨの低い糞便を与えられた大人のマウスも、正常なストレス反応を示した。この実験は、ストレスを受けたマウスの糞に含まれる微生物が、胃腸マイクロバイオームが確立していない成長初期の子どもにだけストレス反応を伝えうることを実証している。

別の実験では、ラクトバチルス・ラムノサス（*Lactobacillus rhamnosus*）という特殊なタイプの微生物を与えられた無菌のバブル・マウスの行動と、この微生物のいないほかのマウスの行動を比較している。Ｌ・ラムノサスのどこがそんなに特別なのだろうか？　この興味深い微生物は、人体にふつうあまり大量に棲んではいないが、高いpHに耐えられるタフな種なので、胆汁やさまざまな酸を分泌している消化管の苛酷な環境でも生きられる。また、あらゆる細菌感染やウイルス感染において有益な調整役を果たしているとされ、ヒトの健康にかかわる多くの場面でプロバイオティクスとして利用されている。たとえば、下痢を起こすロタウイルスに感染した子どもや、アトピー性皮膚炎の子どもに対する治療薬となる。だから、良い点は、この微生物が「善玉」であることで、困った点は、この微生物がどうやってそんな魔法をかけているのかがほとんどわかっていないことなのだ。しかし最近、バブル・マウスにこの微生物を与えた実験により、手口が明らかになりだしている。

マウスでストレスレベルを調べる心理学者が用いるテストのひとつに、強制水泳試験がある。水を張った試験槽にまだ実験に使っていない健康なマウスを入れると、よじ登り行動を示す（図6・7参照）。一方、行動や健康を攪乱されたマウスは、すぐにあきらめて水に浮かんでしまう（水面の下に沈んだらすぐに取り出されるので、マウスに実際に危険が及ぶことはない）。心理学者は、なんらかの攪乱を受けたあとのマウスの「うつ」や不安を測る指標として、この試験を使ってきた。ヒトが心身に強いストレスを受けるとなるように、マウスもうつになることがわかっており、ストレスを受けたマウスは、強制水泳試験の水槽に入れるとごく短時間であきらめてしまう。強制水泳試験は、抗うつ薬の有効性を明らかにするためにも広く使われている。たとえば、正常なマウスに抗うつ薬を適量投与してから水槽に入れた場合、よじ登り行動を長時間示したら、その薬には強制水泳のストレスを和らげる働きがあったと見なされる。では、L・ラムノサスを与えたバブル・マウスを強制水泳させたらどうなるだろうか？　そうしたマウスは、L・ラムノサスを与えていないマウスよりも十分良好な振る舞いを見せる。実験群と対照群の差異はL・ラムノサスだけなので、腸内にその微生物がいることがストレスを和らげる要因になると考えられる。さらに、L・ラムノサスを与えられたバブル・マウスの脳には、脳の主要な神経伝達物質であるγ-アミノ酪酸（GABA）の受容体がより多く生じていた。

　こうした結果は、法廷ではやや状況証拠とされるかもしれないが、真の決め手は、正常なマイクロバイオームをもつマウスの二集団にL・ラムノサスを与えたのち、片方の集団の迷走神経を切断すると、迷走神経が断たれた集団は断たれていない集団よりはるかに早くあきらめてしまうというところにある。この結果は、迷走神経が腸の情報を脳に伝えるために欠かせないばかりか、それ以上に、腸に存在するものの情報が脳にとって重要であることも意味している。

図6.7　強制水泳試験（マウスでストレスに対する反応が正常か異常かを示す実験）。マウスは通常、水を張った容器に入れてストレスを与えると、沈まないようにもがく（左）。一方、ストレスに異常な反応を示すマウスは、あっさり「あきらめる」（右）。

　L・ラムノサスが腸のマイクロバイオームに対して果たす主な役割は、ほかに存在する微生物を用心棒のように選別して調節することだ。そのように微生物を使ってマイクロバイオームの構成をうまく調節できるのなら、抗生物質にも同じことができるだろうか？　前に述べたとおり、研究者は抗菌剤の投与によって腸の微生物コミュニティがきわめて特異なマウスを作ることができ、そうしたマウスは示す不安の度合いも低い（バブル・マウスに抗菌剤を与えても影響はなく、これは、抗生物質がマイクロバイオームの構成に影響しており、このような行動面の影響が確かにマイクロバイオームに起因していたり媒介されたりしているという考えに説得力を与えている）。

腸内微生物の存在のいったい何が、腸脳軸への信号を発させるのだろうか？　微生物コミュニティの構造の変化は腸にいくつかの影響を及ぼす可能性があるが、なにより重大なのは、炎症にかかわる影響かもしれない。消化管では、腸壁の透過性が、そこに棲む微生物の数と種類を調整するうえで決定的な意味をもっている。ストレスは腸膜の透過性を上げ、結果的に腸の微生物相に影響を及ぼす。腸粘膜は微生物に対するバリアの役目を果たし、免疫細胞の非常に効果的なシステムが、すり抜けようとする微生物を始末していることを思い出してほしい。だが、腸壁の透過性が変わると、この防御システムが破られ、大量の微生物が粘液層を越え、免疫細胞や中枢神経系の細胞とやりとりしはじめる。その腸の微生物相をプロバイオティクスや抗生剤の投与で変えると、えてして炎症が阻止されて腸膜の透過性が下がり、結果的に宿主動物に起こる反応は神経ストレスの低下を示している。過敏性腸症候群（ＩＢＳ）や炎症性腸疾患（ＩＢＤ）などの疾患は現在、炎症や、その神経系への影響とからめて解明が進んでいる。こうした疾患や、同じく炎症性の腸疾患であるクローン病が、いまや一般に心理的な問題と併せて診断されるのは無理もない。

腸に棲むものが脳に与える影響は、幼少期にまでさかのぼれる。正常なマイクロバイオームをもたないか微生物のいない状態で育てられた幼いバブル・マウスの腸内細菌相を調べた結果から、腸マイクロバイオームが神経系と脳の発達に大きな役割を果たしていることが明らかになっている。要は、無菌のバブル・マウスの脳には、ドーパミン、ノルアドレナリン、セロトニンなどの重要な神経伝達物質が高い濃度で現れるのだ。さらに重要なことに、無菌のバブル・マウスでは神経可塑性のレベルが高く、脳を発達させ神経可塑性に関与するいくつかの遺伝子の発現が野放しになっていた。こうした知見はすべて、行動の差異と関係している。無菌マウスは、変更されてはいるが正常な腸マイクロバイオームをもつマウスより、不安のレベルが低いからだ。この結果から、マイクロバイオームと脳の発達とのかかわりがうかがえる。

自閉症スペクトラム障害と、この症候群にマイクロバイオームが及ぼしうる影響を調べるべく、モデル系の構築も始まっている。マイクロバイオームが果たしうる役割を突き止めるにはまだ多くの研究が必要だが、初期の研究が、重症化することも多いこの疾患と、マイクロバイオームが脳の発達に及ぼす影響とのあいだに、なんらかの関連があることを示唆している。たとえば研究者たちは、自閉症スペクトラム障害の神経学的・行動的症状をいくつか示すマウスの系統を作り出した。母体免疫活性化（ＭＩＡ）モデルという手法を用いて母親マウスの免疫系をウイルスで刺激すると、それによる影響が母親とその子に対して認められる。自閉症様症状が少なくとも三つ――あまり声を出さない、社会性が低い、反復行動を示す――現れるのだ。

マイクロバイオームがこのマウスのモデルにどのような影響を与えているかについては、目下研究がおこなわれているところだ。母体免疫活性化を引き起こすウイルスは、腸の共生バランス失調をもたらすように見え、それがクロストリジウム属の細菌には有利となり、クロストリジウムの代謝産物が、ひいては健全な神経の発達を妨げることもある。このマウスのモデルを用いる研究者は、ＭＩＡマウスにバクテロイデス・フラジリス（*Bacteroides fragilis*）をプロバイオティクスとして投与すれば、共生バランス失調が治り、ＭＩＡの自閉症様症状を抑えることができるのではないかと言っている。この方面の研究は面白いし、ゆくゆくはヒトの自閉症スペクトラム障害の治療法となりうるものを提示できるかもしれないが、まずは、ヒトの健康を高めようとするとき、マウスのモデルでは不十分な場合が多いということを留意してほしい。それに、ヒトの治療には、多くの微生物種や、私たち自身の遺伝子だけではなく、そこにたくさんいる微生物種の遺伝子も含む、複雑な生態系の操作も必要になる。ヒトの全身のマイクロバイオームの生態系を操作する戦略は、重要で画期的なものだが、まだ生まれたてで未熟なのである。

エピローグ

映画『プリンセス・ブライド・ストーリー』では、バターカップという美しい少女が、愛してもいない王子と結婚することになって、さらわれる。するとバターカップを捕らえた三人組のならず者（巨人と、剣の達人と、ふたりを率いるリーダー）を、黒衣の男が追いかける。黒衣の男は彼らに追いつくと、剣の達人と巨人を打ち負かし、リーダーのビジニと対峙する。ふたりは知恵比べをすることにする。黒衣の男はワインの入ったゴブレット二個の片方にアイオケーン（毒）を注《つ》ぎ、後ろを向いて二個のゴブレットをどちらかわからなくしてから、一個をビジニの前に置く。

黒衣の男――よし。どっちが毒だ？　知恵比べの始まりだ。おまえが決めれば終わりで、ふたりが飲めば、ふたりのどちらが正しいかわかる……どちらが死ぬのかもな。

ビジニ――だがそんなのは簡単だ。俺がおまえについて知っていることから当てればいい。おまえは自分と敵のどっちのゴブレットに毒を入れるタイプの男か？　そこで、利口な男なら自分のゴブレットに毒を入れるだろう。よこされたものを手に取るのは大まぬけしかいないと思うからだ。俺は大まぬけじゃないから、もちろんおまえの前にあるワインを選ぶわけにはいかない。だがおまえは俺が大まぬけじゃないと思ったにちがいないし、それをあてにしただろうから、もちろん俺の前にあるワインを選ぶわけにはいかない。

黒衣の男――じゃあ決めたか？

会話はこのあとも、ビジニが毒入りのゴブレットがどちらか見きわめようとして右往左往しながら二分ほど続く。やがてビジニは片方のゴブレットを手に取り、毒入りと思うほうを黒衣の男に残す。ふたりがひと口飲むと、ビジニは傲然と勝利を宣言する。そして倒れて死ぬ。

私たちと病原体との関係は、ビジニとゴブレットの毒との関係によく似ている。私たちは有害な微生物を知恵で出し抜くことで、彼らがヒトの最良の新戦略に適応するときでさえつねに彼らの先を行こうとしている。この駆け引きは科学者が軍拡競争と呼ぶもので、私たちは長いこと病原微生物と軍拡競争を繰り広げてきた。

病原微生物については、『プリンセス・ブライド・ストーリー』のこのくだりからもうひとつ語ることができる。のちほど、黒衣の男が実は両方のゴブレットに毒を入れていて、それまで何年もかけてその毒への耐性を身につけていたので飲んでも生きていられたのだとわかるからだ。この話が私たちに教えてくれるのは、こういうことだ。病原体を避けたり殺したりする手だてを考えられるとしても、彼らはつねに私たちを出し抜く新たな手だてを見つける。そこで病原体に対処するもうひとつの戦略が、黒衣の男の選んだようなものかもしれない。私たちを傷つけない方法を見つけて共存するというものだ。これは大仕事で、病原性の本質と、私たちの体が侵入してくる微生物を撃退するやりかたを理解しないかぎり、取り組めない。病気と健康に対する見方を、マイクロバイオームや、微生物とヒトの相互作用や、微生物の生態系についてわかっていること——および、これからわかること——を視座に含められるような大きな文脈でとらえなおさないといけなくなるのである。

マイクロバイオームの複雑さについて最近明らかになった事実は、マイクロバイオームにかんする一般的な考えかたの一部が十分に揺るぎないものであることも示している。「ひとつの微生物でひとつの病気」という概念は、微生物がなんらかの疾患の原因と見なされて以来ずっときわめて有用だったし、コッホの原則は感染症を理解するうえで非常に役に立っているが、そうした古い医療微生物学の概念は、このように生態的に複雑な相互作用を考えれば、再考を要し、少なくとも改良する必要がある。博物学者が近代生物学の初期の発展で引き受けた先駆的な仕事のように、現代の医療微生物学者が、人体の内部や表面に棲む多くの生物について特定し統計調査をしようとしている先駆的な努力は、きわめて重要な役目を果たしている。マイクロバイオームの種の多様性と構成は、感染症とヒトの健康を対象とした研究において、土台をなしているからだ。

人体を理解しようとするこの第二の段階で、博物学が再び大きな注目を浴びている。ヒトの現代の暮らしは、祖先の暮らしとは、食事、衛生、抗生物質、予防接種、それに広域的な移動という点でひどく異なっている。だからヒトは、自分たちやほかの種と共進化を遂げたマイクロバイオームを絶えず攪乱している。しかし、科学者や医療の専門家だけが、微生物の世界の生態的な驚異についてもっとよく知る必要があるのではない。ヒトならだれでもそうだ。私たちが日々出くわしている微生物の大半は体に有益であり、その事実を無視したり見落としたりすると――あるいは現代の世界に遍在するようになった抗生物質や抗菌化合物の影響を見誤ると――私たち個人の健康や種全体の健康をひどく害するおそれがあるのだから。私たちの生存そのものが、体内や体表のマイクロバイオームの生態系や進化上の背景を理解し、留意するかどうかに左右されるのも当然と言えるのである。

訳者あとがき

本書は *Welcome to the Microbiome* (Yale University Press, 2015) の全訳である。原書カバーの袖に記された紹介文によれば、アメリカ自然史博物館で二〇一五年一一月から二〇一六年八月まで開催されていた、マイクロバイオームをテーマとした展示会に合わせて制作されたものらしい。展示会はその後、アメリカ国内のみならず国外へもツアーをおこなう予定とのことなので、いずれ日本で開催されることもあるかもしれない。

著者ふたりはいずれもアメリカ自然史博物館の学芸員で、ロブ・デサールは比較ゲノム研究での昆虫学が専門、スーザン・L・パーキンズは微生物の系統分類学とゲノム研究が専門だ。

ところで、マイクロバイオームという言葉になじみのない方も多いだろう。だが腸内細菌とか腸内フローラなら耳にしたことがあるのではないか？　健康食品や医療関係の情報で近ごろ注目されるようになっているが、実はこれはマイクロバイオームというものの一部にすぎない。本書の冒頭や用語集でも説明されているとおり、マイクロバイオームとは、「私たちの体の内部や表面のほか、家庭や学校などの生活の場のそれぞれに存在する微生物の集まり」であり、そうした微生物のもつ遺伝子の総体を指す場合もある。この点で、人体に限らずなんらかの環境に棲む微生物群を指す一般概念として本書にも登場する、微生物相（マイクロバイオータ）とも異なる。微生物相を微生物「叢」とする表記も見かけるが、これは細菌を植物に含めていた古い分類のなごりで、「フローラ」（flora の訳語が叢でもある）もそうだ。

だから腸だけでなく、皮膚や口のなか、（従来無菌状態と言われてきた）肺や血液などにも無数に微生物が棲んでおり、また私たちが暮らす環境にも、たとえばトイレのドアノブやパソコンのキーボード、地下鉄の駅や車内にも、それぞれ特徴的な微生物の集まりが存在する。しかも両者（私たちとともにいる微生物と、環境にいる微生物）が相互に影響し合っているのだ。その影響は実に複雑で多面的なので、個々の微生物を一概に善玉・悪玉と区別することはできない。ある病気になるのを防いでくれるが、別の病気をもたらすことがあったりする。たとえば、胃がんや潰瘍のリスクを高めるとされ、最近では除菌をおこなう人もいるピロリ菌は、一方で胃食道逆流症や喘息、食道腺がんのリスクを低減している。さらに腸内細菌については、私たちの身体的な健康状態に影響しているばかりか、実はうつや自閉症スペクトラム障害など、精神にも作用している可能性まである。

本書では、微生物について生命史上の系統進化から明らかにしたうえで、マイクロバイオームの概念や分類、同定手段を示し、先ほど記したような人体との関係の興味深い事例を具体的にわかりやすく説明している。これ一冊でマイクロバイオームのことがひととおりつかめる解説本として、理科系の学生ばかりでなく、科学や医療に関心のある一般の人にも気軽に読めるはずだ。最終的に著者の訴えは、エピローグで映画のワンシーンを利用して実に効果的にまとめられている。病原体への対処はいたちごっこであり、むしろ共存する手も考えていかなければならない。そのためには生態系を総合的に見るアプローチが必要になるということだ。

ところで最近でも、マイクロバイオーム関連で新たな成果が明らかになっている。たとえば今年七月に科学誌『ネイチャー』に掲載された論文では、ヒトの外鼻孔開口部によく見られる黄色ブドウ球菌が、同じ鼻腔内ニッチに棲む共生細菌の産生する環状ペプチド抗生物質によって定着を阻害されることが示されている。これはブドウ球菌感染対策に役立ちうる成果だ。またほかのニュースとして、ハンドソープなどに含まれている殺菌剤トリクロサンが人体のマイクロバイオームを乱しているという研究結果もある。

一方、今年公表された製薬会社セレス・セラピューティクス、メイヨー・クリニック、マサチューセッツ総合病院の共同研究では、糞便ごと腸内細菌を難治性感染症患者の腸に移植すると患者の健康状態が改善されるものの、同じ腸内細菌を（リステリアやサルモネラなどの病原菌は排除し）カプセルに収めて服用させ、腸に到達させても効果が見られなかったという。なぜ効果が現れないのかは謎だが、マイクロバイオームの研究は、ゲノムの高速解読が可能になってようやく現実的におこなえるようになったわけで、まだ始まったばかりなのだ。今年五月にはアメリカ政府が人体および生態系全体に生息する微生物を調査する国家マイクロバイオーム・イニシアチブを立ち上げると宣言し、ビル・ゲイツの財団など民間部門と合わせて約五億ドルの出資をする予定となっているので、こうした研究の今後の進展に期待したい。

またマイクロバイオームについて、ほかにもっと知りたい向きには、次のような文献を薦めておこう。

『日経サイエンス』（二〇一二年一〇月号）所収の「特集　マイクロバイオーム」

『失われてゆく、我々の内なる細菌』（マーティン・J・ブレイザー著、山本太郎訳、みすず書房）

『あなたの体は9割が細菌』（アランナ・コリン著、矢野真千子訳、河出書房新社）

最後になったが、本書の翻訳にあたって一部を三輪美矢子さんにお手伝いいただいた。丁寧に仕事をしてくださったことに対し、この場を借りて謝意を表したい。また、本書を紹介してくださり、刊行まで細やかにサポートしてくださった、紀伊國屋書店出版部の和泉仁士さんにもお礼を申し上げる。

二〇一六年一〇月

斉藤隆央

Travis, John. 2009. "On the Origin of the Immune System." *Science* 324, no. 5927: 580–582.

Turnbaugh, Peter J., et al. 2006. "An Obesity-Associated Gut Microbiome with Increased Capacity for Energy Harvest." *Nature* 444, no. 7122:1027–1131.

Zhao, Liping. 2013. "The Gut Microbiota and Obesity: From Correlation to Causality." *Nature Reviews Microbiology* 11, no. 9:639–647.

とを述べている。Zhao（2013）、Sommer and Bäckhed（2013）、Sudo et al.（2004）は、脳に影響する腸の役割について論じている。最後に、Foster and Neufeld（2013）と Romijin et al.（2008）は、腸脳軸を明らかにしている。

Blaser, Martin J. 2006. "Who Are We? Indigenous Microbes and the Ecology of Human Diseases." *EMBO Reports* 7, no. 10:956–960.

Cho, Ilseung, and Martin J. Blaser. 2012. "The Human Microbiome: At the Interface of Health and Disease." *Nature Reviews Genetics* 13, no. 4:260–270.

Falush, Daniel, et al. 2003. "Traces of Human Migrations in *Helicobacter pylori* Populations." *Science* 299, no. 5612:1582–1585.

Foster, Jane A., and Karen-Anne McVey Neufeld. 2013. "Gut-Brain Axis: How the Microbiome Influences Anxiety and Depression." *Trends in Neurosciences* 36, no. 5:305–312.

Genovese, Giulio, et al. 2010. "Association of Trypanolytic ApoL1 Variants with Kidney Disease in African Americans." *Science* 329, no. 5993:841–845.

Hawrelak, Jason A., and Stephen P. Myers. 2004. "The Causes of Intestinal Dysbiosis: A Review." *Alternative Medicine Review* 9:180–192.

Honda, Kenya, and Dan R. Littman. 2012. "The Microbiome in Infectious Disease and Inflammation." *Annual Review of Immunology* 30:759–795.

Kamada, Nobuhiko, et al. 2013. "Role of the Gut Microbiota in Immunity and Inflammatory Disease." *Nature Reviews Immunology* 13, no. 5:321–335.

Ma, Bing, Larry J. Forney, and Jacques Ravel. 2012. "The Vaginal Microbiome: Rethinking Health and Diseases." *Annual Review of Microbiology* 66:371.

Romijn, Johannes A., et al. 2008. "Gut-Brain Axis." *Current Opinion in Clinical Nutrition & Metabolic Care* 11, no. 4:518–521.

Sommer, Felix, and Fredrik Bäckhed. 2013. "The Gut Microbiota—Masters of Host Development and Physiology." *Nature Reviews Microbiology* 11, no. 4:227–238.

Stecher, Bärbel, Lisa Maier, and Wolf-Dietrich Hardt. 2013. "'Blooming' in the Gut: How Dysbiosis Might Contribute to Pathogen Evolution." *Nature Reviews Microbiology* 11, no. 4:277–284.

Sudo, Nobuyuki, et al. 2004. "Postnatal Microbial Colonization Programs the Hypothalamic—Pituitary—Adrenal System for Stress Response in Mice." *Journal of Physiology* 558, no. 1:263–275.

Tamboli, C. P., et al. 2004. "Dysbiosis in Inflammatory Bowel Disease." *Gut* 53, no. 1:1–4.

Is There a Therapeutic Role for Fecal Microbiota Transplantation?" *American Journal of Gastroenterology* 107, no. 10:1452–1459.

Hill, David A., and David Artis. 2009. "Intestinal Bacteria and the Regulation of Immune Cell Homeostasis." *Annual Review of Immunology* 28:623–667.

Lemaitre, Bruno, and Jules Hoffmann. 2007. "The Host Defense of Drosophila Melanogaster." *Annual Review of Immunology* 25:697–743.

Offit, Paul. 2008. *Vaccinated: One Man's Quest to Defeat the World's Deadliest Diseases*. New York: Harper Perennial.

Planet, Paul J., et al. 2003. "The Widespread Colonization Island of *Actinobacillus actinomycetemcomitans*." *Nature Genetics* 34, no. 2:193–198.

Rodríguez, Ramón M., Antonio López-Vázquez, and Carlos López-Larrea. 2012. "Immune Systems Evolution." pp. 237–251 in Carlos López-Larrea, ed., *Sensing in Nature*. New York: Springer.

Semmelweis, Ignaz Philipp. 1981. "Childbed Fever." *Review of Infectious Diseases* 3, no. 4:808–811.

Spoel, Steven H., and Xinnian Dong. 2012. "How Do Plants Achieve Immunity? Defense without Specialized Immune Cells." *Nature Reviews Immunology* 12, no. 2:89–100.

Syvanen, Michael. 2012. "Evolutionary Implications of Horizontal Gene Transfer." *Annual Review of Genetics* 46:341–358.

第6章「健康」とは何か？

ヒトの健康とマイクロバイオームは広大なテーマであり、本書では、マイクロバイオームを用いて調査された、とくに目立つふたつの問題に焦点を絞ることにした。ヒト遺伝子と微生物の相互作用を進化論とヒトの健康の視点から記した確かな背景知識については、Genovese et al.（2010）、Honda and Littman（2012）、Cho and Blaser（2012）、Falush et al.（2003）、Tamboli et al.（2004）、さらに、ヘリコバクター・ピロリを使って人体の微生物の複雑な相互作用を調べた論文 Blaser（2006）を参照。Hawrelak and Myers（2004）、Stecher, Maier, and Hardt（2013）、Kamada et al.（2013）、Turnbaugh et al.（2006）は、胃腸のマイクロバイオームと細菌ブルームを胃腸におけるひとつの現象として論じている。Ma, Forney, and Ravel（2012）は、細菌性膣症関連菌を理解するうえで重要な考えをいくつか紹介し、膣の微生物学にもとづく従来の病原性の説明に再考の必要があるこ

Walter, Jens, and Ruth Ley. 2011. "The Human Gut Microbiome: Ecology and Recent Evolutionary Changes." *Annual Review of Microbiology* 65:411–429.
Yatsunenko, Tanya, et al. 2012. "Human Gut Microbiome Viewed across Age and Geography." *Nature* 486, no. 7402:222–227.
Zaura, Egija, et al. 2009. "Defining the Healthy." *BMC Microbiology* 9, no. 1:259.

第5章 私たちを守っているものは何か？

ゼンメルヴァイスと彼の医学への大きな貢献については、1981 年に転載された彼の古典的論文のほか、Adriaanse, Pel, and Bleker（2000）の記述に見ることができる。免疫系の進化の議論については、下等動物の免疫系とそれより新しい脊椎動物の免疫系の進化を扱った複数の論文を参考にした。Rodríguez López-Vázquez, and López-Larrea（2012）、Hill and Artis（2009）、Cooper and Herrin（2010）、Lemaitre and Hoffman（2007）、Bosch（2013）、Spoel and Dong（2012）を参照。また、以下のウェブサイトが免疫系について解説している。

http://www.niaid.nih.gov/topics/immunesystem/Pages/default.aspx〔リンク切れ〕
http://www.livescience.com/26579-immune-system.html
http://medicalcenter.osu.edu/patientcare/healthcare_services/infectious_diseases/immunesystem/Pages/index.aspx〔リンク切れ〕

モーリス・ヒルマンとワクチンについて、詳しくは Offit（2008）を参照。遺伝子の水平移動と密着については、Syvanen（2012）と Planet et al.（2003）が詳細に論じている。ラクダの糞については、Damman et al.（2012）を参考にした。ヒト免疫系の食細胞が侵入してきた細菌を執拗に追う様子をとらえた動画は、https://www.youtube.com/watch?v=KxTYyNEbVU4 で見ることができる。

Adriaanse, Albert H., Maria Pel, and Otto P. Bleker. 2000. "Semmelweis: The Combat against Puerperal Fever." *European Journal of Obstetrics & Gynecology and Reproductive Biology* 90, no. 2:153–158.
Bosch, Thomas C. G. 2013. "Cnidarian-Microbe Interactions and the Origin of Innate Immunity in Metazoans." *Annual Review of Microbiology* 67:499–518.
Cooper, Max D., and Brantley R. Herrin. 2010. "How Did Our Complex Immune System Evolve?" *Nature Reviews Immunology* 10, no. 1:2–3.
Damman, Christopher J., et al. 2012. "The Microbiome and Inflammatory Bowel Disease:

and Recurrent Severe Early Childhood Caries." *Pediatric Dentistry* 34, no. 2:16–23.

Kau, Andrew L., et al. 2011. "Human Nutrition, the Gut Microbiome and the Immune System." *Nature* 474, no. 7351:327–336.

Li, Jing, et al. 2013. "The Saliva Microbiome of Pan and Homo." *BMC Microbiology* 13, no. 1:204.

Liu, Cindy M., et al. 2011. "The Otologic Microbiome: A Study of the Bacterial Microbiota in a Pediatric Patient with Chronic Serous Otitis Media Using 16SrRNA Gene-Based Pyrosequencing." *Archives of Otolaryngology—Head & Neck Surgery* 137, no. 7:664–668.

Lowe, Beth A., et al. 2012. "Defining the 'Core Microbiome' of the Microbial Communities in the Tonsils of Healthy Pigs." *BMC Microbiology* 12, no. 1:20.

Ma, Bing, Larry J. Forney, and Jacques Ravel. 2012. "The Vaginal Microbiome: Rethinking Health and Diseases." *Annual Review of Microbiology* 66:371.

Mändar, Reet. 2013. "Microbiota of the Male Genital Tract: Impact on the Health of Man and His Partner." *Pharmacological Research* 69, no. 1:32–41.

Miller, Melissa B., and Bonnie L. Bassler. 2001. "Quorum Sensing in Bacteria." *Annual Reviews in Microbiology* 55, no. 1:165–199.

Nasidze, Ivan, et al. 2009. "Global Diversity in the Human Salivary Microbiome." *Genome Research* 19, no. 4:636–643.

Nelson, David E., et al. 2010. "Characteristic Male Urine Microbiomes Associate with Asymptomatic Sexually Transmitted Infection." *PLoS One* 5, no. 11:e14116.

Pragman, Alexa A., et al. 2012. "The Lung Microbiome in Moderate and Severe Chronic Obstructive Pulmonary Disease." *PLoS One* 7, no. 10:e47305.

Price, Lance B., et al. 2010. "The Effects of Circumcision on the Penis Microbiome." *PLoS One* 5, no. 1:e8422.

Reyes, Alejandro, et al. 2010. "Viruses in the Faecal Microbiota of Monozygotic Twins and Their Mothers." *Nature* 466, no. 7304:334–338.

Segata, Nicola, et al. 2012. "Composition of the Adult Digestive Tract Bacterial Microbiome Based on Seven Mouth Surfaces, Tonsils, Throat and Stool Samples." *Genome Biology* 13, no. 6:R42.

Solt, Ido, and Offer Cohavy. 2012. "The Great Obstetrical Syndromes and the Human Microbiome—A New Frontier." *Rambam Maimonides Medical Journal* 3, no. 2.

Sommer, F., and F. Bäckhed. 2013. "The Gut Microbiota—Masters of Host Development and Physiology." *Nature Reviews Microbiology* 11:227–238.

Aas, Jørn A., et al. 2005. "Defining the Normal Bacterial Flora of the Oral Cavity." *Journal of Clinical Microbiology* 43, no. 11:5721–5732.

———. 2008. "Bacteria of Dental Caries in Primary and Permanent Teeth in Children and Young Adults." *Journal of Clinical Microbiology* 46, no. 4:1407–1417.

Beck, James M., Vincent B. Young, and Gary B. Huffnagle. 2012. "The Microbiome of the Lung." *Translational Research* 160, no. 4:258–266.

Bik, Elisabeth M., et al. 2010. "Bacterial Diversity in the Oral Cavity of Ten Healthy Individuals." *ISME Journal* 4, no. 8:962–974.

Burmølle, Mette, et al. 2014. "Interactions in Multispecies Biofilms: Do They Actually Matter?" *Trends in Microbiology* 22, no. 2:84–91.

Chen, Tsute, et al. 2010. "The Human Oral Microbiome Database: A Web Accessible Resource for Investigating Oral Microbe Taxonomic and Genomic Information." *Database: The Journal of Biological Databases and Curation*. July 6.

Chewapreecha, Claire. 2014. "Your Gut Microbiota Are What You Eat." *Nature Reviews Microbiology* 12, no. 1:8.

Costerton, J. W., Philip S. Stewart, and E. P. Greenberg. 1999. "Bacterial Biofilms: A Common Cause of Persistent Infections." *Science* 284, no. 5418:1318 –1322.

Darveau, Richard P. 2010. "Periodontitis: A Polymicrobial Disruption of Host Homeostasis." *Nature Reviews Microbiology* 8, no. 7:481–490.

Dewhirst, Floyd E., et al. 2010. "The Human Oral Microbiome." *Journal of Bacteriology* 192, no. 19:5002–5017.

Dickson, Robert P., John R. Erb-Downward, and Gary B. Huffnagle. 2014. "Towards an Ecology of the Lung: New Conceptual Models of Pulmonary Microbiology and Pneumonia Pathogenesis." *Lancet Respiratory Medicine* 2, no. 3:238–246.

Erb-Downward, John R., et al. 2011. "Analysis of the Lung Microbiome in the 'Healthy' Smoker and in COPD." *PLoS One* 6, no. 2:e16384.

Everard, A. 2013. "Cross-Talk between *Akkermansia muciniphila* and Intestinal Epithelium Controls Diet-Induced Obesity." *Proceedings of the National Academy of Sciences of the United States of America*. 13 May. doi:10.1073/pnas.1219451110.

Fillon, Sophie A., et al. 2012. "Novel Device to Sample the Esophageal Microbiome—The Esophageal String Test." *PloS One* 7, no. 9:e42938.

Ge, Xiuchun, et al. 2013. "Oral Microbiome of Deep and Shallow Dental Pockets in Chronic Periodontitis." *PloS One* 8, no. 6:e65520.

Hughes, Christopher, et al. 2012. "Aciduric Microbiota and Mutans Streptococci in Severe

Peterson, Jane, et al. 2009. "The NIH Human Microbiome Project." *Genome Research* 19, no. 12:2317–2323.

Robertson, Charles E., et al. 2013. "Culture-Independent Analysis of Aerosol Microbiology in a Metropolitan Subway System." *Applied and Environmental Microbiology* 79, no. 11:3485–3493.

Rodrigues, Hoffmann A., et al. 2013. "The Skin Microbiome in Healthy and Allergic Dogs." *PloS One* 9, no. 1:e83197–e83197.

Sinkkonen, Aki. "Umbilicus as a Fitness Signal in Humans." *FASEB Journal* 23, no. 1: 10–12.

Turnbaugh, Peter J., et al. 2007. "The Human Microbiome Project: Exploring the Microbial Part of Ourselves in a Changing World." *Nature* 449, no. 7164:804.

第4章 私たちの体内に何がいるか？

以下に挙げる論文は、口腔と胃腸のマイクロバイオームと、そこに生息する微生物の途方もない多様性を明らかにする取り組みについて理解するうえで手助けになる。アン・タナーの虫歯の研究については、Hughes et al.（2012）を参照。クオラムセンシングとバイオフィルムについては、Miller and Bassler（2001）、Costerton et al.（1999）、Burmølle et al.（2014）で論じられている。胃腸のマイクロバイオームはYatsunenko et al.（2012）に詳しく、エンテロテストはFillon et al.（2012）で紹介されている。そのほかに本章で語った胃腸のマイクロバイオームについての研究は、Chewapreecha（2014）、Sommer and Bäckhed（2013）、Everard（2013）、Segata et al.（2012）、Kau et al.（2011）を参照。糞便のマイクロバイオームは、Reyes et al.（2010）で調べられている。膣のマイクロバイオームについては、Ma et al.（2012）、Solt and Cohavy（2012）、Aagaard et al.（2012）で報告されている。ペニスのマイクロバイオームについてはPrice et al.（2010）、Nelson et al.（2010）、Mändar（2013）で述べられている。肺のマイクロバイオームと「健康な喫煙者」については、Beck, Young, and Huffnagle（2012）、Pragman et al.（2012）、Dickson, Erb-Downward, and Huffnagle（2014）、Erb-Downward et al.（2011）でさらに議論されている。

Aagaard, Kjersti, et al. 2012. "A Metagenomic Approach to Characterization of the Vaginal Microbiome Signature in Pregnancy." *PloS One* , no. 6:e36466.

（2013）と Fujimura et al.（2010）を参照。

Aagaard, Kjersti, et al. 2012. "A Metagenomic Approach to Characterization of the Vaginal Microbiome Signature in Pregnancy." *PloS One* 7, no. 6:e36466.

Dunn, Robert R., et al. 2013. "Home Life: Factors Structuring the Bacterial Diversity Found within and between Homes." *PloS One* 8, no. 5:e64133.

Dybwad, Marius, et al. 2012. "Characterization of Airborne Bacteria at an Underground Subway Station." *Applied and Environmental Microbiology* 78, no. 6:1917–1929.

Fierer, Noah, et al. 2008. "The Influence of Sex, Handedness, and Washing on the Diversity of Hand Surface Bacteria." *Proceedings of the National Academy of Sciences of the United States of America* 105, no. 46:17994–17999.

———. 2010. "Forensic Identification Using Skin Bacterial Communities." *Proceedings of the National Academy of Sciences of the United States of America* 107, no. 14:6477–6481.

Flores, Gilberto E., et al. 2011. "Microbial Biogeography of Public Restroom Surfaces." *PLoS One 6*, no. 11:e28132.

Fujimura, Kei E., et al. 2010. "Man's Best Friend? The Effect of Pet Ownership on House Dust Microbial Communities." *Journal of Allergy and Clinical Immunology* 126, no. 2:410.

Gaüzère, Carole, et al. 2014. "Stability of Airborne Microbes in the Louvre Museum over Time." *Indoor Air* 24, no. 1:29–40.

Gevers, Dirk, et al. 2012. "The Human Microbiome Project: A Community Resource for the Healthy Human Microbiome." *PLoS Biology* 10, no. 8:e1001377.

Grice, Elizabeth A., and Julia A. Segre. 2011a. "The Human Microbiome: Our Second Genome." *Annual Review of Genomics and Human Genetics* 13:151–170.

———. 2011b. "The Skin Microbiome." *Nature Reviews Microbiology* 9, no. 4:244 –253.

Hewitt, Krissi M., et al. 2012. "Office Space Bacterial Abundance and Diversity in Three Metropolitan Areas." *PLoS One* 7, no. 5:e37849.

Hulcr, Jiri, et al. 2012. "A Jungle in There: Bacteria in Belly Buttons are Highly Diverse, But Predictable." *PloS One 7*, no. 11:e47712.

Ki Youn, K. I. M., et al. 2011. "Exposure Level and Distribution Characteristics of Airborne Bacteria and Fungi in Seoul Metropolitan Subway Stations." *Industrial Health* 49:242–248.

Meadow, James F., et al. 2013. "Significant Changes in the Skin Microbiome Mediated by the Sport of Roller Derby." *PeerJ* 1:e53.

of Environmental Samples." *Nature Reviews Genetics* 6, no. 11:805–814.

Venter, J. C., et al. 2004. "Environmental Genome Shotgun Sequencing of the Sargasso Sea." *Science* 304:66–74.

Wainwright, Milton, and J. Lederberg. 1992. "History of Microbiology." *Encyclopedia of Microbiology* 2:419–437.

Ward, David M., Roland Weller, and Mary M. Bateson. 1990. "16S rRNA Sequences Reveal Numerous Uncultured Microorganisms in a Natural Community." *Nature* 345, no. 6270:63–65.

Wessel, Aimee K., et al. 2013. "Going Local: Technologies for Exploring Bacterial Microenvironments." *Nature Reviews Microbiology* 11, no. 5:337–348.

Woese, C. R., O. Kandler, and M. L. Wheelis. 1990. "Towards a Natural System of Organisms: Proposal for the Domains Archaea, Bacteria, and Eucarya." *Proceedings of the National Academy of Sciences of the United States of America* 87:4576–4579.

Wu, Dongying, et al. 2009. "A Phylogeny-Driven Genomic Encyclopaedia of Bacteria and Archaea." *Nature* 462, no. 7276:1056–1060.

第3章 私たちの体表やまわりに何がいるか？

ヒトマイクロバイオーム計画（HMP）の概要は、本書の第2章とその参考文献に記されている。ほかに Turnbaugh et al.（2007）、Peterson et al.（2009）、Gevers et al.（2012）も参照。右手・左手の違いと皮膚マイクロバイオームは、Fierer et al.（2008）に議論されている。私たちの表面にあるものの議論では、Grice et al.（2011a および 2011b）から多くのデータを用いた。ローラーダービーの女子選手とへそのマイクロバイオームについて、詳しくは Meadow et al.（2013）と Hulcr et al.（2012）を参照。妊婦と新生児のマイクロバイオームは Aagaard et al.（2012）を参照。地下鉄のマイクロバイオームの参考文献としては、Robertson et al.（2013）、Dybwad（2012）、Ki Youn（2011）、およびニューヨーク市のパソマップ（病原マップ）プロジェクト（http://www.pathomap.org）がある。ルーブル美術館の研究は Gaüzère et al.（2014）。コロラド大学の研究は Flores et al.（2011）。ハウスオーム、携帯電話オーム、靴オーム、オフィスオームについてはいくつかの文献で論じられている（Hewitt et al. 2012; Dunn et al. 2013; Fierer et al. 2010）。ホーム・マイクロバイオーム・スタディについてはウェブサイト http://homemicrobiome.com を参照。犬オームについて詳しくは Rodrigues et al.

Concepts to the Human Microbiome." *Annual Review of Ecology, Evolution, and Systematics* 43:137–155.

Giovannoni, Stephen J., et al. 1990. "Genetic Diversity in Sargasso Sea Bacterioplankton." *Nature* 345, no. 6270:60–63.

Goldstein, Paul Z., and Rob DeSalle. 2011. "Integrating DNA Barcode Data and Taxonomic Practice: Determination, Discovery, and Description." *Bioessays* 33, no. 2:135–147.

Hebert, Paul D. N., Sujeevan Ratnasingham, and Jeremy R. de Waard. 2003. "Barcoding Animal Life: Cytochrome C Oxidase Subunit 1 Divergences among Closely Related Species." *Proceedings of the Royal Society of London. Series B: Biological Sciences* 270, supp. 1:S96–S99.

Human Microbiome Project Consortium. 2012. "A Framework for Human Microbiome Research." *Nature* 486, no. 7402:215–221.

———. 2012. "Structure, Function and Diversity of the Healthy Human Microbiome." *Nature* 486, no. 7402:207–214.

Jones, Meredith D. M., et al. 2011. "Discovery of Novel Intermediate Forms Redefines the Fungal Tree of Life." *Nature* 474 (June 9) : 200–203.

Jumpstart Consortium Human Microbiome Project Data Generation Working Group. 2012. "Evaluation of 16S rDNA-based Community Profiling for Human Microbiome Research." *PLoS One* 7, no. 6:e39315.

Mardis, Elaine R. 2008. "Next-Generation DNA Sequencing Methods." *Annual Review of Genomics and Human Genetics* 9:387–402.

Metzker, Michael L. 2010. "Sequencing Technologies—The Next Generation." *Nature Reviews Genetics* 11, no. 1:31–46.

Pace, Norman R. 2009. "Mapping the Tree of Life: Progress and Prospects." *Microbiology and Molecular Biology Reviews* 73:565–576.

Relman, D. A. 2002. "New Technologies, Human-Microbe Interactions, and the Search for Previously Unrecognized Pathogens." *Journal of Infectious Disease* 186:S254–S258.

Relman D. A., and S. Falkow. 2001. "The Meaning and Impact of the Human Genome Sequence for Microbiology." *Trends in Microbiology* 9:206–208.

Schmidt, T. M., E. F. DeLong, and N. R. Pace. 1991. "Analysis of a Marine Picoplankton Community by 16S rRNA Gene Cloning and Sequencing." *Journal of Bacteriology* 173, no. 14:4371.

Tringe, Susannah Green, and Edward M. Rubin. 2005. "Metagenomics: DNA Sequencing

生物の発見の歴史についてわかりやすい議論としては、1926年に初版が出たポール・ド・クライフの『微生物の狩人』を紹介したい。DNAシークエンシングを使って自然界の微生物を同定する典型的な手法は、Woese et al.(1990)、Pace(2009)、Wu et al.(2013)で詳しく論じられている。微生物の生態系の基礎と、そうした基礎とマイクロバイオームのかかわりにかんしては、Fierer et al.(2012)でもっと詳しく語られ、感染症と微生物の歴史的議論はCasanova and Abel(2013)に記されている。マイクロバイオームのDNAシークエンシングの入門としては、本書の第1章とTringe and Rubin(2005)を薦める。DNAバーコーディングについては多くの文献があり、Hebert, Ratnasingham, and Waard(2003)とGoldstein and DeSalle(2011)で読める。本書に記した初期のメタゲノム研究は、Schmidt, DeLong, and Pace(1991)、Venter et al.(2004)、Ward et al.(1990)、Giovannoni et al.(1990)にもとづく。本書で触れた、マイクロバイオームを用いる医学的アプローチは、Relman and Falkow(2001)とRelman(2002)によるものだ。本章の系統樹の図で示した、細菌の多様性に対する私たちの理解が進歩したさまは、Norm PaceとKirk Harrisの描いた図(http://forms.asm.org/microbe/index.asp?bid=32571)〔リンク切れ〕を改変したもの。Thomas Richardsに率いられた2011年の池の水の研究については、Jones et al.(2011)を参照。次世代DNAシークエンシング(NGS)に具体化された新戦略のいくつかにかんしてもっと詳しく書かれたものは、Metzger(2010)とMardis(2008)。ヒトマイクロバイオーム計画(HMP)の詳細は、ヒトマイクロバイオーム計画コンソーシアムによる、影響力の強い学術誌に発表したいくつかの論文と、Blaser et al.(2013)に見つかる。マイクロバイオームの特定に対する次世代シークエンシング法の総説は、Wessel et al.(2013)に見つかる。

Blaser, Martin, et al. 2013. "The Microbiome Explored: Recent Insights and Future Challenges." *Nature Reviews Microbiology* 11, no. 3:213–217.

Casanova, Jean-Laurent, and Laurent Abel. 2013. "The Genetic Theory of Infectious Diseases: A Brief History and Selected Illustrations." *Annual Review of Genomics and Human Genetics* 14:215–243.

de Kruif, P. 2002 (1926). *Microbe Hunters. Houghton Mifflin Harcourt.*[『微生物の狩人』秋元寿恵夫訳、岩波文庫ほか]

Falkow, S. 1988. "Molecular Koch's Postulates Applied to Microbial Pathogenicity." *Reviews of Infectious Diseases* 10, supp. 2:S274 –S276.

Fierer, Noah, et al. 2012. "From Animalcules to an Ecosystem: Application of Ecological

Eukaryotes Inferred from Phylogenetic Trees of Duplicated Genes." *Proceedings of the National Academy of Sciences of the United States of America* 86:9355–9359.

Koonin, Eugene V. 2003. "Comparative Genomics, Minimal Gene-Sets and the Last Universal Common Ancestor." *Nature Reviews Microbiology* 1, no. 2:127–136.

Lane, Nick. 2010. *Life Ascending: The Ten Great Inventions of Evolution*. London: Profile Books. [『生命の跳躍』斉藤隆央訳、みすず書房]

Lombard, Jonathan, Purificación López-García, and David Moreira. 2012. "The Early Evolution of Lipid Membranes and the Three Domains of Life." *Nature Reviews Microbiology* 10, no. 7:507–515.

Margulis, Lynn. 2008. *Symbiotic Planet: A New Look at Evolution*. New York: Basic Books. [『共生生命体の 30 億年』中村桂子訳、草思社]

Meyer, Axel, and Yves Van de Peer. 2005. "From 2R to 3R: Evidence for a Fish-Specific Genome Duplication (FSGD)." *Bioessays* 27, no. 9:937–945.

Mushegian, Arcady. 2007. "Gene Content of LUCA, the Last Universal Common Ancestor." *Frontiers in Bioscience: A Journal and Virtual Library* 13:4657– 4666.

Ohno, Susumu. 1970. *Evolution by Gene Duplication*. London: George Allen & Unwin. [『遺伝子重複による進化』山岸秀夫・梁永弘訳、岩波書店]

Pace, Norman R. 2009. "Mapping the Tree of Life: Progress and Prospects." *Microbiology and Molecular Biology Reviews* 73:565–576.

Quackenbush, John. 2011. *Curiosity Guides: The Human Genome*. Charlesbridge.

Williams, Tom A. 2014. "Evolution: Rooting the Eukaryotic Tree of Life." *Current Biology* 24, no. 4:R151–R152.

Williams, Tom A., et al. 2013. "An Archaeal Origin of Eukaryotes Supports Only Two Primary Domains of Life." *Nature* 504, no. 7479:231–236.

Wilson, Edward O. 1999. *The Diversity of Life*. New York: Norton. [『生命の多様性』大貫昌子・牧野俊一訳、岩波現代文庫]

第2章 マイクロバイオームとは何か？

第 2 章で示した微生物の小史は、Milton Wainwright とノーベル賞を受賞した微生物学者 Joshua Lederberg がこのテーマで書いた古典的な論文（Wainwright and Lederberg 1992）を参考に拡張することができる。コッホの原則を分子の視点から現代に体系化することについては、Falcow（1988）で議論され、病原微ド・フォーティーの『生命40億年全史』(2011)、ニック・レーンの『生命の跳躍』(2010)、エドワード・O. ウィルソンの『生命の多様性』(1999)、そして細菌の視座を与えてくれるPace (2009) で論じられている。遺伝子の水平移動が細菌の系統樹に及ぼしうる影響については、Doolittle (2009) によって論じられており、生命の系統樹のまさしく最初の分岐を探る最近の研究は、Williams et al. (2013) と Williams (2014) の論文で概説されている。生命の系統樹の根を明らかにすべく本章で参考にしたのは、Gogarten et al. (1989) と Iwabe et al. (1989) である。大野乾の書籍『遺伝子重複による進化』と全ゲノム重複にかんする最近の総説（Dehal and Boore 2005; Meyer et al. 2005; DeBodt et al. 2005）は、重複という現象を掘り下げるのに手ごろな文献だ。Koonin (2003) と Mushegian (2007) は、地球の生命進化について理解するうえでLUCAが果たす役割を論じている。故リン・マーギュリスも、真核生物の共生と真核細胞の進化について多く記しており、この現象にかんする自身の見方を説明する彼女の著書『共生生命体の30億年』を一冊挙げておく。

Davies, Kevin. 2010. *The $1,000 Genome: The Revolution in DNA Sequencing and the New Era of Personalized Medicine*. New York: Simon and Schuster. ［『1000ドルゲノム——10万円でわかる自分の設計図』武井摩利訳、創元社］

De Bodt, Stefanie, Steven Maere, and Yves Van de Peer. 2005. "Genome Duplication and the Origin of Angiosperms." *Trends in Ecology & Evolution* 20, no. 11:591–597.

Dehal, Paramvir, and Jeffrey L. Boore. 2005. "Two Rounds of Whole Genome Duplication in the Ancestral Vertebrate." *PLoS Biology* 3, no. 10:e314.

DeSalle, Rob, and Michael Yudell. 2004. *Welcome to the Genome: A User's Guide to the Genetic Past, Present, and Future*. New York: Wiley.

Doolittle, W. Ford. 2009. "The Practice of Classification and the Theory of Evolution, and What the Demise of Charles Darwin's Tree of Life Hypothesis Means for Both of Them." *Philosophical Transactions of the Royal Society B: Biological Sciences* 364, no. 1527:2221–2228.

Fortey, Richard. 2011. *Life: A Natural History of the First Four Billion Years of Life on Earth*. New York: Random House. ［『生命40億年全史』渡辺政隆訳、草思社］

Gogarten J. P., et al. 1989. "Evolution of the Vacuolar H+- ATPase— Implications for the Origin of Eukaryotes." *Proceedings of the National Academy of Sciences of the United States of America* 86:6661–6665.

Iwabe, N., et al. 1989. "Evolutionary Relationship of Archaebacteria, Eubacteria, and

参考文献

はじめに

地球上の生命の歴史は魅力的なテーマだ。進化をテーマとした最重要書籍のひとつはもちろんチャールズ・ダーウィンの『種の起源』で、リチャード・フォーティーの著書『生命40億年全史』(2011)は、地球の生命史の入門としてとくに手ごろである。私たちの種としての存在の歴史は、DeSalle and Tattersall (2008)の詳細な記述を含め、多くの書物で取り扱われている。そして医療微生物学のすばらしい手引きは、マーティン・ブレイザーの2014年の書籍『失われてゆく、我々の内なる細菌』に見つかる。

Blaser, Martin J. 2014. *Missing Microbes: How the Overuse of Antibiotics Is Fueling Our Modern Plagues.* New York: Henry Holt. [『失われてゆく、我々の内なる細菌』山本太郎訳、みすず書房]

Darwin, Charles. 1968 (1859). *On the Origin of Species by Means of Natural Selection.* London: Murray. [『種の起源』渡辺政隆訳、光文社古典新訳文庫ほか]

DeSalle, Rob and Ian Tattersall. 2008. *Human Origins: What Bones and Genomes Tell Us about Ourselves.* College Station: Texas A&M University Press.

Fortey, Richard. 2011. *Life: A Natural History of the First Four Billion Years of Life on Earth.* New York: Random House. [『生命40億年全史』渡辺政隆訳、草思社]

第1章 生命とは何か?

分子生物学とゲノム研究には、文献として多くの手引きがあり(たとえばDeSalle and Yudell 2004; Quackenbush 2011; Davies 2010)、それらでゲノム研究の科学的背景知識をつかむことができる。非常にためになるウェブサイト――DNA学習センター(http://www.dnalc.org)やDNAインタラクティブ(http://www.dnai.org)など――も多くあり、本章で論じる分子生物学の背景知識をある程度提供してくれる。地球上の生命と種にかんする初期の歴史は、リチャー構と適応（あるいは「後天性」）免疫機構だ。

リボソーム（Ribosome）

細胞の構成要素のひとつで、2個のサブユニット（大と小）をもち、RNAをタンパク質に翻訳できる。リボソームはいくつかの構造RNAからなり、その代表が、大きなサブユニットのRNA（28Sや23Sのサブユニットともいう）と、小さなサブユニットのRNA（18Sや16Sのサブユニットともいう）のほか、いくつかのリボソームタンパク質だ。

リンパ（Lymph）

一部は白血球からなる液体で、生物のリンパ系内を循環している。

リンパ球（Lymphocytes）

脊椎動物の免疫系の一部を構成する白血球。これにはナチュラルキラー細胞、T細胞、B細胞が含まれる。

ワクチン（Vaccine）

殺したり弱らせたりした微生物を予防的に投与すること。宿主が将来、病原性タイプの同じ微生物にさらされたとしても、それを認識し不活化するように、免疫系を「鍛える」ために用いられる。

プロテアーゼ（タンパク質分解酵素）（Protease）
タンパク質を分解して、アミノ酸や比較的小さなポリペプチドにできる酵素。プロテアーゼは消化などの身体のプロセスで使われている。

分類学（Taxonomy）
生物学において、生物の命名をおこなう分野。

分類群（Taxon）
生物学において、自然界の明瞭な生物学的ユニットをもとに決定した生物集団。

ペトリ皿（Petri dish/ Petri plate）
ガラスやプラスチックでできた蓋付きの浅い皿。そのなかに寒天を入れ、微生物を育てる。

ポリメラーゼ（Polymerase）
DNA や RNA を鋳型として長鎖の核酸を作り出せる生体分子の酵素。

マイクロバイオーム（Microbiome）
人体の一部分など、特定のエリアにある微生物のタイプと数。マイクロバイオームは時間とともに変わることもあり、また「マイクロバイオーム」という言葉は、なんらかの生物とかかわりのある微生物に存在する遺伝子の集まりを指す場合もある。

マクロファージ（Macrophages）
食作用――体内にあるほかの細胞やかけらをのみ込むこと――が可能な白血球で、これは免疫系に必要不可欠な仕事だ。

滅菌（Sterilization）
溶液中や表面の微生物を完全に取り除くか殺す処理。

免疫／免疫系（Immunity/ immune system）
生物が、その生物の細胞が自己や異物の細胞や構造を認識する能力をもとに、病原体などの異物や異質な生物から自分を守るために用いる細胞やプロセス。脊椎動物の免疫系は一般にふたつのサブシステムに分けられる。先天性免疫機

タンパク質（Protein）

アミノ酸でできた長鎖の生体分子。タンパク質には、構造タンパク質と酵素タンパク質がある。

適応免疫機構（Adaptive immune system）

脊椎動物の免疫系のサブシステムであり、特定の病原体の表面に結合した抗体を認識し、それに反応する白血球を含む。先天性免疫機構と違い、適応――「後天的」――免疫機構も、その生物が将来また病原体にさらされた場合に、はるかにすばやく大規模に病原体を攻撃できる記憶細胞の産生にかかわっている。

糖（Sugar）

通常は短い鎖に、炭素と水素と酸素が含まれている分子。一般に、糖は甘みのある炭水化物だ。

ヌクレオチド（Nucleotide）

核酸（RNA や DNA）の基本的な構成要素。ヌクレオチドには3つの基本パーツがある。リン酸の尾、糖の環、そして窒素を含む環のある塩基の側鎖だ。

病原体（Pathogen）

病気を引き起こせる因子。

ファイロタイプ（Phylotype）

微生物の系統の区別に用いられる言葉。微生物は、真核生物――とくに多細胞生物――に比べ、個々の種を分類するのが難しい。

拭き取りサンプル（Swab）

たいてい綿棒や合成素材の塗布用具で拭き取って得られる、表面の微生物サンプル。あるいは、swab という言葉は綿棒そのものを指して使われることもある。

プラスミド（Plasmid）

染色体以外の DNA のかけら。ふつう環状のもの。プラスミドは（ひいてはそれに含まれる遺伝子も）、遺伝子の水平移動の際に細菌同士でやりとりでき、クローニングのために人為的に生み出されることもある。

自然選択（Natural selection）
多くの進化のパターンを説明する一般的な理論。チャールズ・ダーウィンとアルフレッド・ラッセル・ウォレスによって考案されたそれは、種の一部のメンバーが特異的に生存し生殖することを指している。

進化（Evolution）
変異をともなう遺伝により生物の集団が変化するプロセス。

真核生物（Eukarya）
生命の3大ドメインのひとつ。真核生物は、遺伝物質を囲む核膜をもっており、単細胞も多細胞も存在する。動物は真核生物で、植物や菌類もそうだ。藻類、アメーバ、プラスモディウム（マラリア原虫）のような病原体といった単細胞の真核生物も存在し、それらは原生生物と総称される。今日、真核生物はおよそ200万種いる。

生息環境（Habitat）
生物のひとつの種が見つかる特定の環境。

染色体（Chromosome）
デオキシリボ核酸（DNA）からなる構造体。核のない単細胞生物では、ゲノムひとつあたりふつう1個の環状染色体がある。真核生物では、染色体にヒストンというタンパク質や、それと結合した非ヒストンタンパク質もある。こうした真核生物の染色体は、核に存在し、一般に線状である。染色体には生物の遺伝子がのっている。

先天性免疫機構（Innate immune system）
脊椎動物の免疫系のサブシステムで、病原体に固有ではなく、皮膚、感染部位の炎症、異物やダメージを受けた細胞を破壊したりのみ込んだりする免疫細胞、免疫反応の有効性を増す生化学的な補体系など、表面の基本的な防御バリヤーとして利用するもの。

痰（Sputum）
肺や、気道の下部にある粘液。

ある抗原の一部に結合することによって働く。遺伝子のかけらをランダムに組み合わせることによって、生物の免疫系は抗体に微妙な変異を無数に生み出せる。これにより、身体が病原体を検出して狙い定めた免疫反応を開始する可能性が高まる。

古細菌（Archaea/ Archaebacteria）

生命の3大ドメインのひとつ。カール・ウーズが1980年代にシークエンシング（配列決定）法によって見出した。古細菌は遺伝物質を囲む核膜がない単細胞生物で、細胞膜の構造によってほかのふたつのドメインと区別できる。極限環境に棲む古細菌は多いが、すべてではない。地球上で生きている古細菌の種の数を見積もることは難しいが、その数は間違いなく真核生物の200万という数を超えている。

コドン（Codon）

DNAやRNAにおいて3塩基の長さをもつもので、タンパク質を構成するアミノ酸や、タンパク質合成を止めるシグナルのコードとなっている。4種類の塩基（G、A、T、C）をトリプレット（3つ組）にする組み合わせは64通りあるので、標準的なDNAには20種類のアミノ酸をコードするコドンは61個、翻訳を終止するシグナルとなるコドンは3個ある。コドンは遺伝コードの基本単位だ。

細菌（Bacteria）

生命の3大ドメインのひとつ。細菌は、遺伝物質を囲む核膜をもたず、地球上の生命で最も存在量の多いドメインを構成する。細菌ドメインに属する種の数を見積もるのは難しいが、1000万から1億のあいだという推定もある。「bacteria」（小文字）という言葉は、核のない微生物全般を指す総称としても使われるが、「bacteria」に対するこの定義や概念はやめるように提言したい。

細胞膜（Cell membrane）

細胞内の要素と外部の環境を隔てるリン脂質二重層。

脂質（Lipid）

生物にとって重要な生体分子。脂質の化学的性質は、アルコールに溶けるが、水には溶けないというものだ。脂質は主に、炭素と水素と酸素からなる。

核（Nucleus）
真核細胞のなかにあって膜に囲まれたかたまりで、ゲノムが収められている。

寒天（Agar）
微生物、とくに細菌を育てる栄養豊富な面を作り出すのに使われる、ゼラチン状物質。

菌類（Fungus/ fungi）
細胞壁にキチンがあることでほかの真核生物と区別でき、ただひとつの共通祖先をもつ真核生物の１グループ。菌類は、酵母、カビ、キノコなどで、植物より動物に近い。

クローニングベクター（Cloning vector）
細菌にDNAの断片を導入するのに用いられる、人為的に作り出したプラスミド。たいていのクローニングベクターには抗生物質耐性の遺伝子が含まれ、これは、抗生物質を注入された寒天培地上で形質転換された細菌を選別し、そうしてプラスミドDNAをもつ細菌を見つけ出そうとする研究者にとって有用な特性である。

原核生物（Prokaryote）
核のない単細胞生物（古細菌と細菌）を示すのに使われる言葉。この言葉は、ふたつのドメインにただひとつの共通祖先がないために、「非生物学的」な地位に降格されていることを指摘しておきたい。

抗菌剤（Antimicrobial）
細菌を殺したり、細菌が分裂して新たな細胞を生み出すのを阻んだりする化合物。

抗原（Antigen）
抗体が分子の形状や構造をもとに認識できる異物の構造や粒子。

抗体（Antibody）
大きなＹ字形の巨大分子で、真核生物の免疫系が異物粒子を認識して取り除くのに用いるもの。抗体は免疫グロブリン（Ig）ともいい、異物粒子の表面に

DNA をタンパク質に翻訳させるためのもので、RNA で構成されている。

アミノ酸（Amino acids）
タンパク質の基本的な構成要素。アミノ酸は側鎖によってそれぞれ見分けがつく。これは基本構造に見られる特徴だ。現生生物のアミノ酸一式を構成する共通の側鎖は 20 種類ある。

遺伝子（Gene）
生物の構造をコードする DNA（または RNA）の一部分。大半の遺伝子はタンパク質をコードしているが、なかには RNA でできた構造（リボソーム RNA など）をコードしているものもある。遺伝子は、遺伝の基本単位と見なせる。

遺伝子の水平移動（Horizontal gene transfer）
生物が一般的な生殖方式以外のやりかたで遺伝物質を獲得するプロセス。細菌の遺伝子の水平移動には、基本的に 3 つのやりかたがある。(1) 細菌細胞が環境に浮遊している DNA を取り込むもので、これを形質転換という。(2) 形質導入というプロセスで、ウイルスが宿主である細菌の細胞へ自分の DNA を移す。(3) 接合というプロセスで、細菌細胞が互いのあいだでプラスミドを運ぶ。

ヴァイローム（Virome）
なんらかの生物とかかわりながら存在するすべてのウイルス（および／またはその遺伝子）の集成。

ウイルス（Virus）
みずからの複製のために宿主に感染し、宿主細胞の生体機構に完全に依存している存在。ウイルス粒子は一般に大きく 3 つの要素でできている。核酸からなるゲノム、ゲノムを収めるタンパク質の外被、脂質の外層だ。ウイルスゲノムは、2 本鎖の DNA や RNA、あるいは 1 本鎖の DNA や RNA で構成されている。

オートクレーブ（加圧滅菌器）（Autoclave）
容器などを滅菌する装置。温度と圧力を上げて、なかに入れたものの内部や表面に存在する細菌とウイルスを殺す。

用語集 （アルファベット順／50音順）

α多様性（Alpha diversity）
任意の生息環境における生物多様性の尺度で、その環境内に存在する種の数として算出される。

β多様性（Beta diversity）
任意の生息環境のユニークさを示す生物多様性の尺度。ふたつの場所に共通の種がわずかしかなければ、そのふたつの場所はβ多様性が高いという。

DNA（Deoxyribonucleic acid）
デオキシリボ核酸。デオキシリボヌクレオチドからなり、たいてい2本鎖の立体構造をしている長鎖の分子。DNAに窒素を含む塩基は主に4種類――グアニン（G)、シトシン（C)、チミン（T)、アデニン（A）――ある。遺伝子はDNAで成り立っている。

DNAバーコード（DNA barcode）
生物学で種の識別子として使われる短いDNA配列。動物では、ミトコンドリアゲノムのシトクロム酸化酵素（COI）遺伝子がバーコードとして使われる。細菌と古細菌では、16SリボソームRNAがDNAバーコードとして使われている。

PCR（Polymerase chain reaction）
ポリメラーゼ連鎖反応。PCRの手法は分子生物学で最も重要なツールとなっている。1984年にキャリー・マリスが発明したそれにより、生物のゲノムの短いDNA配列を直接狙って増幅することができる。

RNA（Ribonucleic acid）
リボ核酸。リボヌクレオチドでできた長鎖の分子で、通常は一本鎖の立体構造をしている。RNAは4種類の塩基――グアニン（G)、シトシン（C)、ウラシル（U)、アデニン（A）――からなる。メッセンジャーRNAは、細胞に

ヤ行

ラ行

ワ行

マ行

ナ行

ハ行

タ行

サ行

カ行

索引

＊の付してある語は、用語集に収録されている語句を示す。

【著者】

ロブ・デサール Rob DeSalle
アメリカ自然史博物館・サックラー研究所に所属する昆虫学の学芸員。専門は比較ゲノム研究。邦訳された共著に、『生命ふしぎ図鑑　人類の誕生と大移動』『生命ふしぎ図鑑　脳のしくみ』(以上、西村書店)、『恐竜の再生法教えます』(同朋舎) がある。

スーザン・L.パーキンズ Susan L. Perkins
アメリカ自然史博物館・サックラー研究所所属、微生物系統分類学およびゲノム研究の学芸員。専門は原生生物の寄生。

【本文イラスト】

パトリシア・J. ウィン Patricia J. Wynne
イラストレーター。ニューヨーク在住。世界中の科学者や研究機関から依頼を受けてイラストを描いており、書籍や新聞などでの仕事も多数。

【訳者】

斉藤隆央 さいとう・たかお
翻訳家。訳書にレーン『生命、エネルギー、進化』『生命の跳躍』『ミトコンドリアが進化を決めた』(以上、みすず書房)、カク『フューチャー・オブ・マインド』(NHK 出版)、リドレー『やわらかな遺伝子』、ノール『生命　最初の 30 億年』(以上、紀伊國屋書店)、ワプナー『フィラデルフィア染色体』(柏書房)、ウィルソン『人類はどこから来て、どこへ行くのか』(化学同人) ほか多数。

マイクロバイオームの世界
あなたの中と表面と周りにいる何兆もの微生物たち

2016年12月 5日 第1刷発行
2017年 7月28日 第2刷発行

発行所 株式会社紀伊國屋書店
東京都新宿区新宿 3-17-7

出版部（編集）電話 03-6910-0508
ホールセール部（営業）電話 03-6910-0519
〒153-8504 東京都目黒区下目黒 3-7-10

装幀 芦澤泰偉
本文デザイン 児崎雅淑（芦澤泰偉事務所）

印刷・製本 中央精版印刷

ISBN978-4-314-01144-0 C0045 Printed in Japan

定価は外装に表示してあります